Pythagoras

MATHEMATIK 8 II · III

REALSCHULE BAYERN

Herausgeber
Dieter Baum • Hannes Klein • Thilo Schmid

Autorinnen und Autoren
Franz Babl – *Utting am Ammersee*
Stephan Baumgartner – *Brannenburg*
Evelyn Häusler – *Donauwörth*
Thorsten Höhn – *Ellingen*
Wolfgang Kolander † – *Uffenheim*
Eva Moser – *Würzburg*
Franziska Sand – *Treuchtlingen*
Nikolaus Schöpp – *Weißenburg*
Michael Simon – *Eichstätt*
Barbara Theis – *Straubing*

Beraterinnen
Andrea Egler – *Lauf an der Pegnitz*
Karina Herrler – *Eichstätt*
Sigrid Maget – *Eichstätt*
Anna Zellner – *Passau*

Cornelsen

Pythagoras

Herausgeber Dieter Baum, Hannes Klein, Thilo Schmid

Autorinnen und Autoren
Franz Babl, Stephan Baumgartner, Evelyn Häusler, Thorsten Höhn, Wolfgang Kolander †, Eva Moser, Franziska Sand, Nikolaus Schöpp, Michael Simon, Barbara Theis

Unter Verwendung der Materialien von
Dieter Baum, Hannes Klein, Andrea Ködlitz, Franziska Köhler, Elke Kopp, Sabine Kowalk, Thilo Schmid, Nicola Steinkamp

Redaktion: Leif Harraß, Berlin; Michael Link, München; Dr. Hans-Peter Waschi, Wolnzach
Illustration: Cleo-Petra Kurze, Berlin
Grafik: Detlef Seidensticker, München;
Kapiteleingangsbilder: Elke Rohleder/floxdesign, Berlin
Detlef Seidensticker, München
Umschlaggestaltung: SOFAROBOTNIK GbR, Augsburg & München
Layoutentwurf: Elke Rohleder/floxdesign, Berlin
Technische Umsetzung: PER MEDIEN & MARKETING GmbH, Braunschweig

Begleitmaterial zum Lehrwerk für Lehrerinnen und Lehrer

E-Book	ISBN 978-3-06-041118-4
Lösungen zum Schülerbuch	ISBN 978-3-06-041137-5
Handreichungen für den Unterricht	ISBN 978-3-06-041127-6
Kopiervorlagen für eine Lerntheke	ISBN 978-3-06-041148-1
Arbeitsheft	ISBN 978-3-06-041653-0
Unterrichtsmanager Plus auf USB-Stick Inkl. E-Book als Zugabe und Begleitmaterialien	ISBN 978-3-06-001069-1

www.cornelsen.de

1. Auflage, 1. Druck 2020

Alle Drucke dieser Auflage sind inhaltlich unverändert und können im Unterricht nebeneinander verwendet werden.

Druck: Firmengruppe APPL, aprinta Druck, Wemding

ISBN 978-3-06-041108-5

PEFC
PEFC/04-32-0928

PEFC zertifiziert
Dieses Produkt stammt aus nachhaltig bewirtschafteten Wäldern und kontrollierten Quellen.
www.pefc.de

Inhalt

Inhalt

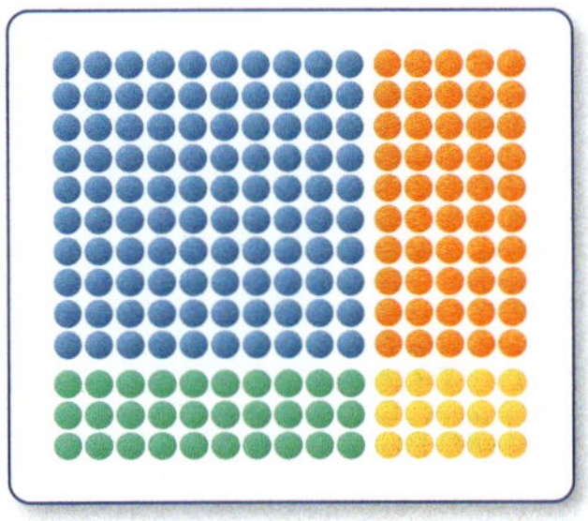

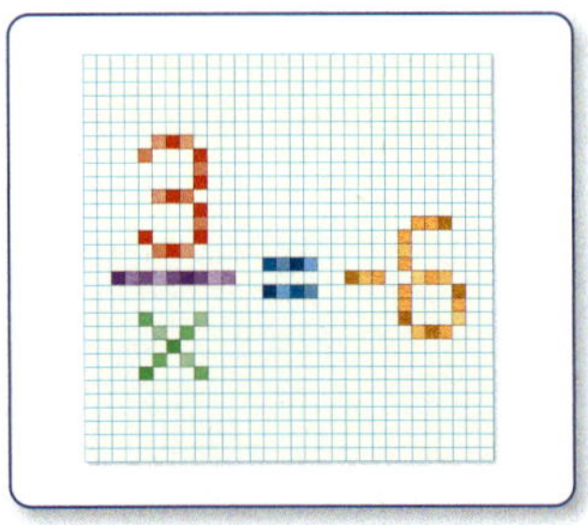

Inhalt

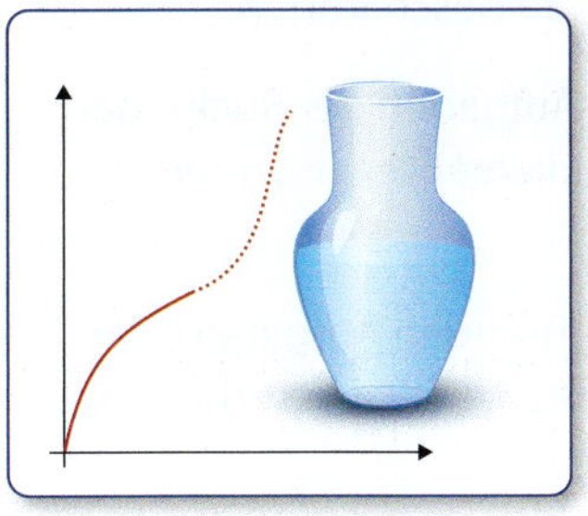

Vorwort

Liebe Schülerin, lieber Schüler,

wir haben dein neues Schulbuch so gestaltet, dass du dich leicht in den einzelnen Kapiteln zurecht findest und dass du möglichst viel Freude daran hast, dich mit Mathematik zu beschäftigen.

- Am Anfang des Buches halten wir **Rückschau** auf die Klassenstufe 7. Die Aufgaben der Rückschau solltest du alle lösen können, dann bist du gut gerüstet für das neue Schuljahr! Die Lösungen zu diesen Aufgaben findest du im hinteren Teil des Buches.
- Jedes Teilkapitel beginnt mit einer **Einstiegssituation**. Mit Hilfe von hinführenden Aufgaben, die du an ihrer grauen Nummer erkennst, sollst du dich in das Thema eindenken. Oft kannst du dabei zusammen mit deinen Mitschülerinnen und Mitschülern etwas entdecken.
- Das Wichtigste zu einem Thema, das du dir unbedingt merken solltest, wird in einem **Merkkasten** zusammengefasst.

> **M** Ein Produkt ist null, wenn ein Faktor null ist.

- Manchmal gibt es auch noch einen hilfreichen **Tipp**.

> **T** Die **Quersumme** einer Zahl ergibt sich, indem man alle Ziffern der Zahl addiert.

- Die **Strategieseiten** und die Kästen in gleicher Farbe beschreiben, wie du bestimmte Aufgabentypen lösen kannst.

> ① **Klammern zuerst**
> Gibt es im Rechenausdruck Klammern? Wenn ja, müssen diese zuerst …

- Die **Übungsaufgaben** haben blaue Nummern. Sie sind unterschiedlich schwierig, was du an der Anzahl der Punkte unter der Aufgabennummer leicht erkennen kannst, zum Beispiel: 6, 14, 19
Manche Aufgaben haben keine Punkte. Hier ist auch deine Fantasie gefordert, denn es gibt ganz unterschiedliche Wege, wie man solche Aufgaben lösen kann. Wenn ein (!)-Symbol bei einer Aufgabe steht, dann wurden absichtlich Fehler eingebaut, die du entdecken und korrigieren musst.
- Auf die Teilkapitel, in denen du Neues gelernt hast, folgt der Abschnitt **Mach dich fit!**. Er bietet dir viele Aufgaben in unterschiedlichen Schwierigkeitsgraden, mit denen du selbstständig wiederholen und dich auf die Klassenarbeit vorbereiten kannst. Die Lösungen zu diesen Aufgaben findest du im hinteren Teil des Buches.
- Das **Grundwissen** ist eine Sammlung der wichtigsten Begriffe und Regeln.
- Ganz am Ende eines Kapitels steht die Seite **Mehr zum Thema**. Hier wird Erstaunliches, Witziges, Interessantes oder auch mal ein Spiel aus dem Reich der Mathematik geboten. Vielleicht gefällt es dir so gut, dass du dich sogar nach der Schule damit beschäftigst!
- Am Ende des Buches findest du die **Lösungen** zur „Rückschau“ und zu „Mach dich fit“.

Und jetzt viel Erfolg!

Autoren und Verlag

Rückschau

Potenzen

Potenzen mit gleicher Basis …

… multiplizieren:

$x^a \cdot x^b = x^{a+b}$

für $x \in \mathbb{Q}\setminus\{0\}$ und $a, b \in \mathbb{Z}$

$4^2 \cdot 4^{-5} = 4^{2+(-5)} = 4^{-3}$

… dividieren:

$x^a : x^b = x^{a-b}$ oder $\frac{x^a}{x^b} = x^{a-b}$

für $x \in \mathbb{Q}\setminus\{0\}$ und $a, b \in \mathbb{Z}$

$\frac{5^6}{5^4} = 5^{6-4} = 5^2$

Potenzen mit gleichem Exponenten …

… multiplizieren:

$x^a \cdot y^a = (x \cdot y)^a$

für $x, y \in \mathbb{Q}\setminus\{0\}$ und $a \in \mathbb{Z}$

$2^4 \cdot (-3)^4 = [2 \cdot (-3)]^4 = (-6)^4$

… dividieren:

$x^a : y^a = (x : y)^a$ oder $\frac{x^a}{y^a} = \left(\frac{x}{y}\right)^a$

für $x, y \in \mathbb{Q}\setminus\{0\}$ und $a \in \mathbb{Z}$

$\frac{4^3}{6^3} = \left(\frac{4}{6}\right)^3 = \left(\frac{2}{3}\right)^3$

Potenzen potenzieren:

$(x^a)^b = x^{a \cdot b}$

für $x \in \mathbb{Q}\setminus\{0\}$ und $a, b \in \mathbb{Z}$

$(4^2)^3 = 4^{2 \cdot 3} = 4^6$

Potenzen mit negativem Exponenten

$a^{-n} = \frac{1}{a^n}$ für $a \in \mathbb{Q}\setminus\{0\}; n \in \mathbb{N}$

$3^{-2} = \frac{1}{3^2}$; $\left(\frac{1}{2}\right)^{-3} = \frac{1}{\left(\frac{1}{2}\right)^3} = 2^3$

a^0 ist eine besondere Potenz!

$a^0 = a^{1-1} = a^1 : a^1 = \frac{a}{a} = 1$

Für jede Basis $a \in \mathbb{Q}\setminus\{0\}$ ist $a^0 = 1$.

Beachte: Der Ausdruck 0^0 ist nicht definiert!

Sehr große und sehr kleine Zahlen lassen sich mit Hilfe von **Zehnerpotenzen** darstellen.

$23\,000\,000\,000\,000 = 2{,}3 \cdot 10^{13}$
(Computerdarstellung: 2,3E13)

$0{,}000\,000\,000\,067 = 6{,}7 \cdot 10^{-11}$
(Computerdarstellung: 6,7E–11)

1 Schreibe als Potenz oder als Produkt gleicher Faktoren.

a $(-2) \cdot (-2) \cdot (-2) \cdot (-2)$
b $\left(\frac{4}{5}\right)^6$
c $(-2{,}5)^3$
d $0{,}5 \cdot 0{,}5 \cdot 0{,}5 \cdot 0{,}5 \cdot 0{,}5$

2 Wende die Rechengesetze für Potenzen mit gleichen Exponenten an.

a $3^4 \cdot 7^4$
b $\left(\frac{1}{4}\right)^3 \cdot \left(\frac{2}{5}\right)^3$
c $(-5)^2 \cdot (-3)^2$
d $2^{-3} : (-2)^{-3}$
e $100^{-1} : 10^{-1}$
f $(-4)^{15} \cdot (-0{,}25)^{15}$

3 Berechne.

a $3^{-2} \cdot 3^5$
b $\left(\frac{1}{2}\right)^3 \cdot \left(\frac{1}{2}\right)^{-2}$
c $2^1 \cdot 2^2 \cdot 2^3$
d $4^3 : 4^2$
e $\left(\frac{1}{3}\right)^2 : \left(\frac{1}{3}\right)^{-1}$
f $5^2 : 5^4$

4 Bilde die Potenzen nach folgenden Bedingungen und ergänze den fehlenden Wert.

a Die Basis ist um 3 kleiner als 5 und der Potenzwert ist um 2 größer als 6.

b Der Exponent ist um 5 kleiner als 4 und der Potenzwert ist 0,5.

5 Stelle die Zahl mit Hilfe von Zehnerpotenzen dar. Gib jeweils drei verschiedene Möglichkeiten an.

Beispiel: $4600 = 46 \cdot 10^2 = 4{,}6 \cdot 10^3 = 0{,}46 \cdot 10^4$

a 13 000 **c** 123 **e** 3 050 000
b 0,07 **d** 0,52 **f** 0,000 083

6 Schreibe ohne Zehnerpotenz.

a $4{,}6 \cdot 10^5$ **c** $3{,}04 \cdot 10^7$ **e** $0{,}4 \cdot 10^7$
b $1{,}5 \cdot 10^{-4}$ **d** $1{,}02 \cdot 10^{-8}$ **f** $-0{,}4 \cdot 10^{-7}$

Vektoren

Die Koordinaten eines Vektors $\vec{v}$ rechnet man im Koordinatensystem so aus:

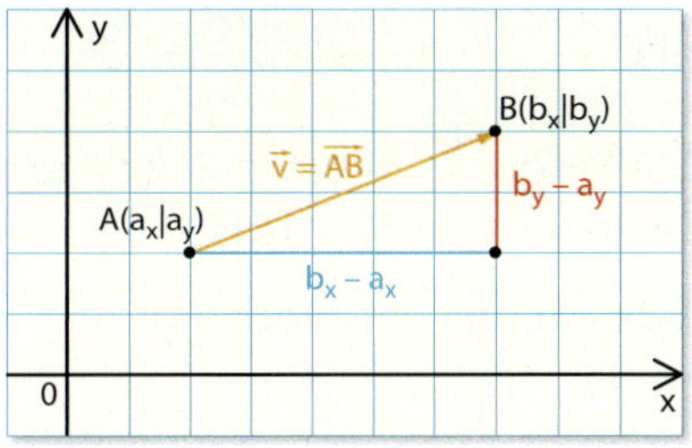

„Spitze“ B minus „Fuß“ A: $\vec{v} = \begin{pmatrix} b_x - a_x \\ b_y - a_y \end{pmatrix}$

Vertauscht man die Vorzeichen der Koordinaten eines Vektors, erhält man den **Gegenvektor**:

$\vec{v} = \begin{pmatrix} a_x \\ a_y \end{pmatrix} \Rightarrow -\vec{v} = \begin{pmatrix} -a_x \\ -a_y \end{pmatrix}$

Vektoren kann man zu einem **Summenvektor** addieren. Es gelten das **Kommutativ**- und das **Assoziativgesetz**:

$\vec{a} \oplus \vec{b} = \vec{b} \oplus \vec{a}$;

$(\vec{a} \oplus \vec{b}) \oplus \vec{c} = \vec{a} \oplus (\vec{b} \oplus \vec{c})$.

Den Mittelpunkt M einer Strecke $\overline{AB}$ bestimmt man …

① mit der **Mittelpunktsformel:**

$M\left(\frac{b_x + a_x}{2} \middle| \frac{b_y + a_y}{2}\right)$

① $M\left(\frac{4 + (-2)}{2} \middle| \frac{3 + 1}{2}\right)$

$M\left(\frac{2}{2} \middle| \frac{4}{2}\right)$

$M(1|2)$

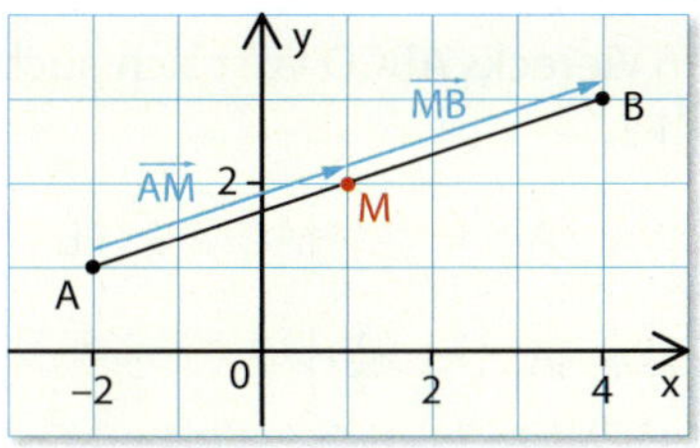

② durch einen **Vektorvergleich:**

② $\begin{pmatrix} x - (-2) \\ y - 1 \end{pmatrix} = \begin{pmatrix} 4 - x \\ 3 - y \end{pmatrix}$

$2x = 2 \wedge 2y = 4$

$M(1|2)$

Die Koordinaten fehlender Punkte in einem Parallelogramm kann man durch einen Vektorvergleich ermitteln:

A(−1|1), D(x|y).
B(3|−1),
C(5|1),

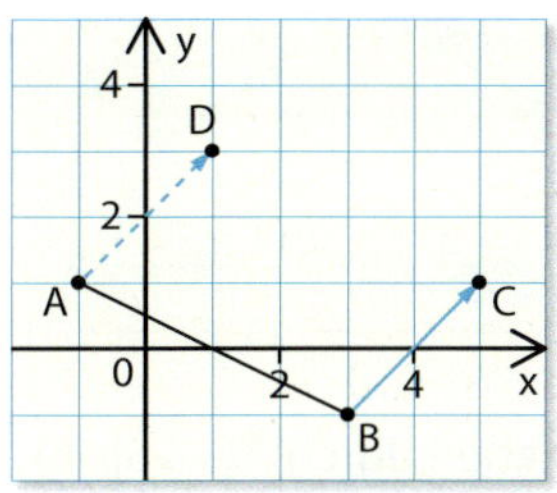

$\overrightarrow{AD} = \overrightarrow{BC}$

$\begin{pmatrix} x + 1 \\ y - 1 \end{pmatrix} = \begin{pmatrix} 5 - 3 \\ 1 + 1 \end{pmatrix}$

$x = 1$

$y = 3$

$\Rightarrow D(1|3)$

1 Gegeben sind die Punkte A(−1|3), B(−3|1), C(2|−1) und D(1|5). Berechne die Koordinaten der Vektoren $\overrightarrow{AB}$, $\overrightarrow{BC}$, $\overrightarrow{CD}$ und $\overrightarrow{DA}$.

2 Berechne die gesuchten Koordinaten:

	A	B	$\overrightarrow{AB} = \begin{pmatrix} x \\ y \end{pmatrix}$
a	(−1|−2)	B(0|3)	$\begin{pmatrix} x \\ y \end{pmatrix}$
b	(x|y)	(0|4,5)	$\begin{pmatrix} -2,5 \\ 4 \end{pmatrix}$

3 Gegeben sind $\vec{u} = \begin{pmatrix} 2,5 \\ -0,5 \end{pmatrix}$, $\vec{v} = \begin{pmatrix} -2 \\ 3 \end{pmatrix}$ und $\vec{w} = \begin{pmatrix} 0 \\ -3 \end{pmatrix}$.
Bestimme die Koordinaten des Summenvektors $\vec{s}$:

a $\vec{v} \oplus \vec{u} \oplus \vec{w} = \vec{s}$

b $(\vec{v} \oplus \vec{u} \oplus \vec{w}) \oplus \vec{v} = \vec{s}$

c $\vec{v} \oplus (-\vec{w}) \oplus (\vec{u} \oplus \vec{w}) = \vec{s}$

d $(-\vec{v}) \oplus (-\vec{u}) \oplus (-\vec{w}) = \vec{s}$

4 Bestimme die Koordinaten des Mittelpunkts M der Strecke $\overline{AB}$ durch Rechnung.

a A(−2|3), B(4|−1)

b A(−2,5|0,5), B(8,5|−0,5)

Determinanten

Den Flächeninhalt eines Parallelogramms oder Dreiecks kann man mit einer Determinante aus den Koordinaten zweier Vektoren berechnen, die das Parallelogramm bzw. das Dreieck aufspannen.

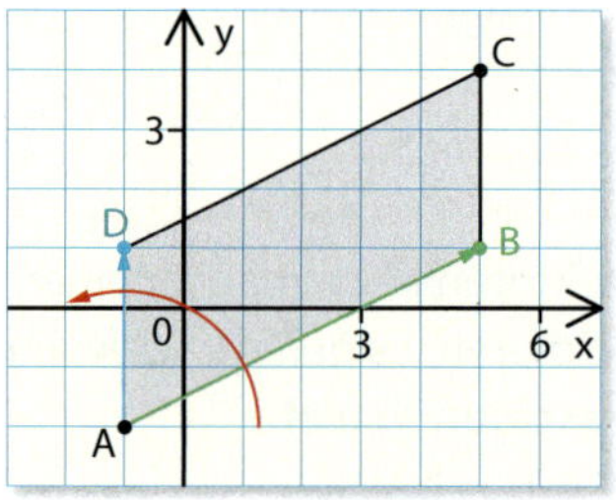

Beispiel:
Für das Parallelogramm ABCD gilt:

$A = \left| \overrightarrow{AB}\ \overrightarrow{AD} \right| \text{FE}$

$A = \begin{vmatrix} 5-(-1) & -1-(-1) \\ 1-(-2) & 1-(-2) \end{vmatrix} \text{FE}$

$A = \begin{vmatrix} 6 & 0 \\ 3 & 3 \end{vmatrix} \text{FE} = (6 \cdot 3 - 3 \cdot 0)\,\text{FE} = 18\,\text{FE}$

Für das Dreieck ABD gilt entsprechend:
$A = \frac{1}{2} \cdot \left| \overrightarrow{AB}\ \overrightarrow{AD} \right| \text{FE}$

Die Vektoren in der Determinante werden gegen den Uhrzeigersinn eingetragen.

Der Flächeninhalt A eines beliebigen Vierecks ABCD lässt sich auch mit Hilfe der Diagonalen $\overrightarrow{AC}$ und $\overrightarrow{BD}$ berechnen: $A = \frac{1}{2} \cdot \left| \overrightarrow{AC}\ \overrightarrow{BD} \right| \text{FE}$

Beispiel:

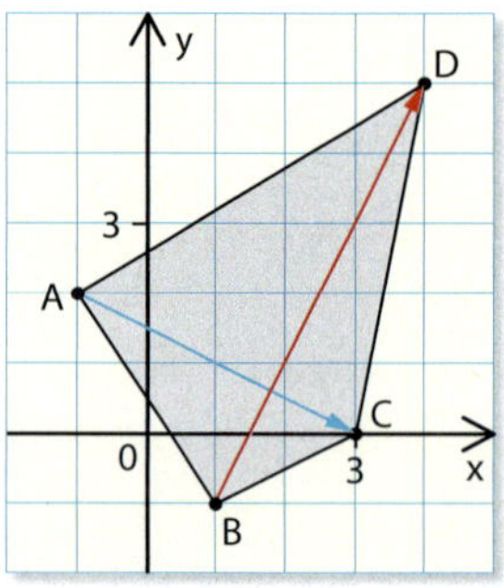

$A = \frac{1}{2} \cdot \left| \overrightarrow{AC}\ \overrightarrow{BD} \right| \text{FE} \quad \Leftrightarrow$

$A = \frac{1}{2} \cdot \begin{vmatrix} 3-(-1) & 4-1 \\ 0-2 & 5-(-1) \end{vmatrix} \text{FE} \quad \Leftrightarrow$

$A = \frac{1}{2} \cdot \begin{vmatrix} 4 & 3 \\ -2 & 6 \end{vmatrix} \text{FE} \quad \Leftrightarrow$

$A = \frac{1}{2} \cdot (24 + 6)\,\text{FE} \quad \Leftrightarrow$

$A = 15\,\text{FE}$

1 Ein Dreieck ABC ist gegeben durch A(−4,5|−6), B(2|3) und C(−1,5|5). Berechne seinen Flächeninhalt mit einer Determinante. (1 LE ≙ 1 cm)

2 Berechne den Flächeninhalt des Parallelogramms ABCD.

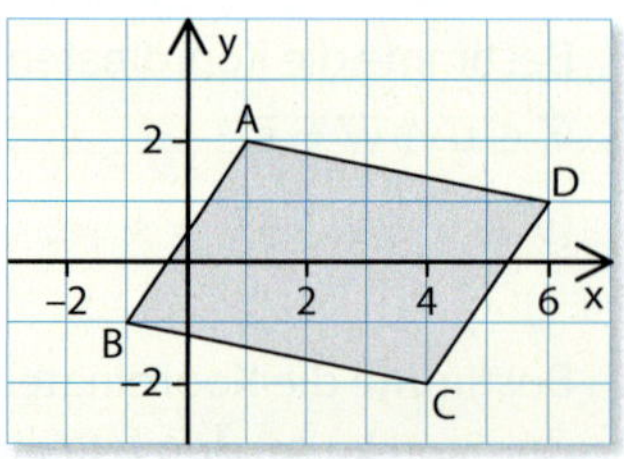

3 Berechne den Flächeninhalt des unregelmäßigen Vierecks ABCD. (1 LE ≙ 1 cm)

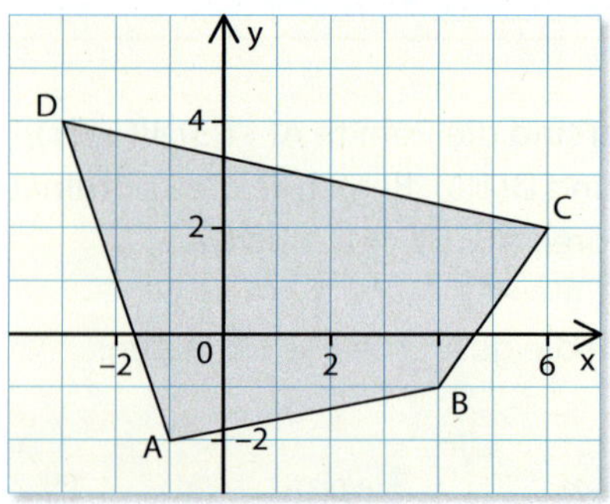

Winkel

Winkelsummen

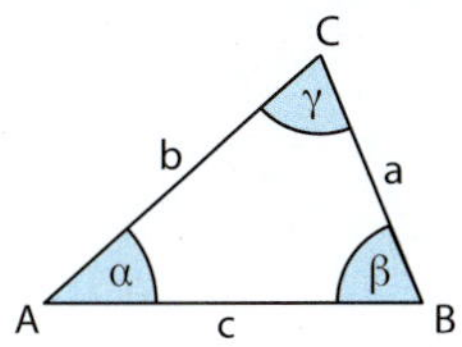

Für die Summe der drei Winkel α, β und γ im **Dreieck** gilt: $\alpha + \beta + \gamma = 180°$

Für die Summe der vier Winkel α, β, γ und δ im **Viereck** gilt: $\alpha + \beta + \gamma + \delta = 360°$

Für die Summe aller Winkel im **Vieleck** gilt:
$(n - 2) \cdot 180°$ (n = Anzahl der Ecken)

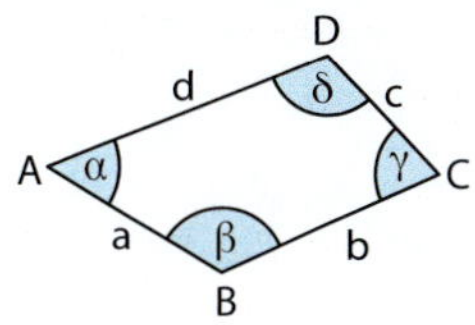

Stufen- und Wechselwinkel

Wenn zwei parallele Geraden g und h von einer dritten geschnitten werden, dann entstehen …

… Stufenwinkel:

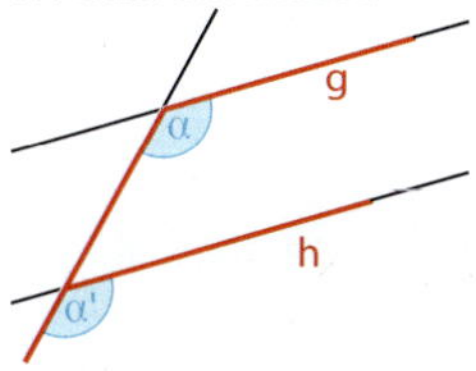

$\alpha = \alpha'$ („F-Winkel")

… Wechselwinkel:

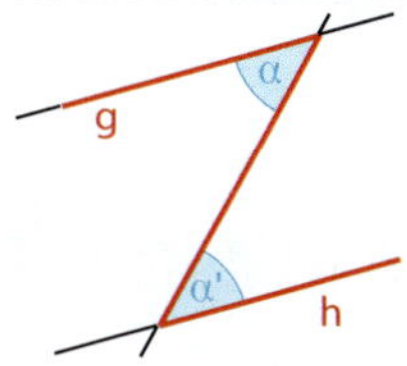

$\alpha = \alpha'$ („Z-Winkel")

1 Wie groß sind die Winkel?

a Benenne die Paare von Nebenwinkeln (liegen nebeneinander) und Scheitelwinkeln (liegen gegenüber) und gib die Größe aller Winkel an.

①

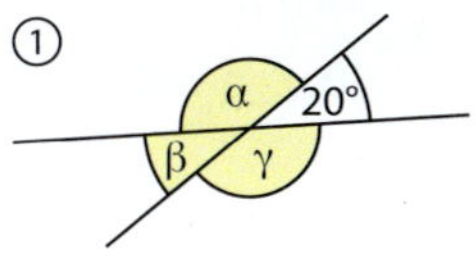

②

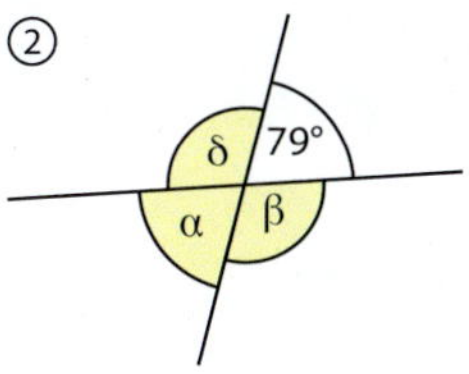

T Paare von Scheitelwinkeln, Stufenwinkeln und Wechselwinkeln sind gleich groß.

b Gib alle Paare von Stufen- und Wechselwinkeln an und berechne alle Winkelgrößen.

Beispiele α_1 und α_2 sind Stufenwinkel.
α_1 und γ_2 sind Wechselwinkel.

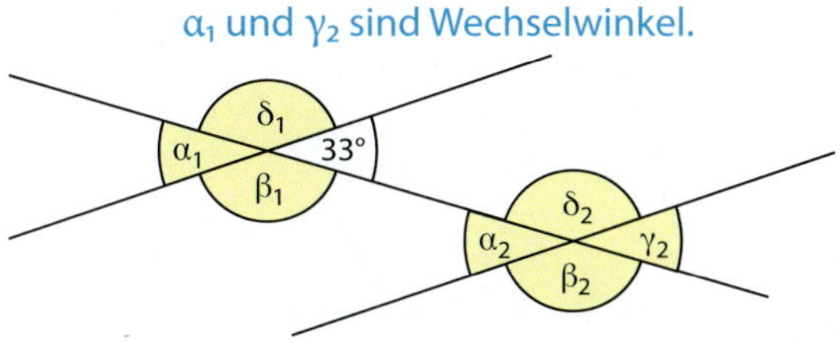

2 In den Vielecken fehlt jeweils ein Winkelmaß. Überlege dir, wie du diese Winkelmaße berechnen kannst, und gib ihre Größe an.

a

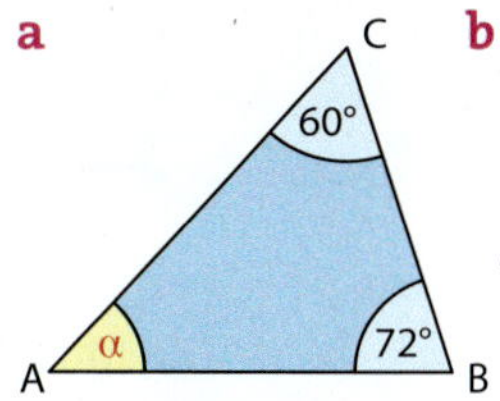

b

c

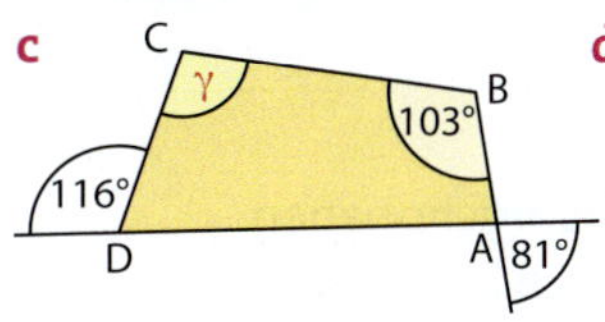

d

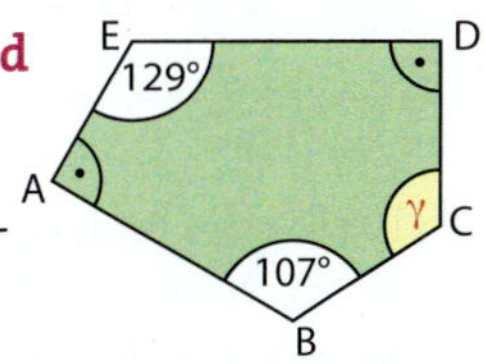

3 Dreiecke mit rechtem Winkel in A.

a In einem rechtwinkligen Dreieck gilt: $\beta = 41°$. Wie groß sind die Winkelmaße von α und γ?

b Gib das Winkelmaß aller Winkel in einem rechtwinklig-gleichschenkligen Dreieck an.

Geometrische Orte

Kreis

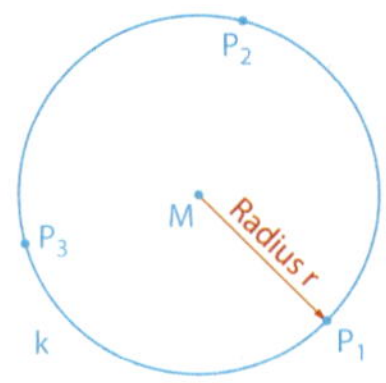

$k = \{P \mid |\overline{PM}| = r\}$

Mittelsenkrechte

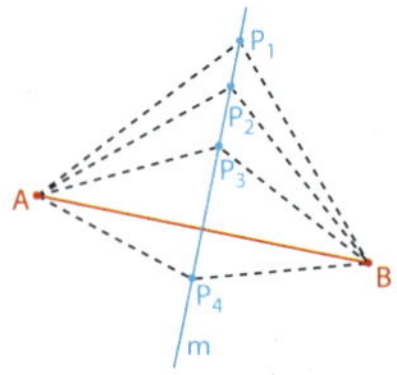

$m = \{P \mid |\overline{PA}| = |\overline{PB}|\}$

Parallelenpaar

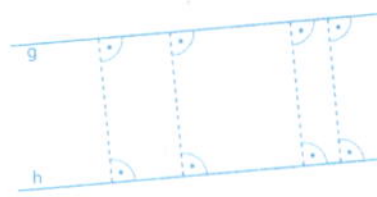

$g \parallel h$

Winkelhalbierende

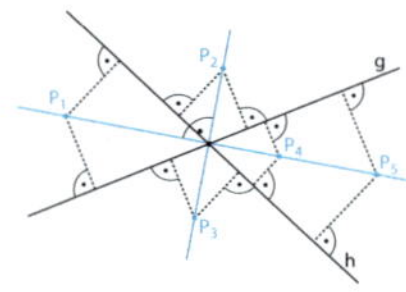

$w = \{P \mid d(P; g) = d(P; h)\}$

Tangente, Sekante und Passante

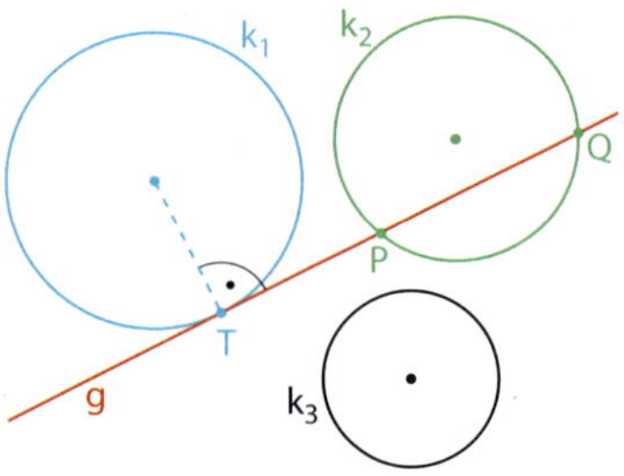

① g ist eine Tangente des Kreises k_1.
② g ist eine Sekante des Kreises k_2.
③ g ist eine Passante des Kreises k_3.
Mengenschreibweise:
① $g \cap k_1 = \{T\}$
② $g \cap k_2 = \{P; Q\}$
③ $g \cap k_3 = \emptyset$

Thaleskreis

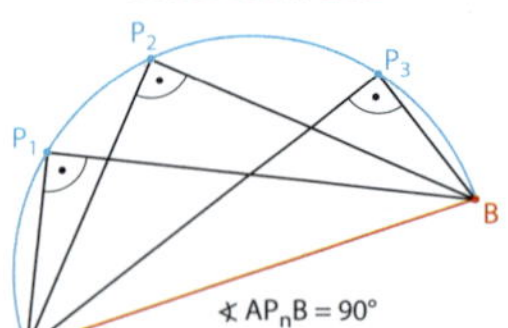

Der Thaleskreis ist ein Halbkreis.

Umkreis

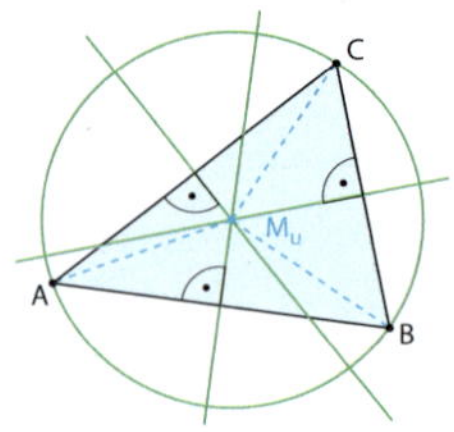

Die Mittelsenkrechten schneiden sich in M_u

Inkreis

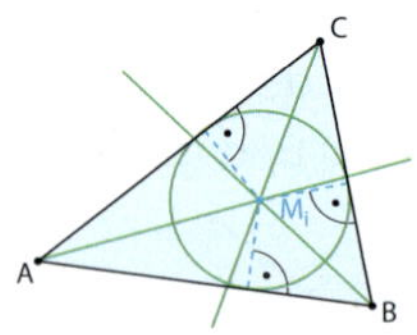

Die Winkelhalbierenden schneiden sich in M_i.

1 Beschreibe die blau hervorgehobenen geometrischen Orte durch einen Satz wie: *„Die Menge aller Punkte S, die …“* und durch die Mengenschreibweise: {S | …}.

a

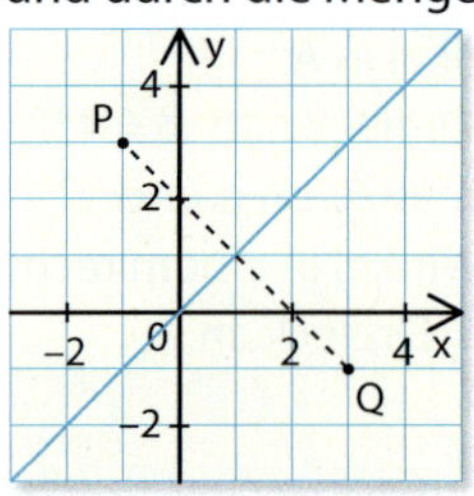

b

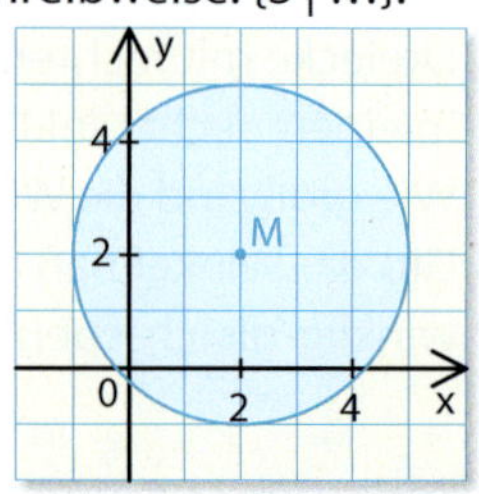

2 Gegeben sind die Punkte A(−2|1) und B(5|−1). Welche Koordinaten hat der Punkt P auf der y-Achse, für den gilt ∢APB = 90°?

3 Das gleichseitige Dreieck MBC wird zum Dreieck ABC ergänzt. $|\overline{AM}| = |\overline{MB}|$. Wie groß ist α?

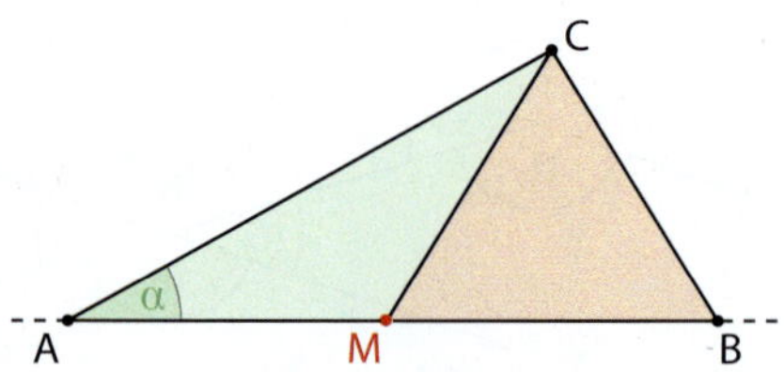

Terme

Addition und Subtraktion

Terme mit gleichen Variablen können addiert bzw. subtrahiert werden.

$4a + 5b - 7a + b$ (ordnen)
$= 4a - 7a + 5b + b$ (zusammenfassen)
$= -3a + 6b$

Multiplikation und Division

- Faktoren multiplizieren/dividieren.
- Malpunkt zwischen den Variablen weglassen.
- Gleiche Variablen als Potenz schreiben.
  $4 \cdot 5a \cdot b \cdot 3b$
  $= 4 \cdot 5 \cdot 3 \cdot a \cdot b \cdot b = 60ab^2$

Terme mit Klammern

Plusklammern können weggelassen werden.
$7a + (-3b + 5c) = 7a - 3b + 5c$

Minusklammern kann man auflösen, indem man alle Vorzeichen im Klammerterm umdreht.
$8x - (-3y + z) = 8x + 3y - z$

Ausmultiplizieren
Klammern auflösen mit dem Distributivgesetz.
$4 \cdot (3x + 5y) = 4 \cdot 3x + 4 \cdot 5y = 12x + 20y$

Ausklammern
Gemeinsame Faktoren ausklammern.
$2ab - 10ac = 2a(b - 5c)$

1 Vereinfache die Terme.
a $k + k + m + m - k$
b $20a - 25a$
c $5x + y - 3x + 10y$
d $x - 8x - 4y + 10x + 3y$
e $-2{,}7a + 16b - 2{,}2b + a$
f $\frac{1}{2}e + 7f + \frac{3}{2}e$

2 Stelle Terme für den Umfang der Figuren auf und fasse sie so weit wie möglich zusammen.

a
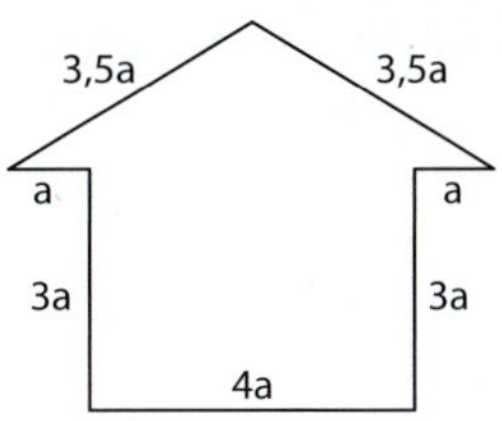

b
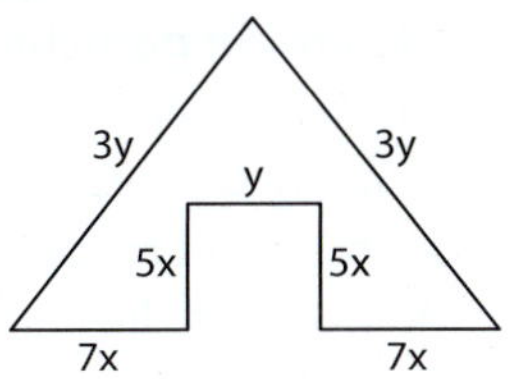

3 Fasse die Terme zusammen.
a $7g \cdot 3h$
b $10n \cdot 8n$
c $51rs : 17$
d $a \cdot b \cdot c \cdot b \cdot a \cdot b$
e $6t \cdot 4u \cdot v \cdot 5 \cdot 2uv$
f $1{,}5x \cdot 3xy \cdot x$

4 Löse die Klammern auf und fasse zusammen.
a $a + (5a - 8)$
b $6b - (2 + 9b)$
c $-7x + (-4y + 3x)$
d $-c - (-d + 6c)$
e $15p - (-12p - 17q)$
f $6{,}6h + (4{,}7 - g + 1{,}4h)$

5 Je drei Kärtchen gehören zusammen.

$a^2 + ab$ | $2b + (4b + a)$ | $a \cdot b + a \cdot a$
$8a + 2b - 4a$ | $a + 6b$ | $8b - (-a + 2b)$
$a \cdot (a + b)$ | $4a + 2b$ | $2 \cdot (2a + b)$

6 Löse die Klammern auf, indem du ausmultiplizierst.
a $10 \cdot (v + 7w)$
b $-6a \cdot (b - 3)$
c $(2k + 4n) \cdot k$
d $(7x - 8y) \cdot 3z$
e $8(5a + 9b - z)$
f $2e\,(4e - 5f + 6)$

7 Klammere gemeinsame Faktoren aus.
a $15p - 50q$
b $9x + 4xy$
c $\frac{3}{8}d + \frac{3}{8}e + \frac{3}{8}f$
d $-8g + 14gh$
e $13xy - 5xyz$
f $9abc + 4{,}5bc + 13{,}5c$

8 Fülle die Wertetabelle im Heft.

x	−10	−2	0	1	5
$4 - x$	…	…	…	…	…
$3x + 1$	…	…	…	…	…
$x^2 - 7$	…	…	…	…	…

Gleichungen und Ungleichungen

Äquivalenzumformungen

Gleichungen kann man durch mehrfaches Umformen lösen, indem man nacheinander:
- Auf beiden Seiten die gleiche Zahl addiert oder subtrahiert.
- Auf beiden Seiten mit der gleichen Zahl multipliziert oder durch die gleiche Zahl (außer null) dividiert.

$4x + 7 = 55 \quad | -7$
$\Leftrightarrow \quad 4x = 48 \quad | :4$
$\Leftrightarrow \quad x = 12$
$L = \{12\}$

Gleichungen lösen

1. Vereinfachen
2. Terme zusammenfassen
3. Zahlen auf eine Seite bringen
4. Durch den Faktor vor der Variablen teilen
5. Lösungsmenge angeben

$\frac{1}{2} \cdot 4x - 4x + \frac{3}{4} \cdot 12 = (2^4)^2$
$\Leftrightarrow \quad 2x - 4x + 9 = 256$
$\Leftrightarrow \quad -2x + 9 = 256 \quad | -9$
$\Leftrightarrow \quad -2x = 247 \quad | :(-2)$
$\Leftrightarrow \quad x = -123{,}5$
$L = \{-123{,}5\}$

Ungleichungen lösen

Ungleichungen können wie Gleichungen gelöst werden. Es ist lediglich zu beachten, dass sich das Ungleichheitszeichen umkehrt, wenn die Ungleichung mit einer negativen Zahl multipliziert bzw. durch eine negative Zahl dividiert wird (Inversionsgesetz).

1 Wie schwer ist jeweils ein Paket?

a

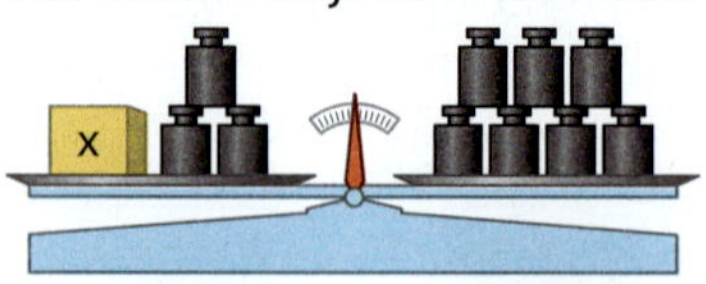

b

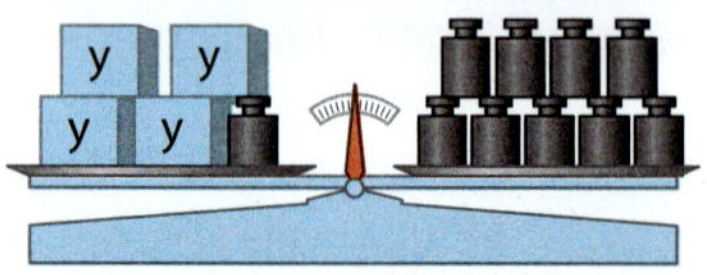

2 Rechne im Kopf. Setze die Zahlen so in die Gleichungen ein, dass sie stimmen.

22 | 6 | 0,5 | 25 | 28 | 5,5

a ♡ + 13 = 41
b −5 + ♣ = 17
c 4 · ♢ = 22
d ♠ : 5 = 1,2
e 3 · ☆ − 10 = 65
f ☺ + 4,8 + ☺ = 5,8

3 Löse die Gleichung.

a $q - 10{,}5 = 4{,}3$
b $x : 8 = 12{,}5$
c $12a = -132$
d $0{,}5e = 10$
e $-2{,}2 + n = -5{,}5$
f $\frac{1}{5}y = 6$

4 Stelle die Gleichungen auf und ordne der gesuchten Zahl jeweils das passende Kärtchen zu.

1,1 | 3,3 | 6,6

a Addiere zur gesuchten Zahl die Zahl 5,8 und subtrahiere dann 7,1. Das Ergebnis ist 2.
b Dividiere die gesuchte Zahl durch 2 und addiere dann 8. Das Ergebnis ist 11,3.
c Multipliziere die Summe von x und 3,9 mit der Zahl 12. Das Ergebnis ist 60.

5 In dem Dreieck mit einem Umfang von 18,6 cm sind zwei Seiten gleich lang. Die dritte Seite hat eine Länge von 5,4 cm.

a Erstelle eine Planfigur.
b Stelle eine Gleichung auf.
c Berechne die fehlenden Größen.

6 Löse durch mehrfaches Umformen.

a $3x + 11 < -16$
b $x \cdot 5 - 17 = 28$
c $19 + x : 13 > 58$
d $-6 + 4x < -1$
e $-2x - 19 > -33$
f $\frac{1}{7}x + 1 = 1{,}3$

Proportionalitäten

Direkt proportionale Zuordnungen

1 kg Kirschen kostet 5,50 €.
Doppelt so viele Kirschen kosten **doppelt** so viel.

Tabelle

Gewicht (kg)	1	2	3	4
Preis (€)	5,50	11,00	16,50	22,00

Grafische Darstellung

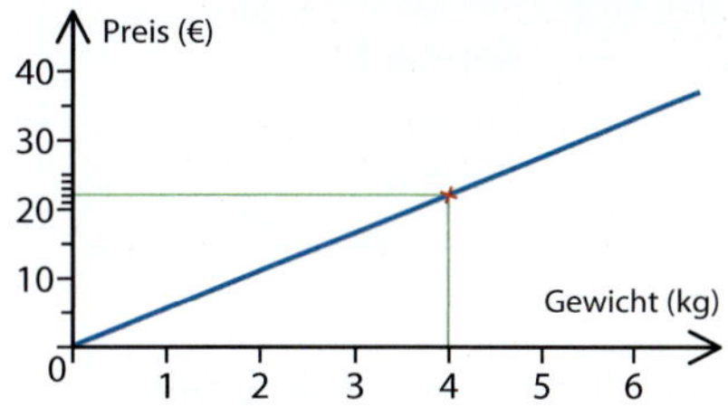

1 Welche Zuordnungen sind direkt proportional? Begründe deine Antwort.
a *Äpfel in kg ↦ Preis*
b *Alter eines Pferdes ↦ Gewicht*
c *Betrag in Euro ↦ Betrag in Schweizer Franken*

2 Ergänze die Tabellen der direkt proportionalen Zuordnungen im Heft.

a

Anzahl	1	2	3	4	5	10
Preis (€)	…	…	…	19,60	…	…

b

Weg (km)	20	…	80	100	…	500
Zeit (min)	…	45	60	…	180	…

3 Welche Tabelle passt zum Schaubild?

Euro	Dollar
100	105,74
…	…
99	…

Euro	Britische Pfund
50	42,59
…	…
20	…

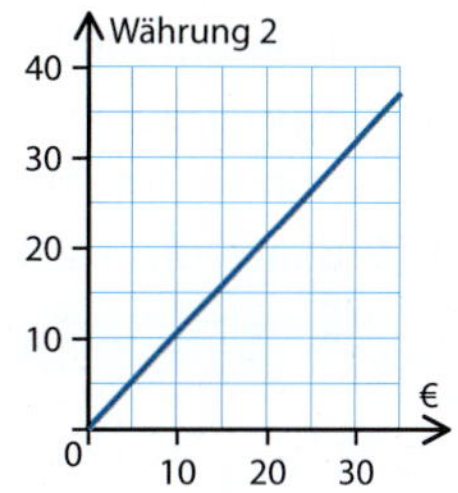

a Fülle die Lücken der Tabellen in deinem Heft.
b Zeichne das fehlende Schaubild.

Indirekt proportionale Zuordnungen

Ein Fahrzeug fährt mit 40 km/h.
Fährt es **doppelt so schnell**, dann benötigt es für dieselbe Strecke nur **die Hälfte der Zeit**.

Tabelle

Tempo (km/h)	20	30	40	60	80
Fahrtzeit (h)	6	4	3	2	1,5

Grafische Darstellung

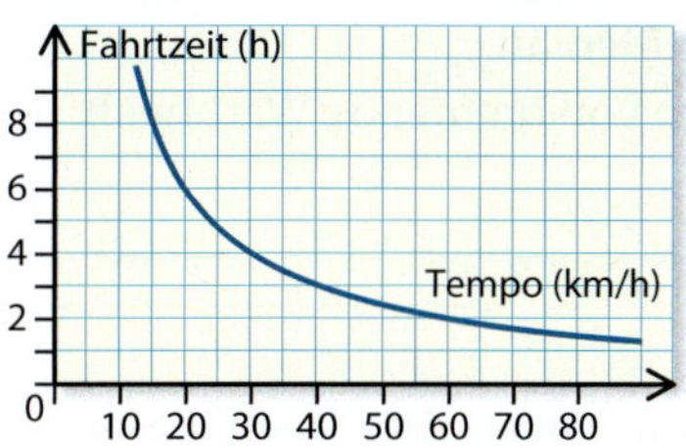

4 Ergänze die Tabellen der Zuordnungen im Heft.

a

Tempo (km/h)	Fahrtzeit (min)
40	…
…	32
80	…
120	20

b

Anzahl der Pumpen	Fülldauer (h)
1	…
…	24
4	18
…	12

5 Für die 120 Rinder eines Zuchtbetriebs reicht der Futtervorrat etwa 60 Tage.
a Wie lange reicht dieser Vorrat für 100, 160 oder 180 Tiere?
b Wenn es auf dem Hof nur fünf Tiere gäbe, müsste der Bauer fast vier Jahre lang kein Futter mehr kaufen. Was sagst du zu dieser Aussage?

Prozent- und Zinsrechnung

Beim Zinsrechnen wendet man die Regeln der Prozentrechnung mit anderen Bezeichnungen an:

Grundwert G → Kapital K
Prozentwert P → Zinsen Z
Prozentsatz p % → Zinssatz p %

Beispiel
Jan hat auf seinem Konto 750 € und bekommt darauf jährlich 3,75 € Zinsen. Das sind 0,5 %.

1 Benenne und berechne die fehlende Größe.
a Simone hat einen Bausparvertrag mit 2 500 € Guthaben. Der Zinssatz beträgt 0,8 %.
b Karola bringt von ihrer Firmung 325 € auf die Bank. Nach einem Jahr werden ihr dafür 2,47 € Zinsen gutgeschrieben.
c Marcel bekommt im Jahr 10,65 € Zinsen bei einem Zinssatz von 1,2 %.

2 Vervollständige die Tabelle im Heft.

	Kapital	Zinssatz	Zinsen
a	5 600 €	1,3 %	…
b	1 280 €	…	19,20 €
c	…	0,8 %	84,00 €
d	3 500 €	…	49,00 €

Statistische Kenngrößen

Der größte Wert einer Liste heißt **Maximum**.
Der kleinste Wert einer Liste heißt **Minimum**.
Die Differenz aus Maximum und Minimum heißt **Spannweite**.
Die Summe aller Zahlenwerte geteilt durch die Anzahl heißt **arithmetisches Mittel**.
Der mittlere Wert einer geordneten Liste heißt **Zentralwert** oder **Median**.
Der am häufigsten vorkommende Wert heißt **Modalwert**.

Beispiel Schuhgröße
Lisa: 33, Tom: 36, Antonia: 37, Simon: 38, Sebastian: 38

Maximum: 38
Minimum: 33
Spannweite: $38 - 33 = 5$
arithmetisches Mittel: $\frac{33 + 36 + 37 + 38 + 38}{5} = 36{,}4$
Median: 37
Modalwert: 38

1 Der Spielbericht gibt an, wie viele Tore die Handballer des SV Hofheim und von 1870 Berghausen pro Spieltag erzielt haben.

	4.9.	11.9.	18.9.	25.9.	2.10.	9.10.	16.10.	23.10.	30.10.
SV	10	16	15	33	21	10	22	25	
1870	30	21	26	20	31	23	7	12	19

a Bestimme für beide Vereine Minimum, Maximum, Spannweite, Median, Modalwert und arithmetisches Mittel der erzielten Tore.
b Welcher Verein ist deiner Meinung nach der bessere? Warum?

1

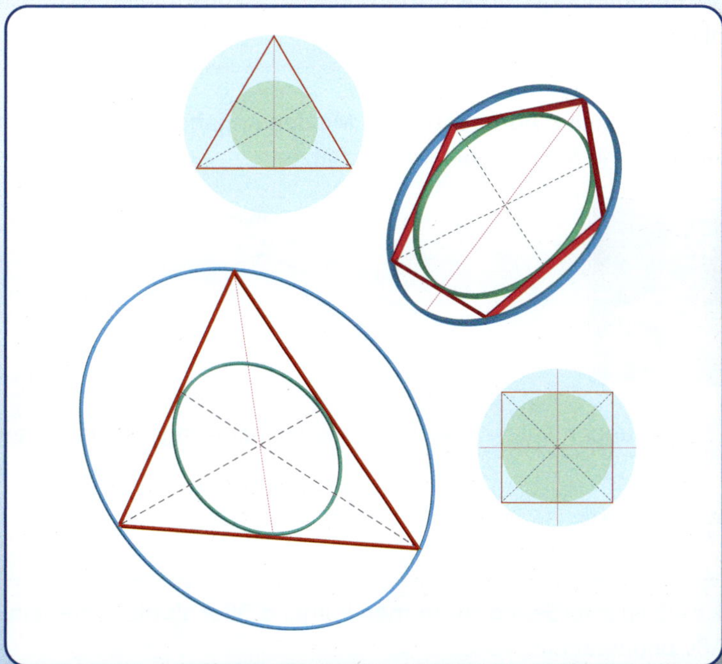

Dreiecke

1.1 Dreiecke und ihre Eigenschaften

1 Dreiecke kennst du seit der 5. Klasse. Man kann sie in ① spitzwinklige, ② rechtwinklige und ③ stumpfwinklige Dreiecke einteilen:
Sonderformen sind das gleichschenklige und das gleichseitige Dreieck. Durch seine Seitenlängen und Winkel ist ein Dreieck festgelegt.

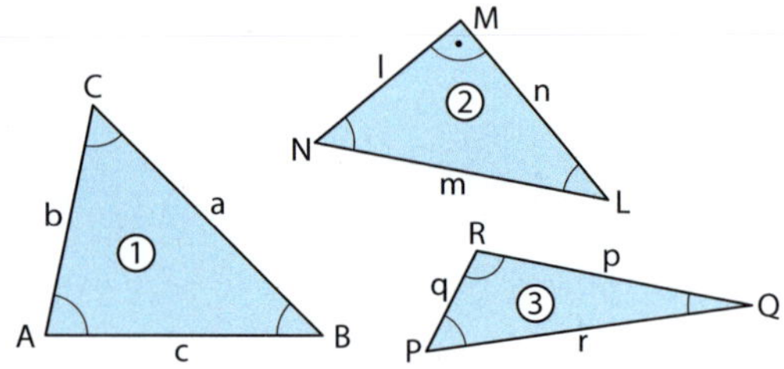

M Ein Dreieck wird durch seine drei Seitenlängen und drei Innenwinkel eindeutig bestimmt. Man braucht drei dieser Bestimmungsstücke, um ein Dreieck zu konstruieren. Mindestens eins davon muss eine Seitenlänge sein.

2 Diese Hinweistafel steht vor einem Autobahnkreuz. Mit den Angaben darauf kann man die Entfernung zwischen Köln und Kassel ungefähr abschätzen.

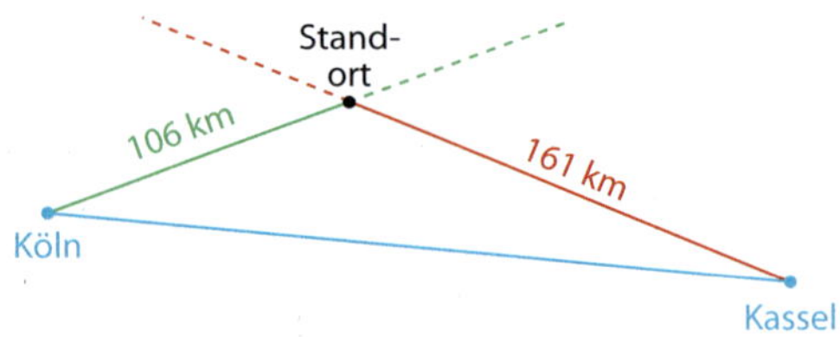

Welche möglichen Entfernungen Köln – Kassel kommen **nicht** in Frage? Erkläre, warum.

①	②	③	④	⑤	⑥	⑦	⑧
317 km	297 km	287 km	267 km	247 km	227 km	161 km	106 km

M In jedem Dreieck müssen zwei Seiten zusammen immer größer als die dritte sein.
Für ein Dreieck ABC bedeutet das:

$a + b > c \qquad a + c > b \qquad c + b > a$

Diese Beziehungen heißen **Dreiecksungleichungen**.

3 In deiner Geometrie-Software kannst du mit den Werkzeugen [d] und [Winkel] die Seitenlängen und Maße der Winkel α, β und γ in einem Dreieck ABC messen. Probiere das für einige Dreiecke aus. Entdeckst du einen Zusammenhang?

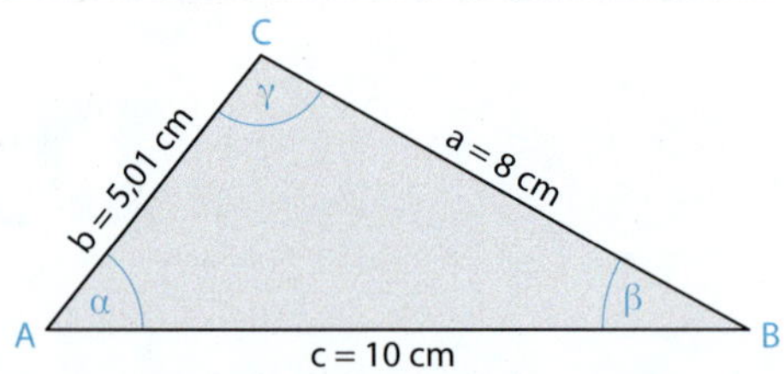

M In jedem Dreieck liegt der jeweils größeren Seite immer auch der größere Winkel gegenüber. Die Umkehrung gilt ebenfalls: Dem größeren Winkel liegt auch immer die größere Seite gegenüber.

Übungsaufgaben

1 *Dreiecke erkennen*

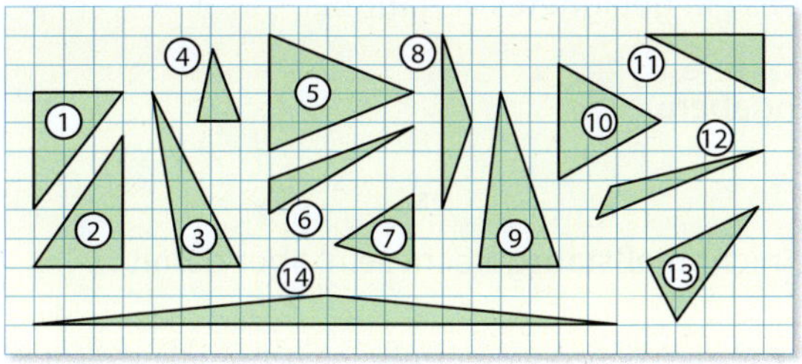

a Um welche Arten von Dreiecken handelt es sich? Du kannst entscheiden, ohne zu messen.
b Unter diesen Dreiecken gibt es auch einige Sonderformen. Gib an, um welche Sonderform es sich jeweils handelt.

2 Nimm die Geometrie-Software zu Hilfe und zeichne dieses Viereck: A(1|–2), B(9|2), C(7|6) und D(1|8). Mit dem Punkt **E**(4|6) erhältst du dann vier Dreiecke.

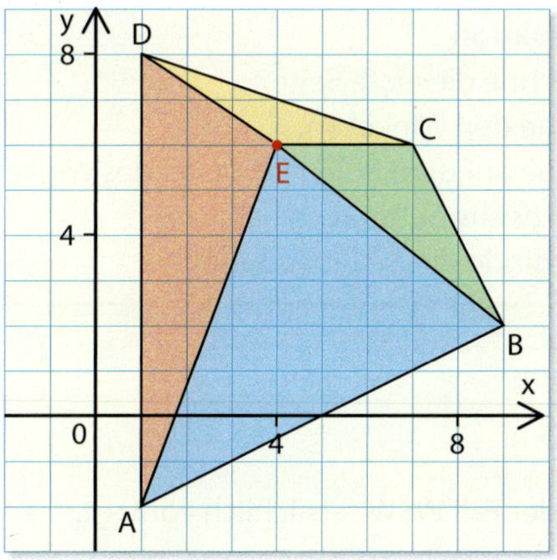

a Welche Dreiecksarten sind hier entstanden?
b Mit dem Zeiger kannst du jetzt den Punkt **E** bewegen, sodass neue Dreiecke entstehen. Versuche so, ein rechtwinkliges, ein stumpfwinkliges und zwei spitzwinklige Dreiecke zu erzeugen.
c Der Punkt E soll nun einmal die Lage $E_1(5|3)$ und anschließend $E_2(4|2)$ einnehmen. Welche Dreiecke sind jetzt entstanden?
d Ist es möglich, dass durch geschickte Platzierung von **E** vier gleichschenklige Dreiecke entstehen können? Versuche, den Punkt E geeignet zu verschieben.

3 Bei der Abschlussprüfung der Rettungsschwimmer müssen die Prüflinge vom Start- und Zielpunkt zu zwei Bojen schwimmen, die 200 m auseinanderliegen. Insgesamt legen sie dabei eine Strecke von 600 m zurück. Begründe, welche Lageskizze die richtige ist.

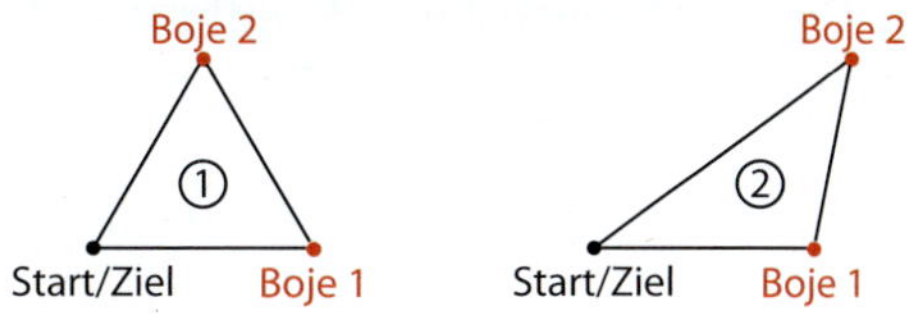

4 Solche Dreiecke ABC kann es nicht geben. Begründe warum.
a $b = 6\,cm$, $a = 4\,cm$, $\alpha = 60°$, $\beta = 60°$
b $c = 8{,}4\,cm$, $b = 8{,}4\,cm$, $\gamma = 84°$, $\beta = 60°$
c $a = 1{,}2\,dm$, $b = 13\,cm$, $\alpha = 70°$, $\beta = 60°$
d $a = 6\,cm$, $b = 1{,}3\,dm$, $c = 0{,}5\,dm$
e $a = 340\,m$, $b = 0{,}28\,km$, $c = 59\,m$
f $a = 4{,}5\,km$, $\alpha = 53°$, $b = 4\,500\,m$, $\gamma = 90°$

T Die Summe der Innenwinkelmaße in einem Dreieck beträgt 180°, die Summe der Außenwinkelmaße 360°.
Jedes Außenwinkelmaß ist genau so groß wie die Summe der Maße der beiden gegenüberliegenden, nicht anliegenden Innenwinkel.

5 Begründe, ob es Dreiecke ABC mit diesen Winkelmaßen geben kann. (Innen- oder Außenwinkelmaße)
a $\alpha = 90°$, $\beta = 75°$, $\gamma = 15°$;
b $\alpha = 70°$, $\beta' = 130°$, $\gamma = 60°$;
c $\alpha = 60°$, $\beta = 60°$, $\gamma' = 60°$;
d $\alpha = 55°$, $\beta = 54°$, $\gamma = 72°$;
e $\alpha' = 160°$, $\beta' = 110°$, $\gamma = 90°$;
f $\alpha = 51°$, $\beta' = 121°$, $\gamma = 71°$.

6 In einem gleichschenkligen Dreieck ABC ist die Strecke $\overline{BC}$ die Basis. Welches Winkelmaß kommt für das Dreieck ABC in Frage? Begründe kurz.
a $\alpha = 90°$ **b** $\beta = 90°$ **c** $\gamma = 90°$

1.2 Grundkonstruktionen: SWS und WSW

Man kann ein Dreieck konstruieren, wenn man eine Seitenlänge und zwei weitere seiner Bestimmungsstücke kennt. Für jede mögliche Kombination davon gibt es ein geeignetes Verfahren.

1 Beispiel: Konstruiere ein Dreieck ABC mit folgenden Angaben:
$c = 7\,\text{cm}$; $\alpha = 65°$; $b = 4{,}5\,\text{cm}$.

Lösung: Du legst zunächst eine **Planfigur** an. Sie muss nicht maßstabsgerecht sein, aber damit siehst du sofort, dass der Fall **SWS** tatsächlich vorliegt.

Planfigur

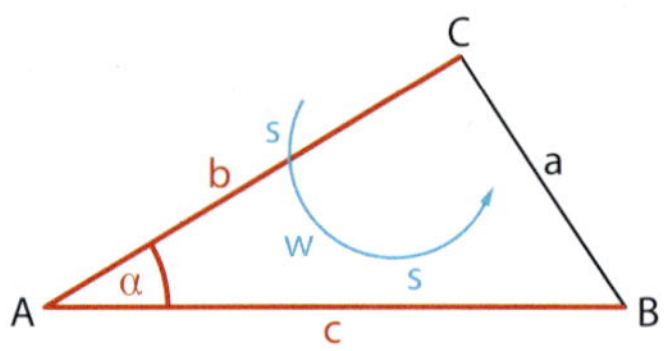

① Zeichne die erste Seite mit $|\overline{AB}| = 7\,\text{cm}$.
② Trage in A den Winkel $\alpha = 65°$ an.
③ Trage auf dem neuen Schenkel die Länge $|\overline{AC}| = 4{,}5\,\text{cm}$ ab. Du erhältst den Punkt C.
④ Verbinde C mit B.

Konstruktion

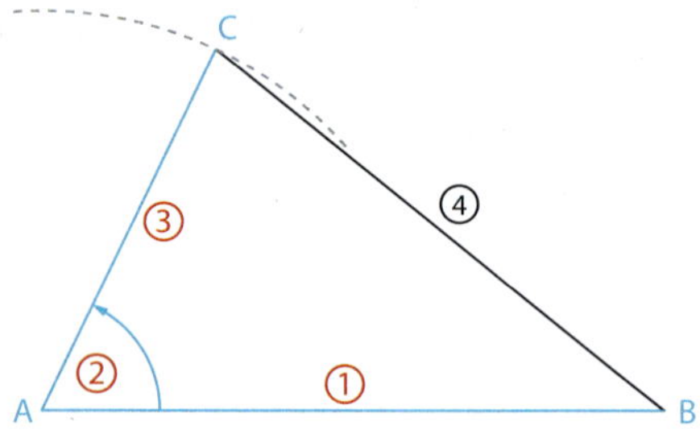

M SWS: Du kennst zwei Seitenlängen und das Maß des dazwischen eingeschlossenen Winkels.

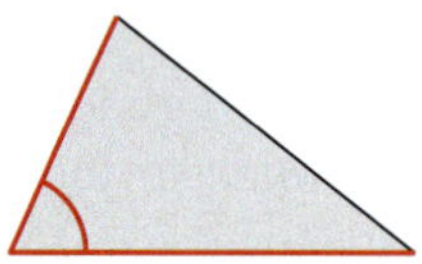

Konstruktion
① Zeichne die erste Seite.
② Trage den Winkel an.
③ Trage auf dem freien Schenkel des Winkels die zweite Seitenlänge ab.
④ Verbinde die freien Endpunkte.

2 Beispiel: Konstruiere ein Dreieck ABC mit folgenden Angaben:
$c = 7{,}5\,\text{cm}$; $\alpha = 28°$; $\beta = 56°$

Lösung: Du zeichnest wieder eine **Planfigur** und prüfst, ob der Fall **WSW** tatsächlich vorliegt.

Planfigur

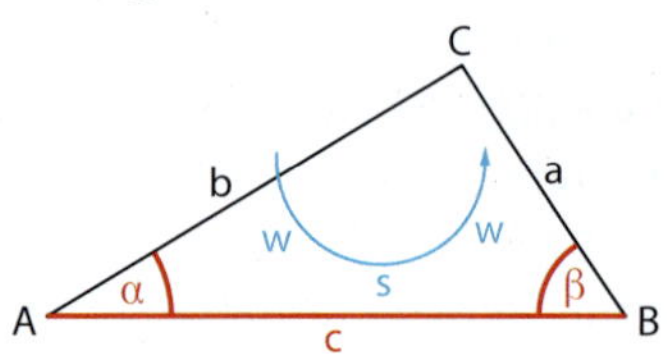

① Zeichne die erste Seite mit $|\overline{AB}| = 7{,}5\,\text{cm}$.
② Trage in A den Winkel $\sphericalangle BAC = 28°$ an.
③ Trage in B den Winkel $\sphericalangle CBA = 56°$ an.
④ Die freien Schenkel von α und β schneiden sich in C.

Konstruktion

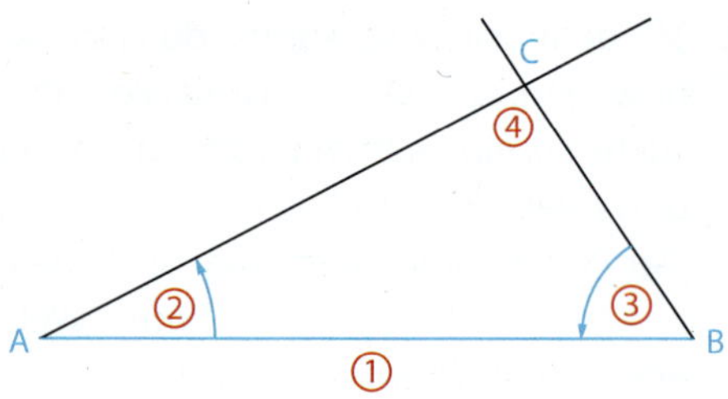

M WSW: Du kennst eine Seitenlänge und das Maß der beiden anliegenden Winkel.

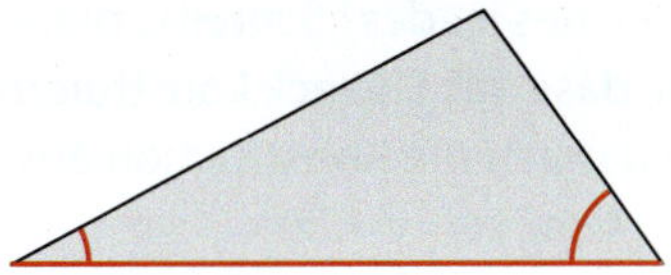

Konstruktion

① Zeichne die Seite.
② Trage an einem Endpunkt den ersten Winkel an.
③ Trage im zweiten Endpunkt den zweiten Winkel an.
④ Die freien Schenkel schneiden sich im dritten Punkt.

Übungsaufgaben

1 Welcher Konstruktionsfall ist bei diesen Dreiecken gegeben? Fertige eine Planfigur an und konstruiere die Dreiecke.

a $\alpha = 65°$, $b = 5{,}0\,\text{cm}$, $c = 6{,}0\,\text{cm}$
b $c = 4{,}5\,\text{cm}$, $\alpha = 45°$, $\beta = 115°$
c $\gamma = 60°$, $a = 7{,}0\,\text{cm}$, $\beta = 90°$

2 Die Boje B (**B**) schwimmt im Wasser. Ihre Entfernung vom Punkt A kann nicht direkt gemessen werden. Bestimme ihre Entfernung durch eine Konstruktion im Maßstab 1 : 1 000.

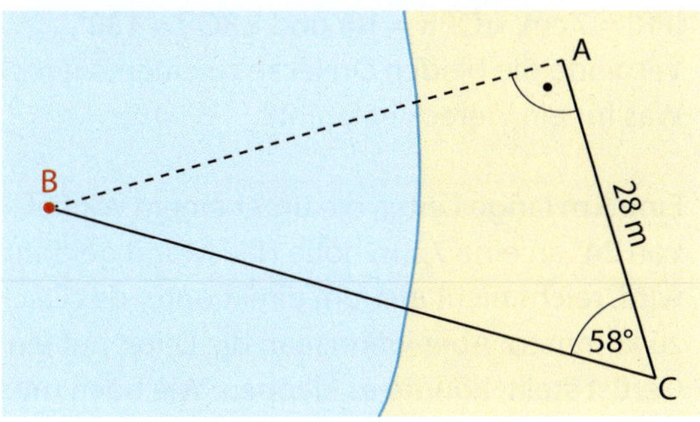

T Die Konstruktionsfälle SWW oder WWS lassen sich auf WSW zurückführen, indem man den dritten Dreieckswinkel ausrechnet.

3 Konstruiere die Dreiecke ABC mit diesen Angaben:

a $a = 5\,\text{cm}$, $\alpha = \beta = 62°$
b $a = 5\,\text{cm}$, $\alpha = \beta' = 62°$ (Außenwinkelmaß!)

4 Verwende deine Geometrie-Software. Konstruiere die Dreiecke ABC und ermittle mit [Winkel-Werkzeug] und [Abstand-Werkzeug] die fehlenden Bestimmungsstücke.

a $\alpha = 25°$; $c = 5{,}5\,\text{cm}$; $\gamma = 55°$
b $b = 0{,}75\,\text{dm}$; $c = 5{,}5\,\text{cm}$; $\alpha = 40°$
c $\beta = 60°$; $c = 4{,}8\,\text{cm}$; $\gamma = 70°$
d $b = 120\,\text{m}$; $\alpha = 50°$; $c = 80\,\text{m}$ (Maßstab 1 : 1 000)

5 Kann man diese Dreiecke ABC eindeutig konstruieren? Begründe deine Meinung mit einer Skizze.

a $c = 4{,}8\,\text{cm}$; $\alpha = 120°$; $\gamma = 60°$
b $b = 84\,\text{mm}$; $\alpha = 120°$; $c = 15\,\text{mm}$
c $|\overline{AC}| = 1{,}2\,\text{dm}$; $\gamma = 56°$; $|\overline{AB}| = 68\,\text{mm}$
d $\alpha = 60°$; $\beta = 30°$; $\gamma = 90°$
e $b = 5{,}0\,\text{cm}$; $\gamma = 58°$; $c = 5{,}0\,\text{cm}$
f $a = c = 5{,}0\,\text{cm}$; $\alpha = 70°$
g $a = 7{,}5\,\text{cm}$; $\beta = 50°$; $\gamma' = 50°$ (Außenwinkelmaß!)

6 Ein Schiff peilt einen 8,5 km entfernten Leuchtturm unter einem Winkel von 51° zur Fahrtrichtung an. Nach einer halben Stunde beträgt die Peilung 72°.

a Wie schnell (in „Knoten") fährt das Schiff? Fertige eine maßstäbliche Konstruktion an. (1 Knoten = 1,852 km/h)
b Wie groß ist die Peilung nach 1,5 h?

7 Ein Drachenviereck ABCD hat die Seitenlängen: $|\overline{AD}| = |\overline{CD}| = 5\,\text{cm}$ und $|\overline{AB}| = |\overline{BC}| = 6\,\text{cm}$. Der Innenwinkel β hat das Maß $\beta = 100°$. Bestimme durch eine genaue Konstruktion die Länge seiner Diagonalen.

8 Hier ist eine stark formalisierte Konstruktionsbeschreibung für ein Dreieck. Leider sind die Zeilen durcheinander geraten.
Entscheide, was für ein Konstruktionsfall vorliegt.
Bringe die einzelnen Zeilen in die richtige Reihenfolge.

- $\sphericalangle([BC; \overline{BA}) = 50°$ *Winkel zeichnen*
- $\overline{AB}$ mit $|\overline{AB}| = 8\,cm$ *Strecke zeichnen*
- $[BC \cap [AC = \{C\}$ *Schnittpunkt finden*
- $\sphericalangle(\overline{AB}; [AC) = 60°$ *Winkel zeichnen*

9 Mit den angegebenen Maßen kannst du die Höhe h des Kirchturms durch eine Konstruktion bestimmen.

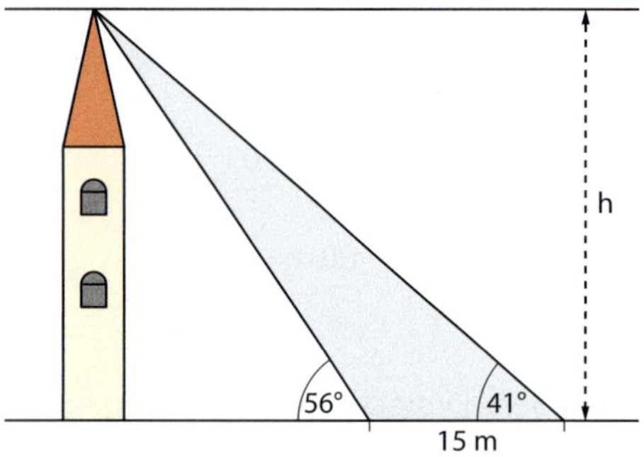

10 Gesucht ist das Dreieck ABC, mit folgenden Angaben: $A(0|0)$, $B(4|y_B)$, $C(0|y_C)$. Außerdem ist bekannt: $|\overline{AB}| = 5\,cm$, $y_B > 0$ und $\beta = 90°$.
Konstruiere das Dreieck ABC und fertige eine Konstruktionsbeschreibung in Stichworten an.
$0 \leq x \leq 4$; $0 \leq y \leq 9$; (1 LE ≙ 1 cm)

11 Große Flächen oder Grundstücke vermisst man mit einem Theodolit. Ein solches Gerät zeigt einen gemessenen Winkel in der Einheit *Gon* an.
Dabei gilt: 0 Gon = 0° und 100 Gon = 90°.
Ein Waldstück wurde vermessen und es wurden die folgenden Maße bestimmt:

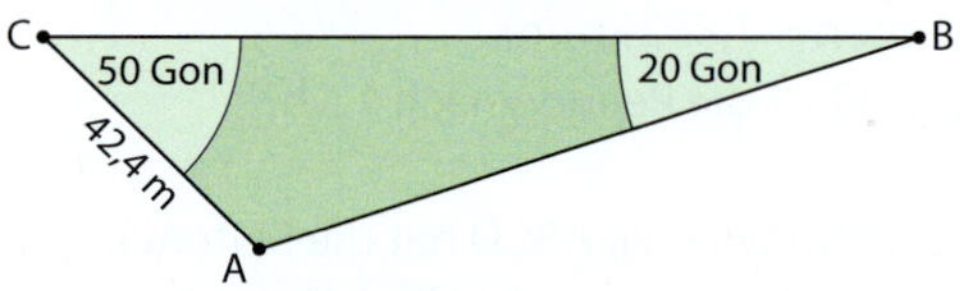

Wie weit ist der Punkt B vom Punkt C entfernt? Ermittle die Entfernung durch eine Konstruktion im Maßstab 1 : 1 000.

12 (!) Hier sind zwei „Bauanleitungen" für Dreiecke, die nach dem Konstruktionsfall WSW konstruiert werden sollen. Eines ist jedoch nicht konstruierbar. Welches ist das? Schreibe diese Bauanleitung so um, dass das Dreieck konstruierbar ist.
Führe danach die Konstruktion aus.
① $b = 4\,cm$, $\alpha = \gamma = 80°$
② $\beta = 40°$, $\gamma = 140°$, $a = 5\,cm$

13 Von einem spitzwinkligen Dreieck ABC sind gegeben: $|\overline{AB}| = 8\,cm$ und $\beta = 70°$. Außerdem ist bekannt: $d(C; \overline{AB}) = 6\,cm$. Wie lang muss die Seite $\overline{BC}$ in diesem Dreieck sein? Beantworte die Frage durch eine Konstruktion des Dreiecks mit deiner Geometrie-Software. Berechne anschließend den Flächeninhalt des Dreiecks.

14 Verwende deine Geometrie-Software.
Wenn man die beiden Dreiecke ABD und PQR an ihrer gemeinsamen Seite zusammenlegt, dann entsteht ein Viereck.

a Konstruiere zunächst das Dreieck ABD mit $a = 7\,cm$, $\alpha = 50°$, $\beta = 40°$.

b Konstruiere dann das Dreieck PQR mit $|\overline{PR}| = 7\,cm$, $\sphericalangle QPR = 10°$ und $\sphericalangle RQP = 130°$.

c Verbinde die beiden Dreiecke zu einem Viereck. Was für ein Viereck entsteht?

15 Eine 5 m lange Leiter, die unter einem Winkel von 24° an eine 7,5 m hohe Hauswand gelehnt wird, reicht nicht aus, um direkt unter das Dach zu kommen. Aber wenn man die Leiter auf ein Gerüst stellt, könnte es klappen. Wie hoch muss das Gerüst sein?
Verwende zunächst deine Geometrie-Software, und fertige anschließend auch eine saubere Konstruktion im Maßstab 1 : 50 an.

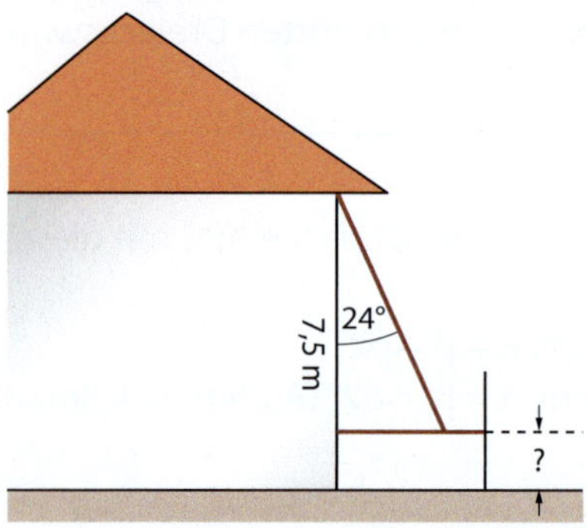

1.3 Grundkonstruktionen: SSS und SsW

1 Christian misst im Stadtplan Entfernungen: „**A**ntonia wohnt 700 m von mir entfernt und **B**astis Wohnung ist 450 m weg. Zwischen **A**ntonias und **B**astis Wohnung liegen 650 m".
Das Dreieck ABC kann er im Maßstab 1 : 10 000 übersichtlich konstruieren. Drei Bestimmungsstücke sind gegeben, nämlich drei Seiten, und nach diesem Ablaufplan geht er vor:

Planfigur

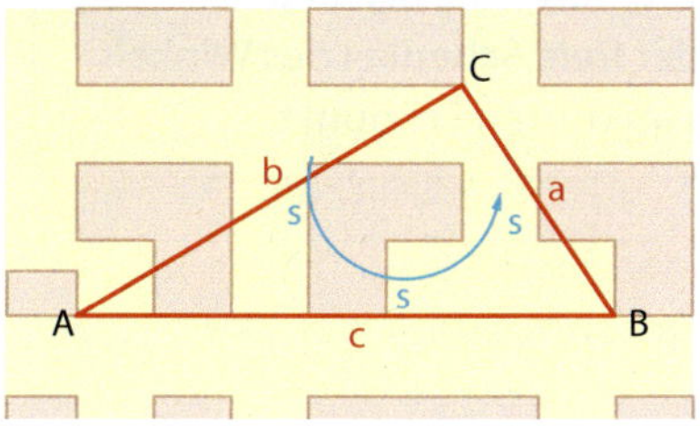

① Ich zeichne die erste Seite mit $|\overline{AB}| = 7$ cm.
② Ich zeichne einen Kreis k_1 um A mit Radius b = 7 cm.
③ Ich zeichne einen Kreis k_2 um B mit Radius a = 4,5 cm.
④ k_1 und k_2 schneiden sich in C und C'.

Konstruktion

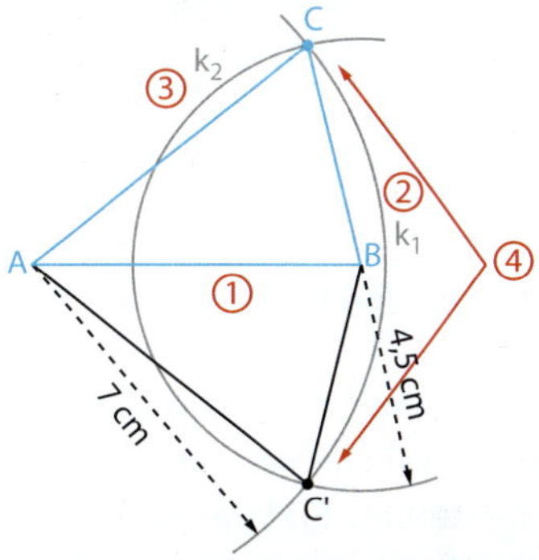

Von den beiden Punkten C und C' ist C der gesuchte. Denn mit C' erhält man ein Dreieck mit negativem Umlaufsinn.

M **SSS:** Du kennst drei Seitenlängen a, b, c:

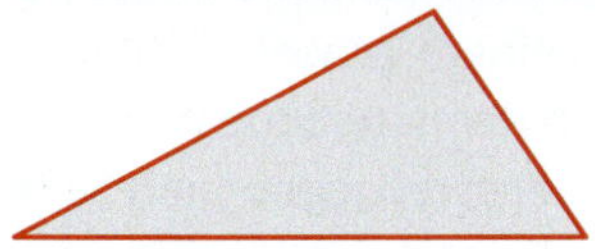

Konstruktion
① Zeichne $\overline{AB}$.
② Zeichne einen Kreis um A mit dem Radius b.
③ Zeichne einen Kreis um B mit dem Radius a.
④ Wähle denjenigen der beiden Kreisschnittpunkte, der den richtigen Umlaufsinn ergibt.

2 *Inseln im Chiemsee*
Die Entfernung Fraueninsel – Gstadt beträgt ca. $|\overline{AB}| = 1{,}3$ km, zwischen Gstadt und Krautinsel sind es $|\overline{BC}| = 2{,}2$ km. Der Winkel ∢BAC hat ein Maß von 108°. Damit kannst du die Entfernung Fraueninsel – Krautinsel (= $|\overline{AC}|$) im Maßstab 1 : 20 000 ermitteln. Gegeben sind also zwei Seiten und der Winkel, der der größeren Seite gegenüber liegt.

Planfigur

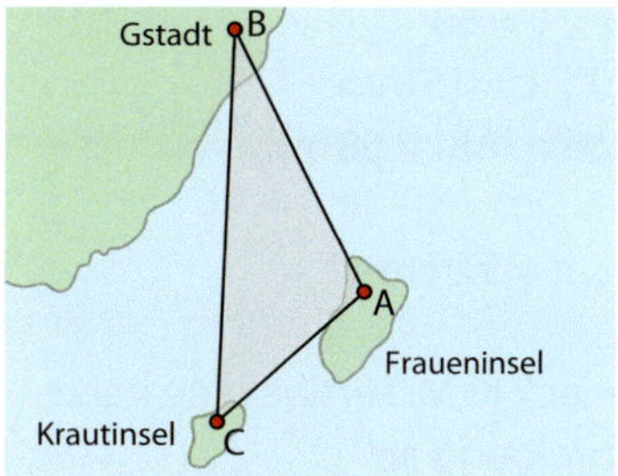

① Zeichne die kurze Seite $\overline{AB}$, mit $|\overline{AB}| = 2{,}6$ cm.
② Trage in A den Winkel ∢BAC = 108° an.
③ Schlage um B einen Kreis k; Radius: 4,4 cm
④ Der Kreis k schneidet den freien Schenkel von α in C.

Konstruktion

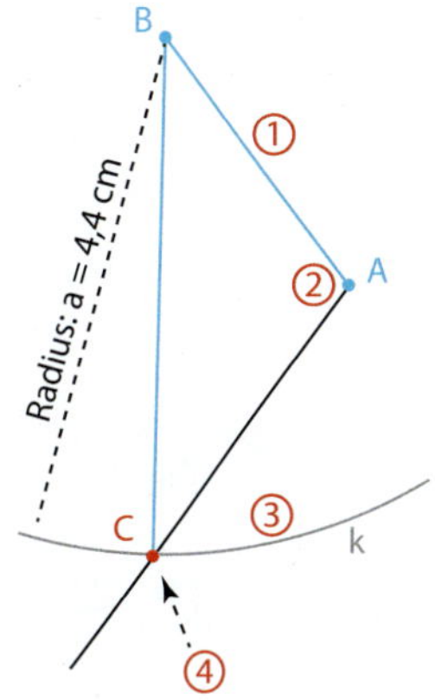

Beim Nachmessen erhältst du für b einen Wert von ca. 2,4 cm. Das heißt, die Krautinsel ist von der Fraueninsel etwa 1,2 km entfernt.

M SsW: Du kennst zwei Seitenlängen und den Winkel, welcher der **größeren** dieser beiden Seiten gegenüberliegt.

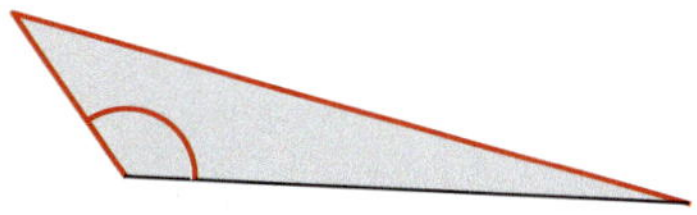

Konstruktion

① Zeichne die kürzere Seite.
② Trage an sie den gegebenen Winkel an.
③ Zeichne um den zweiten Endpunkt einen Kreis mit der längeren Seite als Radius.
④ Der Kreis und der freie Schenkel des Winkels schneiden sich im dritten Eckpunkt.

Übungsaufgaben

1 Welche Bestimmungsstücke gehören zu welcher Konstruktion? Das kannst du auch ohne Messung feststellen. Erkläre, warum die folgenden Konstruktionen mehrdeutig oder gar nicht ausführbar sein können.

△ABC	c	b	γ
①	6,5 cm	6 cm	50°
②	5,0 cm	6 cm	50°
③	4,6 cm	6 cm	50°
④	4,0 cm	6 cm	50°

a

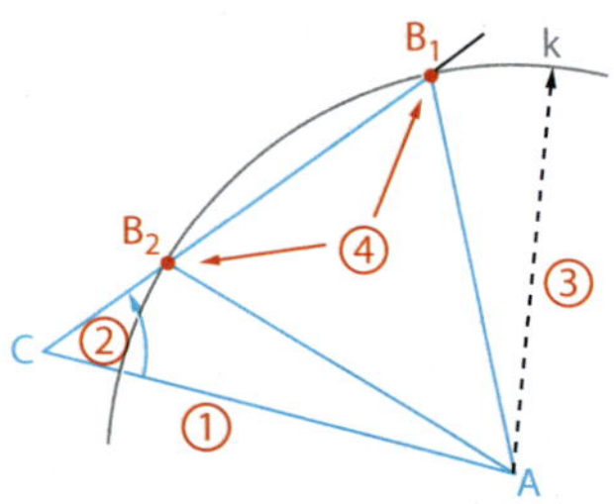

b

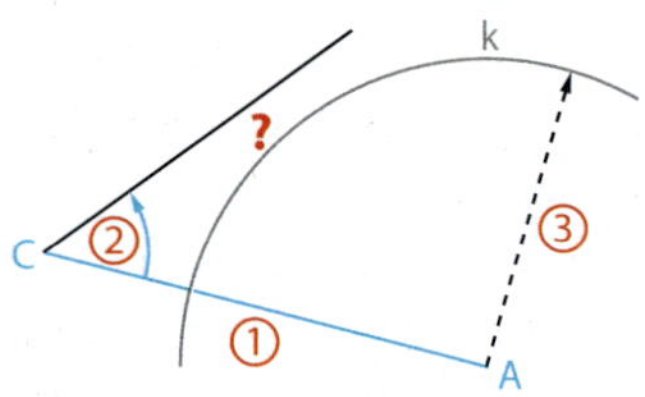

c

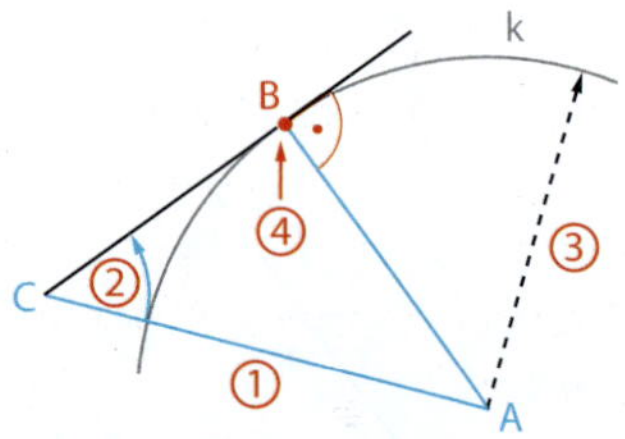

d

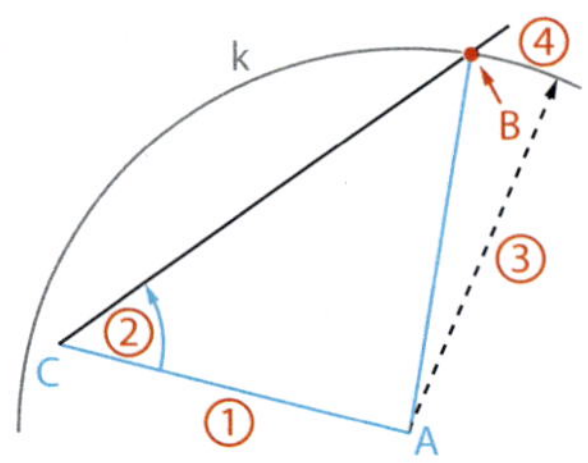

T **Eindeutige** Konstruktionen mit zwei Seiten und einem Winkel erhält man **nur dann**, wenn der gegebene Winkel der **größeren** der zwei gegebenen Seiten gegenüber liegt.

2 Was für ein besonderes Dreieck erhält man für den Fall: $c = b = 6\,cm$ und $\gamma = 50°$? Ist das Dreieck ABC eindeutig konstruierbar? Begründe deine Antwort.

3 Kann man diese Dreiecke ABC eindeutig konstruieren? Begründe deine Meinung anhand einer Planskizze.

a $c = 4{,}8\,cm$; $\alpha = 120°$; $\gamma = 60°$
b $b = 84\,mm$; $\alpha = 120°$; $c = 15\,mm$
c $|\overline{AC}| = 1{,}2\,dm$; $\gamma = 56°$; $|\overline{AB}| = 68\,mm$
d $\alpha = 60°$; $\beta = 30°$; $\gamma = 90°$
e $b = 5{,}0\,cm$; $\gamma = 58°$; $c = 5{,}0\,cm$

4 Konstruiere das Dreieck KLM. Fertige eine kurze Konstruktionsbeschreibung an.
$|\overline{KL}| = 5{,}5\,cm$; $|\overline{KM}| = 4{,}5\,cm$; $|\overline{ML}| = 6{,}5\,cm$

Übungen zu allen Grundkonstruktionen

5 Konstruiere das Dreieck PQR anhand dieser Bestimmungsstücke. Welcher Konstruktionsfall liegt vor?

a $|\overline{PQ}| = 5\,cm$; $|\overline{QR}| = 3{,}8\,cm$; $|\overline{PR}| = 4{,}2\,cm$

b $|\overline{PR}| = 55\,mm$; $|\overline{PQ}| = 75\,mm$; $\sphericalangle RPQ = 320°$

c $|\overline{QR}| = 4{,}5\,cm$; $\sphericalangle PRQ = 45°$; $\sphericalangle PQR = 315°$

6 Die Cheopspyramide in Ägypten hat heute eine Höhe von ca. 137 m. Ein Besucher sieht sie unter einem Erhebungswinkel von 18°. Wie weit ist er dann vom Mittelpunkt der Pyramide entfernt? Fertige eine saubere Konstruktion an, um die Frage zu beantworten.

7 Welche Grundkonstruktion wird beschrieben?

a ① $\overline{FG}$ zeichnen; ② $\sphericalangle(\overline{FG}; [FE) = 80°$;
③ $\sphericalangle([GE; \overline{GF}) = 60°$; ④ $[FE \cap [GE = \{E\}$.

b ① $|\overline{PR}| = 5\,cm$; ② $\sphericalangle([RQ; \overline{RP}) = 40°$;
③ $k(P; r = |\overline{PQ}| = 6\,cm)$; ④ $k \cap [RQ = \{Q\}$.

8 Konstruiere ein gleichschenkliges Dreieck mit einer Basislänge von 9 cm und einem Flächeninhalt von 45 cm². Wie groß sind seine Innenwinkelmaße?

9 Dies ist der Dachgiebel eines Gebäudes.

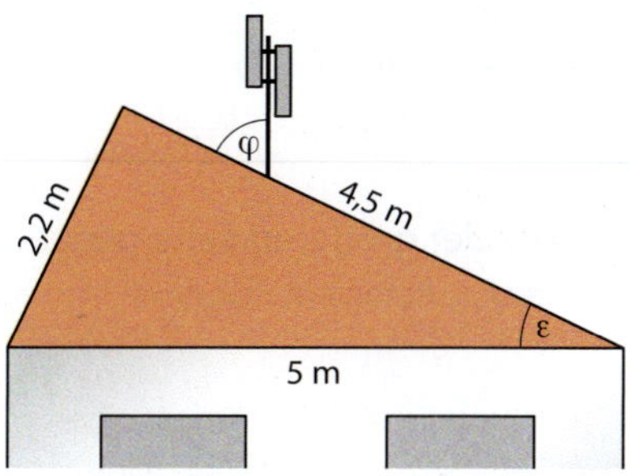

a Zeichne das Dach in einem Maßstab von 1 : 50 in dein Heft. Bestimme die Maße seiner Innenwinkel durch genaue Messung. Ist dieses Dreieck ein rechtwinkliges?

b Miss den Winkel ε in deiner Zeichnung.

c Wie lang würde die kürzeste Seite werden, wenn man ε um das 1,5-Fache vergrößern würde und die anderen Seiten beibehält? Begründe mit einer Konstruktion.

d Auf dem Dach steht eine Mobilfunkantenne. Wie groß wäre φ bei ε = 35°?

10 Nachts zeigt der Polarstern die Nordrichtung an. Der Winkel φ heißt geografische Breite. Er schwankt zwischen 90° (am Nordpol) und 0° (am Äquator). In unseren Breiten beträgt er ungefähr 48°.

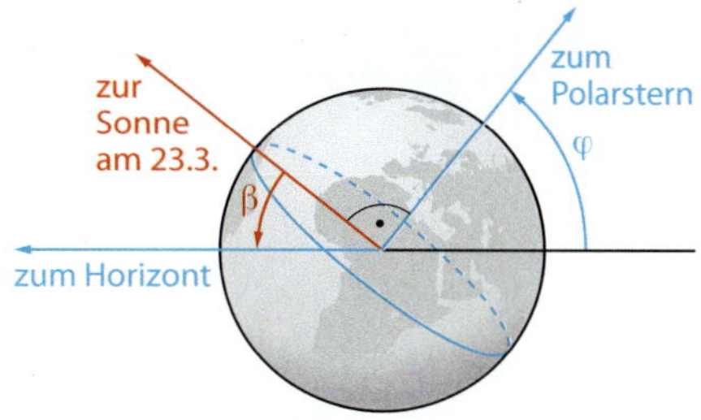

a Am Frühlingsanfang (23. März) steht die Sonne am Mittag über dem südlichen Horizont in der Höhe β. Wie groß ist β?

b Während des Frühlings steigt die Sonne immer höher und steht am 21.6. gegen Mittag (Sommeranfang) 65,4° hoch im Süden. Dann sinkt sie wieder ab. Ermittle das Maß des Winkels β am 21.12. (Winteranfang).

c Bestimme die Schattenlänge eines 18 m hohen Baumes am 21.6. und 21.12. zur Mittagszeit.

d Der Schatten des Baums wird zur Mittagszeit mit 25 m gemessen. Wie hoch steht die Sonne und in welcher Jahreszeit liegt dieser Tag?

11 Benutze deine Geometrie-Software.
Die Punkte $P(-3|2)$ und $Q(11|5)$ bestimmen die Gerade $g = PQ$. Die Punkte $A(1|1)$ und $B(9|-1)$ bilden die Grundlinie einer Dreiecksschar ABC_n, deren Spitzen C_n auf g liegen.

a Zeichne die Dreiecke ABC_1 und ABC_2 für die Punkte $C_1(1|y_1)$ und $C_2(9|y_2)$. Bestimme mit 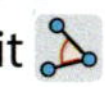 die Innenwinkel der Dreiecke.

b Konstruiere das gleichschenklige Dreieck ABC_3. Miss seine Innenwinkel und ermittle die Koordinaten von C_3. Welche Besonderheit hat das Dreieck ABC_3 außerdem noch? Begründe kurz.

c Gehören die Dreiecke ABC_4 und ABC_5 mit $C_4(-4|y_4)$ und $C_5(-6|y_5)$ auch zur Dreiecksschar ABC_n? Begründe deine Antwort.

d Zwischen welchen Grenzen kann der Winkel α, je nach Lage von C_n liegen?

1.4 Kongruenzsätze

1 Zeichne mit deiner Geometrie-Software das Dreieck ABC nach der Konstruktionsvoschrift SWS: $c = 3\,cm$, $\beta = 90°$, $a = 4\,cm$. Anschließend verschiebst du es mit dem Vektor $\binom{4}{-2}$

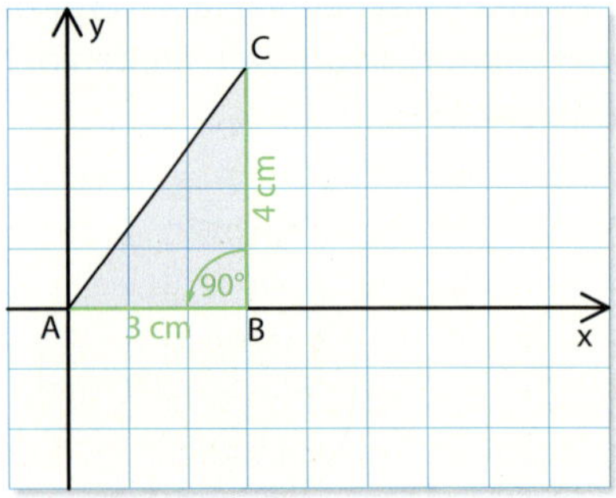

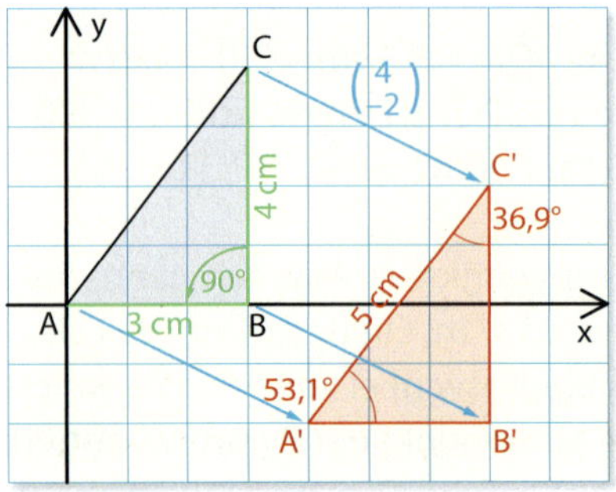

$\triangle ABC \cong \triangle A'B'C'$? Sind beide Dreiecke wirklich kongruent? Natürlich, denn die Verschiebung ist ja eine Kongruenzabbildung.

2 Überzeuge dich mit den Werkzeugen und , dass alle, auch die **nicht** gegebenen Streckenlängen und Winkel in ABC und A'B'C' gleich sind. Du hättest das kongruente Dreieck A'B'C' also auch genauso gut durch eine weitere Konstruktion SWS erhalten können.

3 Wie viele Bestimmungsstücke braucht man also, um kongruente Dreiecke zu konstruieren?

M Dreiecke, die durch eine Kongruenzabbildung auseinander hervorgehen, sind kongruent. Dreiecke, die nach derselben Grundkonstruktion gezeichnet werden, sind ebenfalls kongruent.

Weil es vier Grundkonstruktionen gibt, gibt es auch vier **Kongruenzsätze**:
Zwei Dreiecke sind kongruent, wenn sie übereinstimmen in …
… zwei Seitenlängen und dem Maß ihres Zwischenwinkels: **SWS**.
… einer Seitenlänge und dem Maß der beiden anliegenden Winkel: **WSW**.
… drei Seitenlängen: **SSS**.
… zwei Seitenlängen und dem Maß des Winkels, welcher der größeren Seite gegenüberliegt: **SsW**.

Übungsaufgaben

1 Sind die Dreiecke ABC und DEF kongruent? Fertige zwei Konstruktionen an und begründe: Liegt ein Kongruenzsatz vor? Wenn ja: Welcher?

a $a = 3\,cm$, $c = 4\,cm$, $\beta = 90°$;
$d = 3\,cm$, $e = 4\,cm$, $f = 5\,cm$

b $a = 6\,cm$, $\alpha = 60° = \beta$;
$d = e = f = 6\,cm$

2 Gib an, welcher Konstruktionsfall jeweils gegeben ist.

a $\alpha = 75°$, $a = 6{,}5\,cm$, $b = 5{,}5\,cm$

b $c = 5\,cm$, $\beta = 65°$, $a = 4{,}8\,cm$

c $c = 55\,mm$, $b = 0{,}68\,dm$, $a = 4{,}3\,cm$

d $|\overline{AC}| = 7{,}0\,cm$; $\alpha = 62°$, $\beta = 58°$

3 Gleich große Seiten oder Winkel haben die gleiche Farbe. Welche Dreiecke sind kongruent? Welcher Kongruenzsatz gilt hier jeweils?

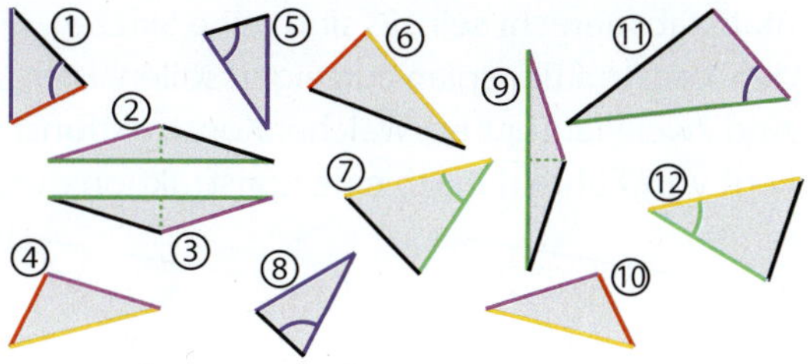

4 Begründe kurz,
a warum es den Kongruenzsatz WWW nicht gibt.
b warum es nicht mehr als vier Kongruenzsätze geben kann.

5 Diese Dreiecke stimmen in drei Bestimmungsstücken überein. Aber: Sind sie auch kongruent?
a Beide Dreiecke haben zwei jeweils 4 und 5 cm lange Seiten und einen Winkel von 65°.
b Beide Dreiecke haben eine Seite von 6 cm Länge und zwei Winkel von 60° und 75°.
c Beide Dreiecke haben eine Seite von 5 cm Länge, einen Winkel von 45° und eine weitere Seite von 10 cm gemeinsam.
d Beide Dreiecke haben zwei gleichlange aneinanderliegende Seiten gemeinsam und deren Zwischenwinkel.

6 Mehmet beschreibt seine Konstruktion:
„Ich zeichne eine Strecke von 6,5 cm Länge. Dann errichte ich in einem Eckpunkt mit einer Halbgeraden einen Winkel von 85°. Um den anderen Eckpunkt schlage ich einen Kreisbogen mit einem Radius von 4,5 cm. Dieser Kreisbogen schneidet die Halbgerade in einem Punkt, den ich mit dem Mittelpunkt des Kreisbogens verbinde. Fertig."
Michi sagt: „Unmöglich!" Hat er recht?

7 Die Punkte A(−2|1), B(6|1), C(−2|6), D(1|−2), E(9|−2) und F(1|3) sind die Eckpunkte der Dreiecke ABC und DEF.
Zeichne sie in ein Koordinatensystem und weise die Kongruenz beider Dreiecke nach.
$-4 \le x \le 11$; $-4 \le y \le 8$; (1 LE ≙ 1 cm)

8 Martin zeichnet zwei Dreiecke mit:
$s_1 = 6\,\text{cm}$, $s_2 = 5\,\text{cm}$, $s_3 = 4\,\text{cm}$.

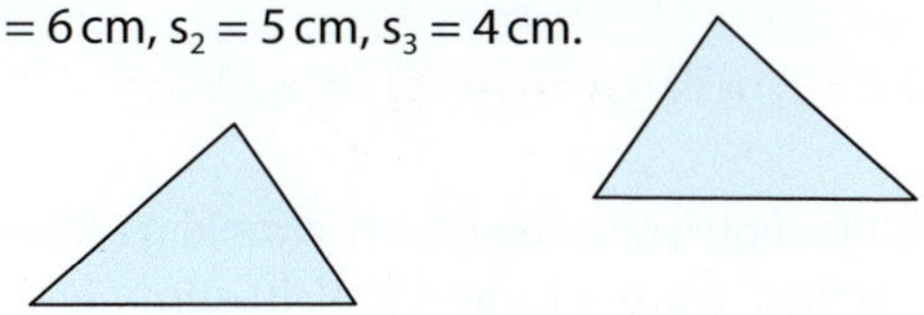

a Warum sind diese Dreiecke kongruent?
b Mit wie vielen Kongruenzabbildungen lässt sich die Kongruenz dieser Dreiecke nachweisen?

9 Verwende die Geometrie-Software.
A(2|0) und B(10|6) sind die Eckpunkte der Strecke $\overline{AB}$ einer Schar von Dreiecken ABC_n mit einem Winkel $\alpha = \sphericalangle BAC_n = 30°$.
a Zeichne A, B und die Halbgerade $[AC_n$.
b Für das Dreieck ABC_0 soll gelten: $|\overline{BC_0}| = 4{,}5\,\text{cm}$. Begründe, dass es dieses Dreieck nicht gibt.
c Was für ein besonderes Dreieck ABC_1 erhält man, wenn gilt: $|\overline{BC_1}| = 5{,}0\,\text{cm}$?
d Warum erhält man mehr als ein Dreieck für $|\overline{BC_n}| > 5{,}0\,\text{cm}$?
e Wie lang muss die Strecke $\overline{BC_n}$ mindestens sein, damit man wieder genau ein Dreieck ABC_2 erhält? Welche Eigenschaften hat dieses Dreieck?

10 Durch die Punkte A(−2|1), B(8|1) und $C_n(x_n|5)$ ist eine Dreiecksschar ABC_n gegeben.
a Zeichne die Dreiecke ABC_1 und ABC_2, für $x_1 = -1$ und $x_2 = 10$. Berechne ihren Flächeninhalt. Auf welcher Linie bewegen sich die Punkte C_n?
b Wie lauten die Koordinaten des Punktes C_3, der zum gleichschenkligen Dreieck ABC_3 mit der Basis $\overline{AB}$ gehört? Trage ABC_3 in die Zeichnung ein.
c $C_4(0|5)$ und $C_5(6|5)$ gehören zu den Dreiecken ABC_4 und ABC_5. Zeichne die Dreiecke. Um welche Dreiecksonderformen handelt es sich?
d Unter den Dreiecken der Schar gibt es ein Dreieck ABC_6 mit einem Winkel $\sphericalangle BAC_6 = 45°$. Ermittle die fehlenden Innenwinkel.
e Die Dreiecksschar enthält zwei weitere gleichschenklige Dreiecke ABC_7 und ABC_8. Zeichne diese und ermittle durch Messung die Maße ihrer Innenwinkel.
f Zwischen welchen Werten liegen die Innenwinkelmaße der Dreiecke ABC_n?
$-4 \le x \le 10$; $-1 \le y \le 7$; (1 LE ≙ 1 cm)

1.5 Mach dich fit!

Eigenschaften von Dreiecken

1 Die Planfiguren sollen gleichschenklige Dreiecke darstellen. Warum kann das nicht stimmen?

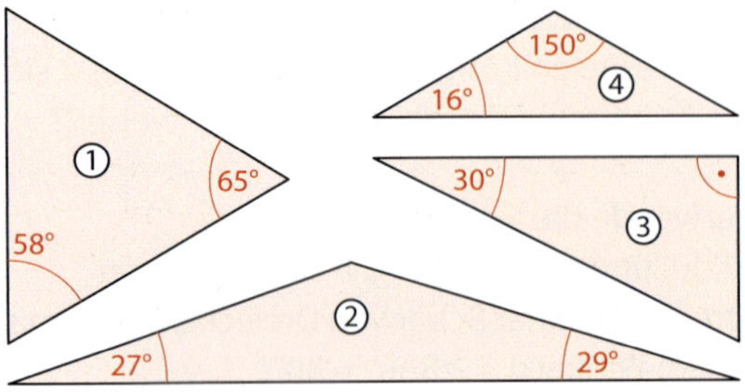

2 Existieren Dreiecke ABC mit folgenden Bestimmungsstücken? Begründe deine Meinung.

a $a = 8{,}5\,cm$; $b = 3{,}2\,cm$; $c = 5{,}2\,cm$
b $a = 7{,}0\,cm$; $\beta = 32{,}4°$; $\alpha = 62{,}0°$; $b = 4{,}3\,cm$
c $a = b = 8\,cm$; $\alpha = 90°$
d $a = b = 4{,}5\,cm$; $c = 6{,}5\,cm$
e $\alpha = \beta = 45°$; $a = 6{,}0\,cm$
f $\gamma = 90°$; $c = 10\,cm$; $b = 8\,cm$

3 Die erste Aussage für das Dreieck ABC ist richtig, die zweite falsch. Kannst du die zweite korrigieren?

a ① $b > c > a$ ② $\beta > \alpha > \gamma$
b ① $\alpha = \gamma$ ② $a = b$
c ① $\alpha = 90°$; $c = 8\,cm$ ② $a = 7{,}5\,cm$
d ① $a = c = 8\,cm$ ② $\gamma = 90°$

Dreiecke konstruieren

4 Konstruiere ein Dreieck ABC mit folgenden Angaben – fertige eine Planfigur an:

a $b = 5\,cm$; $c = 6{,}0\,cm$; $\alpha = 105°$
b $b = 3{,}5\,cm$; $\gamma = 45°$; $\beta = 70°$
c $c = 5{,}8\,cm$; $\alpha = 24°$; $\beta = 115°$
d $a = 6{,}3\,cm$; $b = 5{,}5\,cm$; $c = 8{,}5\,cm$
e $c = 5{,}8\,cm$; $\beta = 70°$; $b = 7{,}0\,cm$

5 Ist die Beschreibung des Dreiecks eindeutig?
„Die längste Seite ist 7 cm lang; der gegenüberliegende Winkel beträgt 80°, eine weitere Seite ist 6 cm lang."

6 Planfiguren müssen – wie du weißt – keineswegs maßstabsgerecht sein. Es sind reine Skizzen, die den Konstruktionsplan aufzeigen sollen. Hier sind zwei Planfiguren. Welcher Konstruktionsfall liegt vor? Führe danach eine Konstruktion durch.

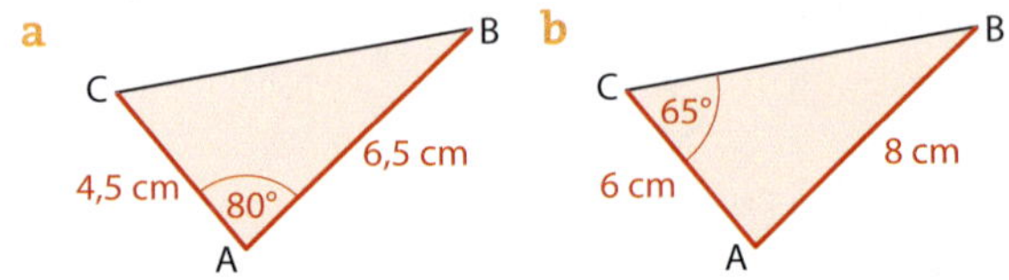

7 Martin hat eine sehr wortreiche Konstruktionsbeschreibung formuliert. Um welchen Konstruktionsfall geht es?
Kannst du die Beschreibung in vier Schritten so kurz wie möglich zusammenfassen?
„Ich zeichne zunächst die Strecke $\overline{AB}$ mit einer Länge von 8 cm. Danach errichte ich im Punkt A einen Winkel von 65°. Ich zeichne den freien Schenkel dieses Winkels als Halbgerade und schlage dann um den Punkt B einen Kreisbogen mit einem Radius von 9 cm. Dieser Kreisbogen schneidet den freien Schenkel des Winkels, den ich vorher gezeichnet habe. Den Schnittpunkt, den ich so erhalten habe – ich nenne ihn C – verbinde ich anschließend mit B und das Dreieck ABC ist fertig."

8 Auf dem Meer peilt man von der Punkten A und B aus die Spitze des Leuchtturms unter verschiedenen Erhebungswinkeln an.

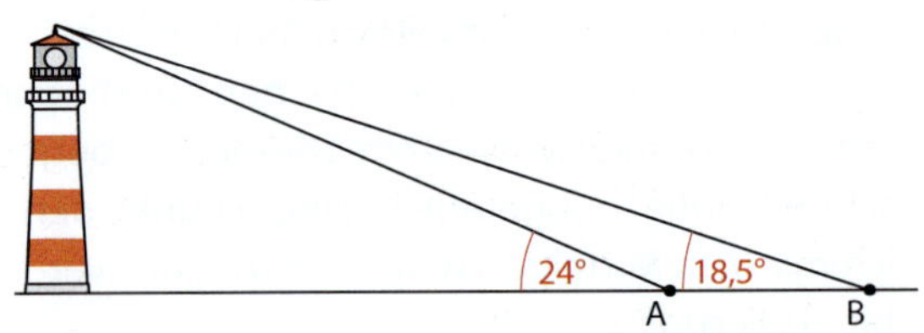

a Wie hoch ist der Leuchtturm, wenn die Punkte A und B genau 17 m auseinanderliegen?
b Bei hohem Wellengang peilt man die Spitze in A mit 22° und in B mit 16,5° an. Welche Abweichung erhält man dann in der Turmhöhe?

9 Konstruiere die Dreiecke ABC mit diesen Bestimmungsstücken:
a $c = 35\,mm$; $b = 4{,}5\,cm$; $\beta = 50°$
b $a = 6\,cm$; $b = 8\,cm$; $c = 1{,}0\,dm$

10 Ein rechtwinkliges Dreieck hat einen Flächeninhalt von $24\,cm^2$. Seine kürzeste Seite ist 6 cm lang. Bestimme seine Innenwinkelmaße durch Konstruktion.

11 Von einem Dreieck ABC kennt man drei Bestimmungsstücke: Welcher Konstruktionsfall liegt vor? Ist das Dreieck eindeutig oder überhaupt konstruierbar?
Fertige eine Planfigur an.
a $\alpha = 50°$; $c = 6\,cm$; $a = 6{,}5\,cm$
b $c = 4{,}5\,cm$; $a = 8{,}5\,cm$; $\gamma = 85°$
c $b = 3\,cm$; $c = 0{,}8\,dm$; $a = 18\,mm$

Kongruenzsätze

12 Welche Winkelmaße α, β oder γ bzw. α', β', oder γ' müssen bekannt sein, wenn in den beiden Dreiecken ABC und A'B'C' jeweils die Seitenlängen $a = a'$ und $b = b'$ gegeben sind, und der Kongruenzsatz SWS angewandt werden soll?

13 In einem Dreieck ABC sind alle Bestimmungsstücke gegeben: $a = 6\,cm$, $b = 4\,cm$, $c = 6{,}9\,cm$; $\alpha = 59°$, $\beta = 35°$, $\gamma = 86°$. In einem weiteren Dreieck DEF sind die gleichen Bestimmungsstücke gegeben, nämlich: $d = 4\,cm$, $e = 6\,cm$, $f = 6{,}9\,cm$. Welches Maß haben die Winkel δ, ε und ζ?

14 Sind die Dreiecke ABC und DEF kongruent?
a A(−6|3), B(−2|1), C(−3|4)
D(1|5), E(5|3), F(4|6)
b A(−2|0), B(0|2), C(−2|6)
D(−1|5), E(5|5), F(2|7)

15 Konstruiere die Dreiecke ABC und A'B'C' anhand der gegebenen Bestimmungsstücke mit der Geometrie-Software. Sind sie kongruent?
① $c = 8\,cm$; $\alpha = 50°$; $\beta = 25°$
② $b' = 3{,}5\,cm$; $a' = 6{,}3\,cm$; $\alpha' = 50°$

16 *Stimmt das?*
a Zwei gleichseitige Dreiecke sind kongruent, wenn ihre Höhen jeweils gleich lang sind.
b Zwei gleichschenklige Dreiecke sind kongruent, wenn sie flächengleich sind und gleich lange Grundseiten haben.
c Zwei Dreiecke sind kongruent, wenn sie in einer Seitenlänge, einem daran anliegenden Winkel und im Flächeninhalt übereinstimmen.
d Zwei Dreiecke sind kongruent, wenn sie in einer Seitenlänge und den beiden anliegenden Winkeln übereinstimmen.
e Zwei gleichseitige Dreiecke sind kongruent, wenn sie den gleichen Umfang haben.
f Zwei Dreiecke sind kongruent, wenn sie gleichschenklig sind und die gleiche Basislänge haben.

17 Wie viele dieser gleichschenkligen Dreiecke muss man an ihren Schenkeln aneinanderlegen, um ein reguläres Vieleck zu erhalten? Welches Vieleck entsteht auf diese Weise?

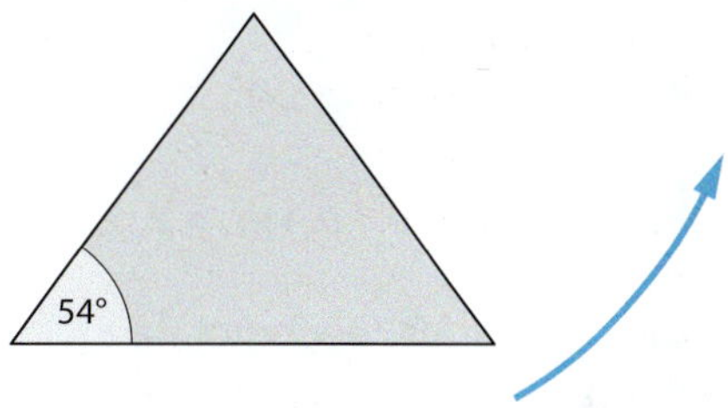

18 Zeichne mit der Geometrie-Software ein reguläres Sechseck, das einem gleichseitigen Dreieck einbeschrieben ist. Wie verhält sich der Flächeninhalt des Sechsecks zum gleichseitigen Dreieck?

19 Die Punkte B(9|5) und C(−1|5) sind die gemeinsamen Eckpunkte einer Schar von Dreiecken A_nBC. Die Punkte A_n liegen auf der Parallelen zu $\overline{BC}$ durch den Punkt $A_1(-1|2)$.
a Zeichne die Dreiecke A_1BC und A_2BC in ein Koordinatensystem. $A_2(9|2)$.
b Begründe, dass die Dreiecke A_1BC und A_2BC rechtwinklig sein müssen.
c Gilt $A_1BC \cong A_2BC$? Begründe.
d Konstruiere zwei weitere rechtwinklige Dreiecke A_3BC und A_4BC. Gilt: $A_3BC \cong A_4BC$?
e Konstruiere das Dreieck A_5BC mit $\sphericalangle A_5CB = 45°$.

Eigenschaften von Dreiecken

Man unterscheidet **spitzwinklige**, **rechtwinklige** und **stumpfwinklige** Dreiecke. Sonderformen sind das gleichschenklige und das **gleichseitige** Dreieck.

gleichschenklige Dreiecke — gleichseitiges Dreieck

In jedem Dreieck sind zwei Seiten zusammen größer als die dritte. Der größeren von zwei Seiten liegt immer auch der größere Winkel gegenüber.

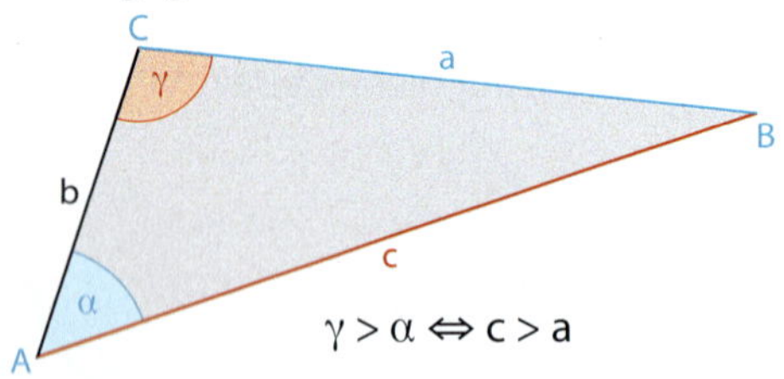

$\gamma > \alpha \Leftrightarrow c > a$

Für das Dreieck ABC bedeutet das:
$a + b > c$,
$a + c > b$ und
$b + c > a$.
Diese Beziehungen heißt **Dreiecksungleichungen**.

Grundkonstruktionen I

SWS

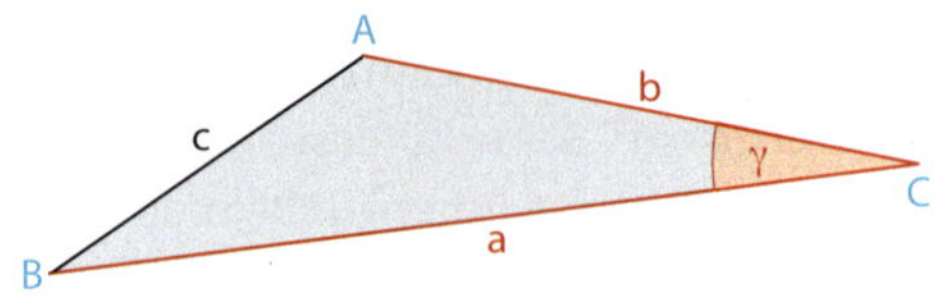

① Zeichne die erste Seite, hier $\overline{BC}$.
② Trage den Winkel ∢ACB an.
③ Trage auf dem freien Schenkel die zweite Seitenlänge b ab. Der Punkt A entsteht.
④ Verbinde die freien Endpunkte miteinander.

WSW

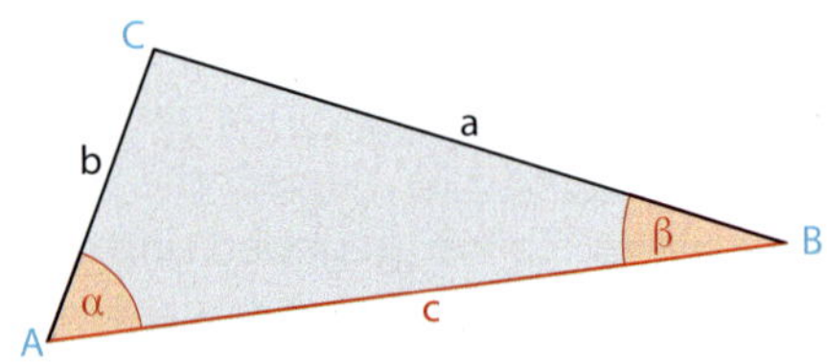

① Zeichne die gegebene Seite, hier $\overline{AB}$.
② Trage an einem Endpunkt den ersten Winkel an, hier ∢BAC.
③ … am anderen Endpunkt den zweiten Winkel, hier ∢CBA.
④ Die freien Schenkel beider Winkel schneiden sich im dritten Punkt C.

Grundkonstruktionen II

SSS

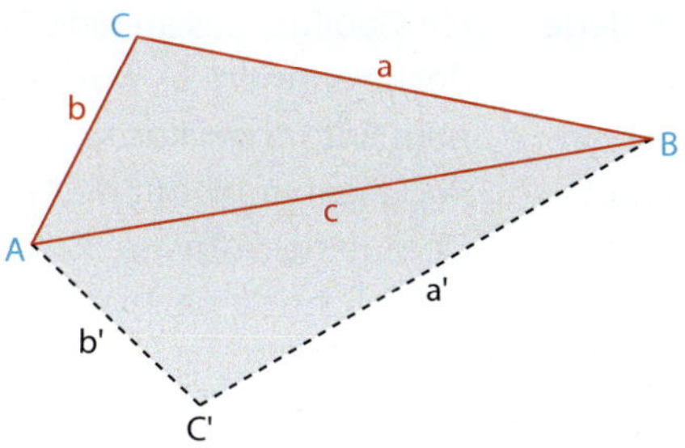

① Zeichne die erste Seite, hier $\overline{AB}$.
② Schlage um einen Endpunkt einen Kreis mit dem Radius der zweiten Dreiecksseite, hier $k_1(A; r = b)$.
③ Schlage um den zweiten Endpunkt einen Kreis mit dem Radius der dritten Dreiecksseite, hier $k_2(B; r = a)$.
④ Beide Kreise schneiden sich in zwei Punkten: $k_1 \cap k_2 = \{C; C'\}$ Wähle denjenigen davon, der zu dem Dreieck gehört, das einen positiven Umlaufsinn besitzt.

SsW

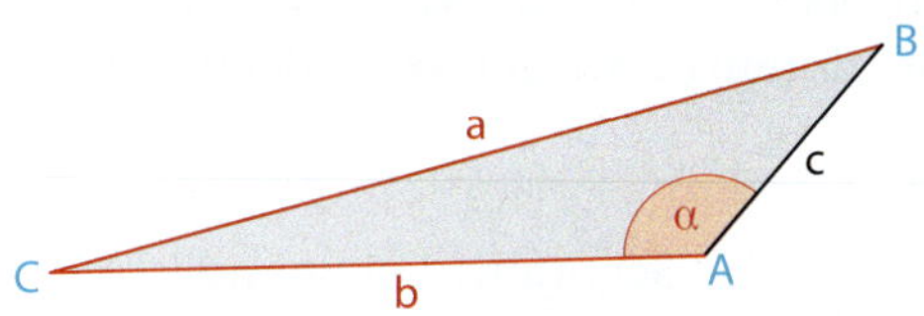

① Zeichne die kürzere Seite, hier $\overline{AC}$.
② Trage den gegebenen Winkel ein, hier ∢ACB.
③ Schlage um den anderen Endpunkt einen Kreis mit dem Radius der zweiten Dreiecksseite, hier $k(C; r = a)$.
④ Kreis und freier Schenkel des Winkels schneiden sich im dritten Eckpunkt.

Kongruenzsätze

Dreiecke sind kongruent, wenn sie
a durch eine Kongruenzabbildung auseinander hervorgehen oder
b übereinstimmen in …
① zwei Seitenlängen und dem Maß ihres Zwischenwinkels: **SWS**.
② einer Seitenlänge und den Maßen der beiden anliegenden Winkel: **WSW**.
③ drei Seitenlängen: **SSS**.
④ zwei Seitenlängen und dem Maß desjenigen Winkels der der größeren Seite gegenüberliegt: **SsW**.

Im Fall ④ können sich mehrdeutige oder gar keine Lösungen ergeben, wenn der gegebene Winkel nicht der größeren, sondern der kleineren Seite gegenüberliegt.

Mehr zum Thema: Fraktale Geometrie

Eine endliche Fläche mit einem unendlich großen Umfang.

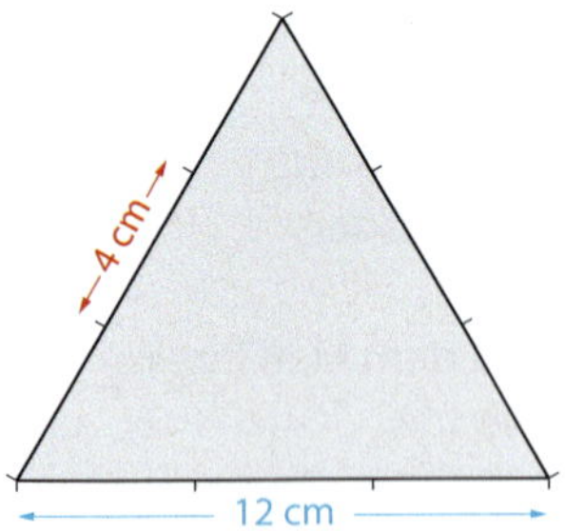

Alles beginnt mit einem gleichseitigen Dreieck. Dies hier hat eine Seitenlänge von 12 cm. Jede Seite wird gedrittelt und über dem mittleren Drittel wieder ein gleichseitiges Dreieck errichtet. In jedem weiteren Schritt wird jede Seite wieder in drei Teile zerlegt und über dem mittleren Drittel ein gleichseitiges Dreieck errichtet. Allmählich entsteht so ein Gebilde, das an eine Schneeflocke erinnert. Es wird nach seinem Entdecker *Koch'sche Schneeflocke* genannt. Mit deiner Geometrie-Software kannst du diese Schritte nachvollziehen.

Wenn man nach dieser Vorschrift weitermacht, dann entstehen immer feiner verästelte Strukturen. Die Veränderungen werden schließlich winzig klein, sodass sie nur mit starken Vergrößerungen sichtbar gemacht machen können. Aber selbst dann erkennt man überall gleichseitige Dreiecke. Die Schneeflocke setzt sich also aus gleichseitigen Dreiecken zusammen, die ständig kleiner werden. Es entsteht ein sogenanntes **Fraktal**.
Betrachten wir den Umfang der Koch'schen Schneeflocke: Vom ersten Schritt (n = 1) zum zweiten (n = 2) vergrößert sich der Umfang von 36 cm auf 48 cm und im dritten (n = 3) auf 64 cm. Rechne das mit dieser Formel nach: $u = 3 \cdot \mathbf{12\,cm} \cdot \left(\frac{4}{3}\right)^{n-1}$

Der Umfang wächst also immer schneller an und nach unendlich vielen Schritten ist er **unendlich groß** geworden. Man kann berechnen, wenn auch etwas kompliziert, dass der Flächeninhalt dieser Schneeflocke nach unendlich vielen Verästelungen auf nur ungefähr 100 cm² anwächst, also **endlich groß** bleibt. Ist das nicht ein merkwürdiges Ergebnis? Die endlich große Schneeflocke wird sozusagen von der Unendlichkeit umschlossen.
Eine endliche Fläche kann tatsächlich einen unendlich großen Umfang besitzen!
Mit solchen Merkwürdigkeiten befasst sich die fraktale Geometrie.

Nimm den Taschenrechner zu Hilfe und rechne aus, wie groß der Umfang der Kochschen Schneeflocke schon nach 10 , 73 und 100 Schritten geworden ist.
(Vergleich: Entfernung Erde – Mond = 380 000 km; Entfernung Erde – Sonne = 150 Millionen km)

2

Vierecke

2.1 Vierecke und ihre Eigenschaften

1 Welche Figuren entstehen?

a Spiegle ein gleichseitiges Dreieck an einer Seite und überlege dir, welche Eigenschaften die neue Figur hat.

b Spiegle ein gleichschenkliges Dreieck einmal an der Basis und einmal an einem der Schenkel.
Welche Figuren entstehen?

c Spiegle ein rechtwinkliges Dreieck einmal an der längsten Seite (die dem rechten Winkel gegenüberliegt) und einmal an einer der beiden anderen Seiten.
Welche Figuren entstehen?

M

Die wichtigsten Eigenschaften und Namen von Vierecken

Quadrat

- vier gleich lange Seiten
- vier rechte Winkel

Trapez

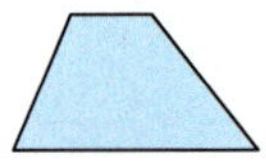

- ein Paar parallele Seiten

Rechteck

- zwei Paar parallele und gleich lange gegenüberliegende Seiten
- vier rechte Winkel

Parallelogramm

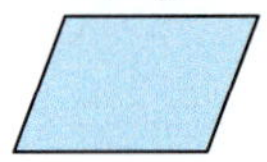

- zwei Paar parallele und gleich lange gegenüberliegende Seiten

Raute

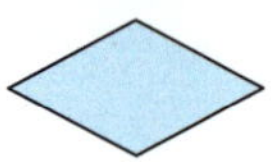

- vier gleich lange Seiten
- zwei Paar parallele und gleich lange gegenüberliegende Seiten

Drachen

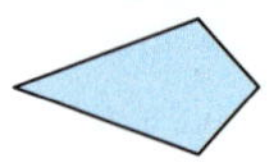

- zwei Paar gleich lange Nachbarseiten

Trapez (gleichschenklig)

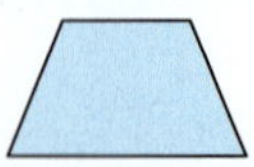

- ein Paar parallele Seiten
- ein Paar gleich lange gegenüberliegende Seiten

allgemeines Viereck

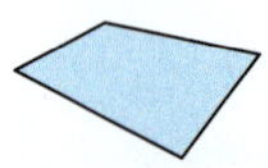

- keine gleich langen Seiten
- keine parallelen Seiten

M

Bezeichnungen bei Vierecken

Die vier Punkte eines Vierecks werden in der Regel im Gegenuhrzeigersinn mit A, B, C und D benannt. Der Winkel beim Punkt A heißt α, beim Punkt B heißt er β usw. Anders als bei Dreiecken erhalten die Seiten die Bezeichnung ihres Anfangspunktes.
Die Diagonale $\overline{AC}$ bezeichnet man mit e, die Diagonale $\overline{BD}$ mit f.

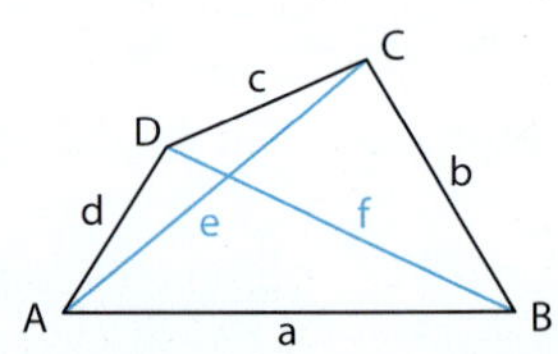

2 *2 Papierstreifen – 1 Viereck*
Wir arbeiten zu zweit und benötigen zwei gleich breite (4 cm) und einen schmaleren Papierstreifen (2 cm), am besten aus Transparentpapier.

Legt zwei Papierstreifen aufeinander und schaut euch die Überschneidungsfläche an. Im Beispiel ist ein Parallelogramm entstanden.
Welche der folgenden Vierecke könnt ihr wie im Beispiel legen und welche nicht? Wie heißen die Vierecke?

3 *Vierecke am laufenden Meter*
Wir benötigen einen Papierstreifen mit der Breite 6 cm und eine Schere. Bei jedem Schnitt schneiden wir in einem anderen Winkel.
Welche gemeinsame Eigenschaft haben alle deine Vierecke?

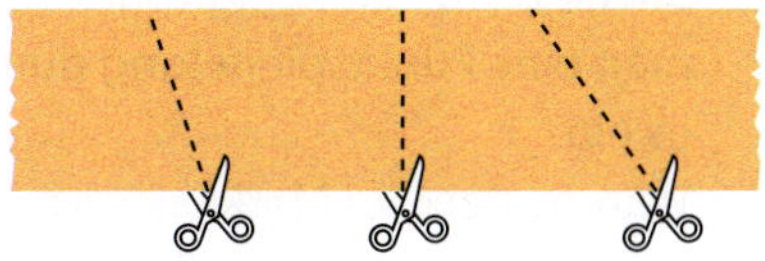

Übungsaufgaben

1 Übertrage die Vierecke ins Heft und ergänze die fehlenden Bezeichnungen der Eckpunkte und Seiten und die Art des Vierecks.
Zeichne und bezeichne auch die Diagonalen.

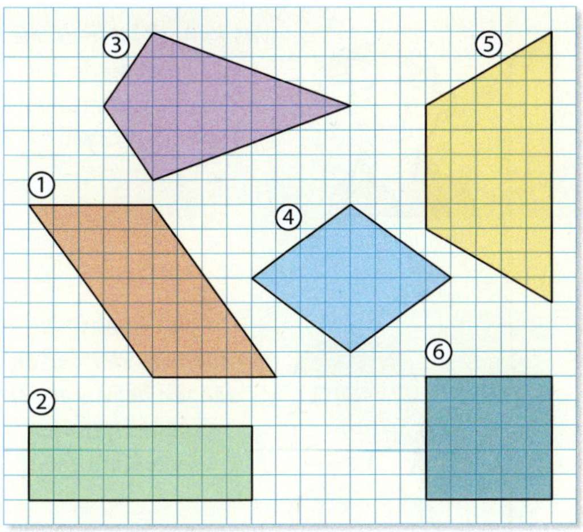

a In welchen Vierecken stehen die Diagonalen im rechten Winkel zueinander?
b In welchen Vierecken stehen die Diagonalen senkrecht zueinander und werden durch ihren Schnittpunkt halbiert?

2 Selina hat sich die beiden Schablonen ausgeschnitten. Mit zwei gleichen Schablonen kann sie verschiedene Vierecke herstellen.

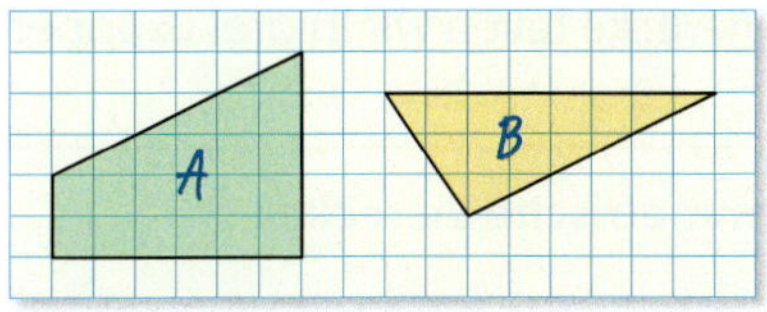

a Welche Viereckarten lassen sich mit Schablone A, welche mit Schablone B herstellen?
Zeichne die Vierecke in dein Heft und gib ihren Namen und die Anzahl ihrer Symmetrien an.
b Erstelle eine viereckige (dreieckige) Schablone, die sich für die restlichen Vierecke aus dem Merkkasten von Seite 34 eignet.
c Warum kann Selina mit ihren „doppelten" Schablonen kein allgemeines Trapez und kein allgemeines Viereck herstellen?

3 Im Koordinatensystem liegen die Punkte:
$A_1(-2|-2)$; $B_1(-4{,}5|-2{,}5)$; $D_1(-2{,}5|-4{,}5)$;
$A_2(2|-2)$; $B_2(0{,}5|-2{,}5)$; $C_2(2|-5{,}5)$; $A_3(2|2)$;
$B_3(8|0)$; $D_3(3|5)$; $A_4(-2|2)$; $B_4(-4|5)$; $C_4(-6|5)$
a Ergänze die Punkte C_1, D_2, C_3 und D_4 so, dass sich für das Viereck im ersten Quadranten ein Rechteck, im zweiten ein Parallelogramm, im dritten eine Raute und im vierten ein Drachen ergibt.
b Zeichne die Diagonalen ein, benenne sie und gib die Koordinaten der Schnittpunkte an.
Gibt es je nach Vierecksart Besonderheiten?

2.2 Arten von Symmetrien bei Vierecken

1 Annika und Johannes haben auf dem Dachboden gestöbert und ein Mathematikheft ihres älteren Bruders gefunden. Auf einer der Heftseiten wurden die Vierecke so wie rechts angeordnet und als *Haus der Vierecke* bezeichnet.

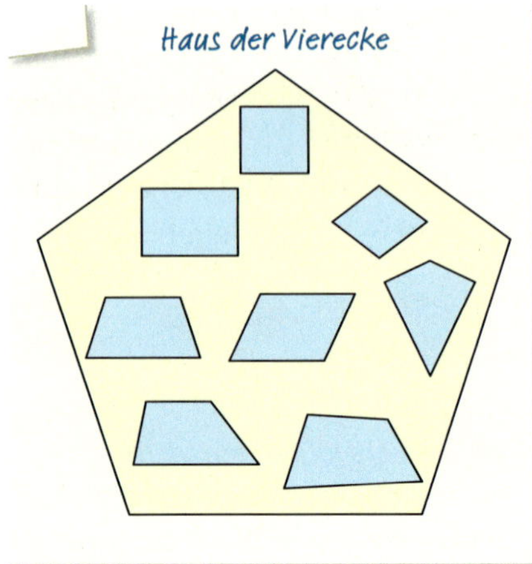

a Zeichne das Haus der Vierecke in dein Heft und mach es so groß, dass du eine Heftseite damit füllst.
b Welche Symmetrieeigenschaften kannst du entdecken? Zeichne beim Quadrat alle vier Symmetrieachsen ein.
c Bei vielen anderen Vierecken kannst du auch eine oder mehrere Symmetrieachsen einzeichnen.
d Suche beim Parallelogramm das Symmetriezentrum, an dem man eine Punktspiegelung durchführen könnte, und zeichne es ein.
e Warum steht im Merkkasten rechts beim Quadrat eine fünfte Symmetrieeigenschaft?
f Warum wurden die Vierecke wohl gerade in dieser Anordnung abgebildet?

Symmetrische Vierecke teilen wir in drei Gruppen ein:

M **Achsensymmetrische Vierecke**

Die Mittelsenkrechten sind Symmetrieachsen.

Trapez (gleichschenklig) | Rechteck | Quadrat

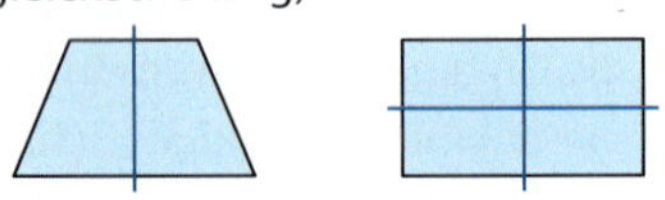

Diagonalsymmetrische Vierecke

Eine oder beide Diagonalen sind Symmetrieachsen.

Drachen | Raute | Quadrat

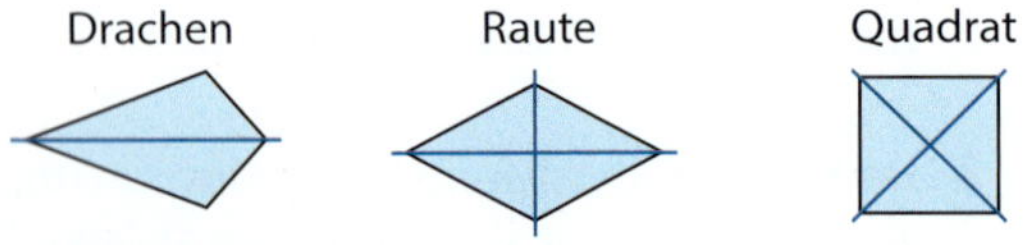

Punktsymmetrische Vierecke

Sie werden durch Punktspiegelung am Symmetriezentrum auf sich selbst abgebildet.

Parallelogramm | Raute | Rechteck | Quadrat

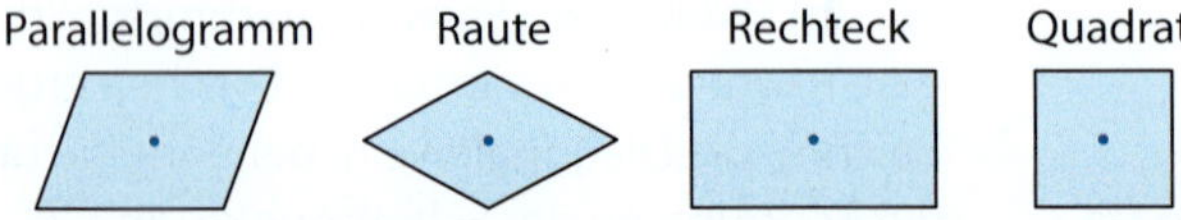

M

Symmetrien im Haus der Vierecke

Die Rangordnung der Vierecke richtet sich nach der Anzahl der Symmetrieeigenschaften.

- **Quadrat** (5)
  vier Symmetrieachsen, ein Symmetriezentrum
- **Rechteck** (3)
  zwei Symmetrieachsen, ein Symmetriezentrum
- **Raute** (3)
  zwei Symmetrieachsen, ein Symmetriezentrum
- **symmetrisches Trapez** (1)
  eine Symmetrieachse
- **Parallelogramm** (1)
  ein Symmetriezentrum
- **Drachen** (1)
  eine Symmetrieachse
- **allgemeines Trapez** (0)
  keine Symmetrieeigenschaften
- **allgemeines Viereck** (0)
  keine Symmetrieeigenschaften

Übungsaufgaben

1 Wie viele Symmetrieachsen besitzt …
a … ein Rechteck,
b … ein Parallelogramm,
c … ein Quadrat,
d … eine Raute,
e … ein gleichschenkliges Trapez,
f … ein Drachenviereck?

2 Wie viele Symmetriezentren besitzt …
a … ein Drachenviereck,
b … eine Raute,
c … ein Rechteck,
d … ein Quadrat,
e … ein Parallelogramm,
f … ein gleichschenkliges Trapez?

3 Welche Symmetrien gibt es bei einem Viereck ABCD mit den Diagonalen e und f, wenn gilt:
a $a = b = c = d$
b $a \parallel c$ und $d = b$
c $\alpha = 90°$ und $\gamma = 90°$
d $b = c$ und $e \perp f$
e $\beta = \delta$
f $b = d$ und $c = a$, aber $a \neq b$

4 (!) Entscheide, ob die folgenden Aussagen richtig oder falsch sind und korrigiere falsche Aussagen.
a Ein Rechteck ist ein Parallelogramm mit zusätzlichen Eigenschaften.
b Ein Quadrat ist sowohl ein besonderes Rechteck als auch eine besondere Raute.
c Rauten sind keine Drachen mit zusätzlichen Eigenschaften.
d Jedes Trapez ist ein besonderes Rechteck.
e Jede Raute besitzt alle Eigenschaften eines Drachens, eines Parallelogramms und eines Trapezes.

5 Prüfe die folgende Aussage durch Zeichnen von mindestens sechs unterschiedlichen Beispielen.

2.3 Konstruktion von Vierecken

1 Jede Trainingseinheit für die Schulmannschaft beginnt mit einem Geländelauf um ein viereckiges Waldstück. Von diesem Viereck soll ein maßstäblicher Plan gezeichnet werden. Dazu müssen einige seiner **Bestimmungsstücke** bekannt sein. Gemessen werden 5 Bestimmungsstücke: $c = 95\,m$, $\gamma = 90°$, $f = 100\,m$, $d = 70\,m$ und $\delta = 63{,}5°$. Mit diesen Angaben wird das Viereck konstruiert.

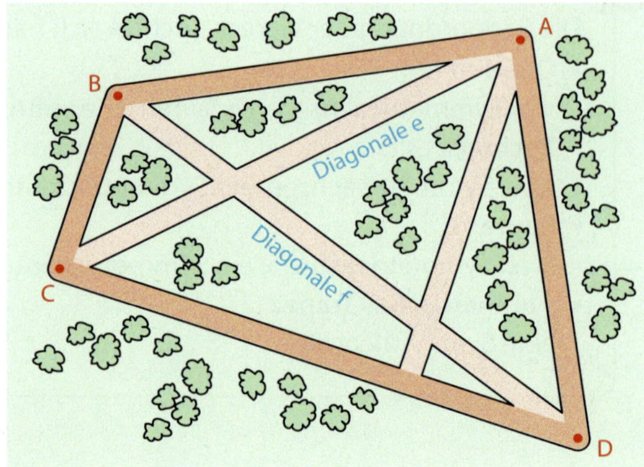

M Ein Viereck hat 10 Bestimmungsstücke: 4 Seitenlängen, 4 Innenwinkel und 2 Diagonalen.

Zuerst fertigst du eine Planfigur an, in der die gegebenen Stücke hervorgehoben werden. Verwende einen Maßstab von 1:1000.

Planfigur:

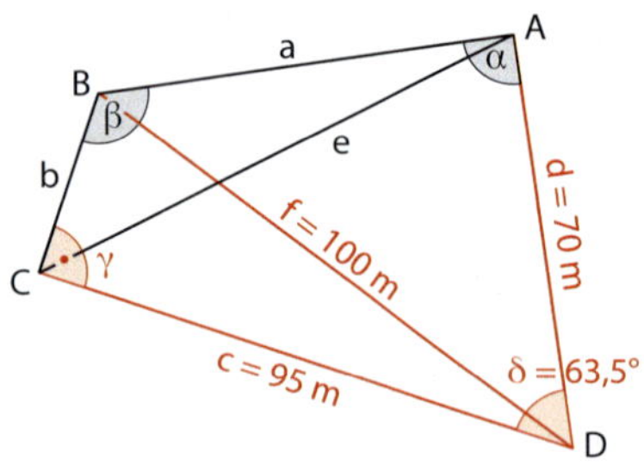

Konstruktion:

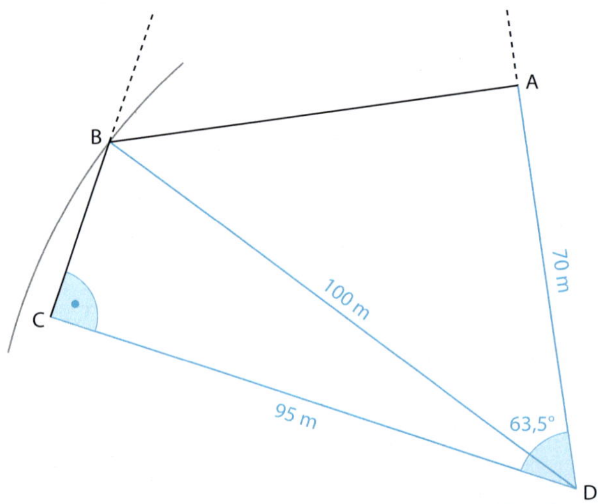

Durch die Diagonale f wird das Viereck in die Teildreiecke BCD und ABD zerlegt. Vom Dreieck BCD kennst du die Seiten c und f sowie den rechten Winkel bei C.
Für das Dreieck BCD wird der Konstruktionsfall SsW verwendet. Das Dreieck ABD konstruierst du nach SWS. Dazu musst du in D den Winkel δ antragen und am freien Schenkel die Länge $d = 70\,m$ abtragen.
Wie du siehst, lässt sich das Viereck mit diesen 5 Bestimmungsstücken eindeutig konstruieren.

M Ein allgemeines Viereck wird durch 5 seiner Bestimmungsstücke eindeutig festgelegt, wenn mindestens eines davon eine Seite des Vierecks ist. Bei besonderen Vierecken werden zum Teil weniger Bestimmungsstücke benötigt.

2 Eine kürzere Alternative für den Trainingslauf liefert das Viereck ABCE. Gegenüber dem allgemeinen Viereck ABCD hat dieses eine Besonderheit: Zwei seiner Seiten sind parallel. Es handelt sich also um ein **Trapez**.

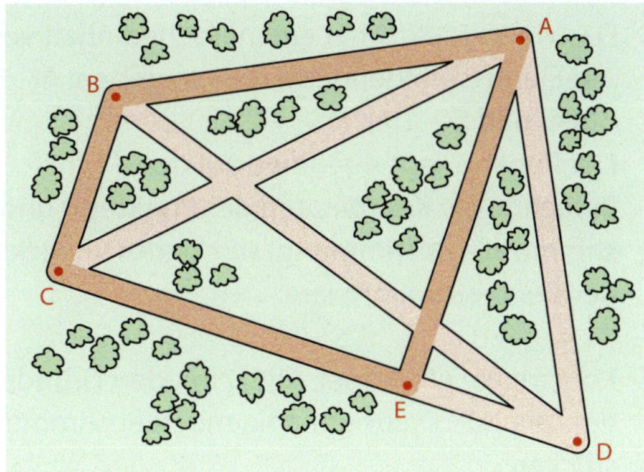

Diesmal sind nur 4 Bestimmungsstücke gegeben: $b = 38\,m$, $c = 68\,m$, $\beta = 116°$ und $\gamma = 90°$. Diese Angaben reichen aus, um das Viereck zu konstruieren. Am besten, du zerlegst das Viereck ABCE wieder in 2 Dreiecke, nämlich BCE und ABE.
Eine Planfigur schafft wie immer eine bessere Übersicht.

Planfigur:

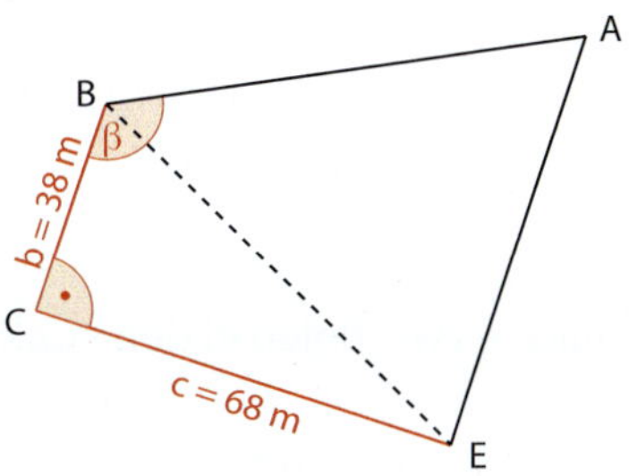

Konstruktion:

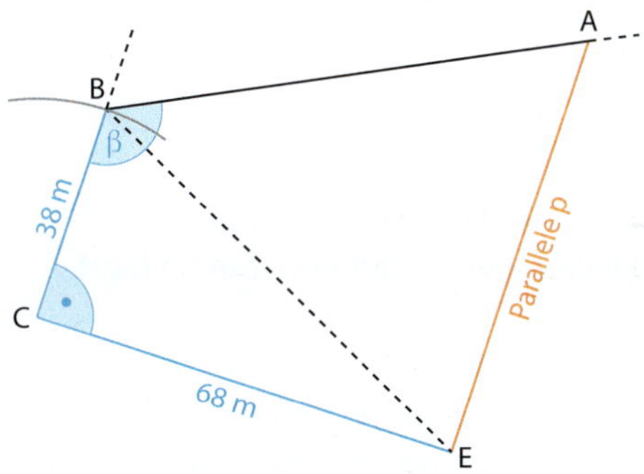

Das Dreieck BCE lässt sich nach SWS konstruieren. Für das Dreieck ABE machst du dir zunutze, dass die Seiten $\overline{BC}$ und $\overline{AE}$ die Grundseiten des Trapezes sind. Du brauchst dann nur eine Parallele p zu $\overline{BC}$ durch E zu zeichnen und in B den Winkel β anzutragen. Der freie Schenkel von β schneidet p in A.

Übungsaufgaben

1 Mit deiner Geometrie-Software kannst du jedes allgemeine Viereck untersuchen.
Nimm zum Beispiel das Viereck ABCD mit A(−2|−1), B(5|1), C(5|4) und D(−1|5).

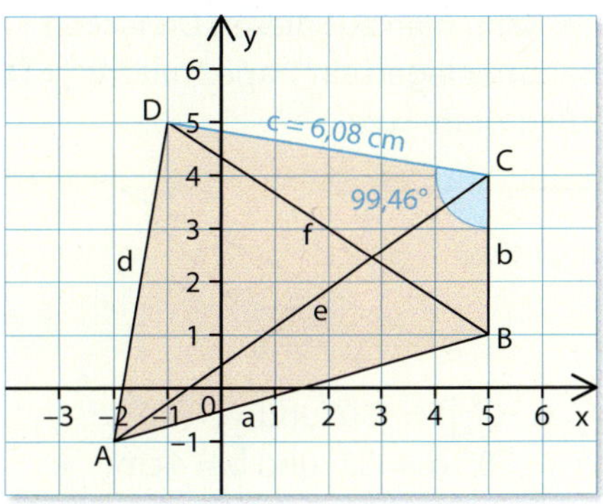

Mit [Winkel-Werkzeug] bestimmst du die Winkelmaße.

Mit [Strecken-Werkzeug] kannst du Streckenlängen messen.
Ermittle die fehlenden Bestimmungsstücke.

2 Konstruiere die Vierecke ABCD mit den folgenden Bestimmungsstücken. Fertige zunächst jeweils eine Planfigur an.

a $b = 8\,cm$, $c = f = 5\,cm$, $\alpha = 90°$ und $\beta = 100°$
b $a = 5\,cm$, $e = 6\,cm$, $\alpha = 110°$, $\beta = 60°$ und $\gamma = 70°$
c $a = 6\,cm$, $b = 4\,cm$, $c = 5\,cm$, $d = 2{,}5\,cm$ und $\delta = 40°$
d $a = 7{,}5\,cm$, $d = 4\,cm$, $\alpha = 90°$, $\gamma = 130°$ und $\delta = 80°$
e $d = e = 4\,cm$, $a = 5\,cm$, $b = 4\,cm$ und $\delta = 30°$

3 Das Viereck ABCD hat einen Flächeninhalt von 24 FE und ist folgendermaßen gegeben: A(−1|2), C(8|4) und D(−1|4).
Der Punkt B liegt irgendwo auf der x-Achse.
Berechne die Koordinaten des Punktes B und bestimme alle Bestimmungsstücke des Vierecks mit der Geometrie-Software.

4 Konstruiere ein Trapez ABCD mit den Grundseiten $\overline{AB}$ und $\overline{CD}$ aus den folgenden Bestimmungsstücken.

a $a = 4\,cm$, $c = 6\,cm$, $\alpha = 110°$, $d = 5\,cm$
b $a = 6\,cm$, $c = 5\,cm$, $e = 7{,}5\,cm$, $\delta = 120°$
c $a = 4\,cm$, $\alpha = 50°$, $d = 3\,cm$, $\beta = 90°$
d $a = 8\,cm$, $b = 5\,cm$, $c = 5\,cm$, $\alpha = 60°$
e $b = c = 5\,cm$, $\beta = 115°$, $\delta = 90°$

5 Dieses Viereck hat die besondere Eigenschaft, dass eine Diagonale von der anderen halbiert wird.
Drei Bestimmungsstücke sind gegeben. Welche Bestimmungsstücke müssten noch gegeben sein, um das Viereck eindeutig zu konstruieren? Mit wie vielen Bestimmungsstücken kommt man aus?

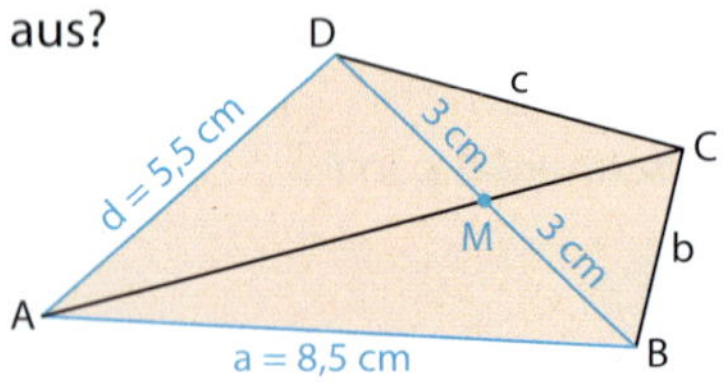

6 Konstruiere ein gleichschenkliges Trapez ABCD mit den Grundseiten $\overline{AB}$ und $\overline{CD}$ aus diesen Bestimmungsstücken:

a $a = 7\,cm$, $\alpha = 60°$ und $d = 4\,cm$
b $d = 2{,}5\,cm$, $c = 4{,}5\,cm$ und $\delta = 120°$
c $\delta = 110°$, $c = 4\,cm$ und $f = 5\,cm$
d $a = 8\,cm$, $b = 5\,cm$ und $\beta = 110°$

7 Konstruiere ein Drachenviereck ABCD mit den folgenden Bestimmungsstücken (Symmetrieachse soll AC sein; M ist der Diagonalenschnittpunkt):

a $a = 6{,}5\,cm$, $\beta = 120°$ und $b = 3\,cm$
b $b = 2{,}5\,cm$, $d = 4{,}5\,cm$ und $\delta = 100°$
c $e = 8\,cm$, $f = 4\,cm$ und $|\overline{CM}| = 3\,cm$
d $a = 2\,cm$, $\alpha = 60°$ und $|\overline{CM}| = 5\,cm$

8 Ein Viereck ABCD mit diesen Bestimmungsstücken kann nicht achsensymmetrisch sein, oder doch? Begründe kurz.

a $\beta = 40°$, $a = 5\,cm$ und $d = 3\,cm$
b $a = c = 6\,cm$ und $\gamma = 100°$
c $e = 6\,cm$, $f = 4\,cm$ und $a = 5\,cm$

9 Der Flächeninhalt eines Rechtecks ABCD mit einer Grundseitenlänge $|\overline{AB}| = 8\,cm$ beträgt $32\,cm^2$. Er ist um $8\,cm^2$ größer als der eines Trapezes ABC'D' mit der gleichen Grundseite $\overline{AB}$. Die Punkte C' und D' liegen innerhalb der Strecke $\overline{CD}$ des Rechtecks.

a Berechne die Länge $|\overline{C'D'}|$.
b Das Trapez hat den Winkel $\alpha = 80°$. Bestimme die anderen Winkel durch eine Konstruktion.

10 Auf dem See befinden sich – für Nichtschwimmer nicht zugänglich – zwei Bojen in den Punkten C und D.
Miriam und Tim messen mit dem Kompass im Handy die Winkel ∢ BAC = 49°, ∢ BAD = 67°, ∢ DBA = 33° und ∢ CBA = 71°. Die Strecke $\overline{AB}$ ist 10 m lang. Wie weit sind die Bojen in C und D voneinander entfernt?

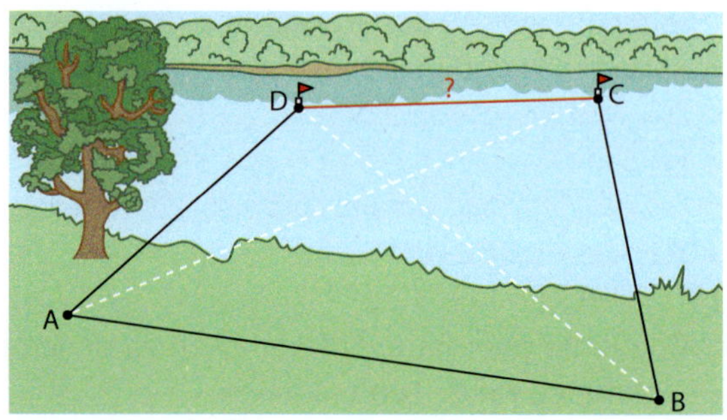

11 Bei den beiden Dreiecken ist die längste Seite gleich lang. Kann man aus diesen Dreiecken durch Zusammenlegen ein Trapez mit $\overline{AB} \parallel \overline{CD}$ erhalten? Begründe kurz.

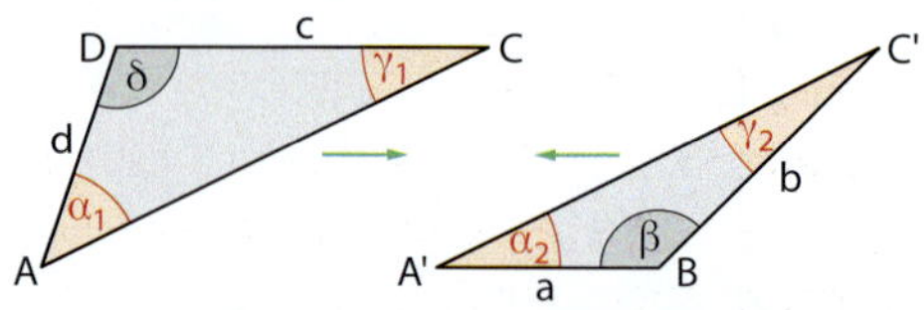

a $\alpha_1 = 70°$, $\gamma_1 = 30°$; $\beta = 130°$ und $\gamma_2 = 20°$
b $\alpha_1 = 39°$, $\delta = 120°$; $\alpha_2 = 22°$ und $b = 4\,cm$

2.4 Mach dich fit!

Vierecke und ihre Eigenschaften

1 Zeichne diese Vierecke in dein Heft: Quadrat, Rechteck, Parallelogramm, Raute, Drachen. Durch das Einzeichnen einer Diagonalen kannst du sie in zwei Dreiecke aufteilen. Schreibe auf, welche Eigenschaften die jeweiligen Dreiecke in den fünf Viereckarten haben.

2 Im Koordinatensystem sind folgende Punkte gegeben: A(2|1), B(7|1), C(3|3), E(3|6)

a Ergänze die Punkte A, B und C zu einem Parallelogramm mit dem vierten Punkt D(□|□).

b Ergänze die Punkte A, B und C zu einem Drachen mit dem vierten Punkt H(□|□).

c Ergänze die Punkte B, C und E zu einem gleichschenkligen Trapez mit dem vierten Punkt F(□|□).

d Ergänze die Punkte A, B und C zu einem Rechteck mit dem vierten Eckpunkt G(□|□).

3 Kannst du aufgrund der Eigenschaften entscheiden, um welche Viereckarten es sich handeln kann? (e und f sind die Diagonalen.)

a Alle Seiten sind gleich lang.

b Zwei gegenüberliegende Winkel sind gleich groß, die beiden anderen sind nicht gleich.

c Es gibt zwei Paar parallele Seiten und genau zwei Symmetrieachsen.

d $b = c$ und $e \perp f$

e $\beta = \delta$ und $\alpha = \gamma$

f $a = c$ und $b = d$

4 (!) Überprüfe die Aussagen und gib an, welche richtig und welche falsch sind:

a Ein Quadrat ist zugleich auch immer ein Rechteck.

b Ein Rechteck ist immer auch ein Quadrat.

c Ein Drachenviereck ist immer auch eine Raute.

d Alle besonderen Vierecke außer dem Drachen haben die Eigenschaften eines Trapezes.

e Ein Quadrat ist auch eine Raute.

f Jedes Parallelogramm hat zugleich die Eigenschaften einer Raute.

Symmetrie bei Vierecken

5 Übertrage die sechs Vierecke unten ins Heft und ergänze die fehlenden Bezeichnungen der Eckpunkte und Seiten und die Art des Vierecks. Zeichne und bezeichne auch die Diagonalen.

a In welchen Vierecken stehen die Diagonalen im rechten Winkel zueinander?

b In welchen Vierecken werden die Diagonalen zusätzlich in ihrem Schnittpunkt halbiert?

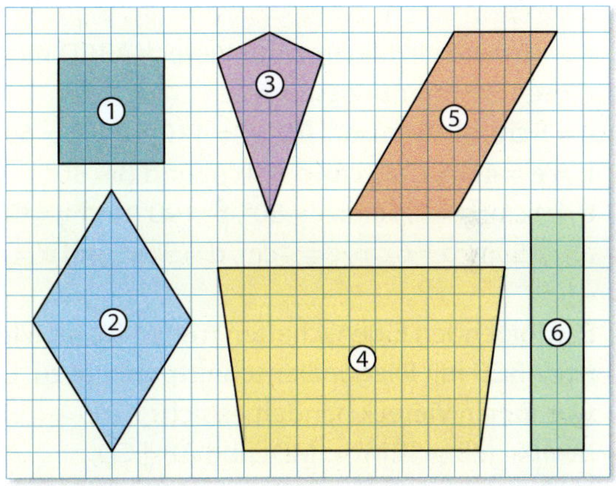

c Untersuche die Vierecke auf Symmetrien. Gib die Symmetrieachsen und -zentren an.

Konstruktion von Vierecken

6 Konstruiere ein Quadrat ABCD mit diesen Bestimmungsstücken (M ist der Diagonalenschnittpunkt):

a $b = 5\,cm$ **b** $e = 6\,cm$ **c** $|\overline{DM}| = 3{,}5\,cm$

7 Konstruiere eine Raute ABCD mit diesen Bestimmungsstücken:

a $e = 5\,cm$ und $f = 3\,cm$

b $\alpha = 60°$ und $e = 6\,cm$

c $a = 4\,cm$ und $\delta = 110°$

8 Konstruiere ein *punktsymmetrisches* Viereck ABCD mit diesen Bestimmungsstücken. Was für ein besonderes Viereck entsteht dabei?

a $b = c = 6\,cm$ und $\gamma = 60°$

b $e = f = 5\,cm$ und $e \perp f$

9 Konstruiere ein Parallelogramm ABCD nach folgenden Angaben:

a $a = 6\,cm$, $\alpha = 60°$ und $d = 3\,cm$

b $b = 2{,}5\,cm$, $f = 4{,}5\,cm$ und $\beta = 120°$

c $\alpha = 50°$, $a = 5\,cm$ und $f = 6{,}5\,cm$

d $a = b = 5\,cm$ und $\beta = 110°$

10 In einem Drachenviereck ABCD ist BD die Symmetrieachse. Gegeben sind die Punkte B(−2|1), C(8|1) und D(10|5). Nimm deine Geometrie-Software zu Hilfe und konstruiere damit den fehlenden Punkt A. Bestimme die Koordinaten von A.

11 Konstruiere ein allgemeines Viereck ABCD mit diesen Bestimmungsstücken:

a $c = 5\,cm$, $e = 6\,cm$, $\alpha = 70°$, $\gamma = 110°$ und $\delta = 60°$

b $b = e = 4\,cm$, $c = 5\,cm$, $d = 4\,cm$ und $\beta = 30°$

c $a = 4\,cm$, $b = 7{,}5\,cm$, $\alpha = 80°$, $\beta = 90°$ und $\gamma = 60°$

d $a = 2{,}5\,cm$, $b = 6\,cm$, $c = 4\,cm$, $d = 5\,cm$ und $\alpha = 40°$

12 Die folgenden Eigenschaften treffen für ein Viereck ABCD mit Diagonalenschnittpunkt M zu. Um was für ein Viereck handelt es sich?

a $|\overline{AM}| = |\overline{MB}| \wedge |\overline{CM}| = |\overline{MD}|$ und $\overline{AB} \parallel \overline{CD}$;

b $|\overline{AM}| = |\overline{MB}| = |\overline{CM}| = |\overline{MD}|$ und $|\overline{AB}| = |\overline{CD}|$;

c $|\overline{AM}| = |\overline{MB}| = |\overline{CM}| = |\overline{MD}|$ und $\sphericalangle ADM = 45°$.

13 Verwende deine Geometrie-Software:

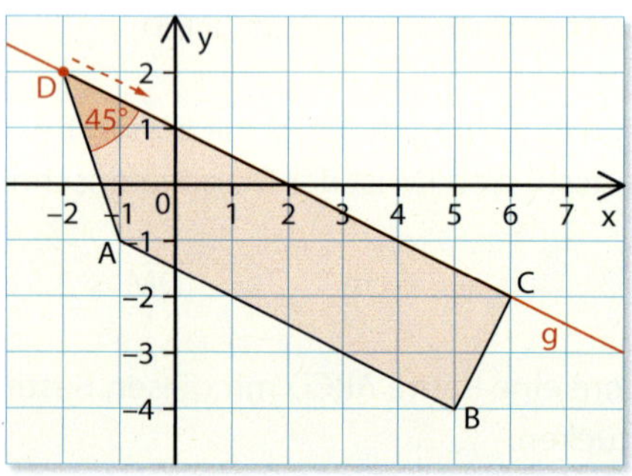

Auf der Geraden g bewegt sich der Punkt D eines Viereckes ABCD abwärts. Mit dem Werkzeug lässt sich der Punkt D bewegen und mit kannst du sehen, wie sich die Größe des Winkels $\delta = \sphericalangle ADC$ dabei verändert.

a Welche Koordinaten hat der Punkt D_1 erreicht, wenn das Viereck $ABCD_1$ achsensymmetrisch geworden ist? Welches Maß hat δ?

b Welche Koordinaten hat der Punkt D_2 erreicht, wenn die Winkelmessung für δ einen Wert von 153,43° anzeigt?
Berechne den Flächeninhalt des dann entstandenen Vierecks $ABCD_2$.

14 Ein Drachenviereck hat als Symmetrieachse die Gerade BD. Von seinen Eckpunkten sind gegeben: B(−3|−9), C(24|−3) und M(13,5|7,5). M ist der Diagonalenschnittpunkt, er teilt die Strecke $\overline{BD}$ im Verhältnis: $\frac{\overline{BM}}{\overline{MD}} = \frac{3}{1}$.

a Konstruiere den Punkt D und gib seine Koordinaten an.

b Bestimme durch Rechnung die Koordinaten des Punktes A.

c Berechne die Koordinaten der Seitenmitten des Drachenvierecks M_1, M_2, M_3 und M_4 und weise rechnerisch nach, dass es sich beim Viereck $M_1M_2M_3M_4$ um ein Rechteck handelt.

15 Verwende deine Geometrie-Software: Eine Schar von Drachenvierecken AB_nCD_n ist folgendermaßen festgelegt: Die Symmetrieachse ist AC, die Koordinaten der gegebenen Punkte sind A(−3|3) und C(7|−1). Die Punkte $B_n(x_n|y_n)$ liegen auf der Geraden PQ mit P(−2|−3) und Q(8|2). Für $x_1 = 0$ ist das Drachenviereck AB_1CD_1 eingezeichnet:

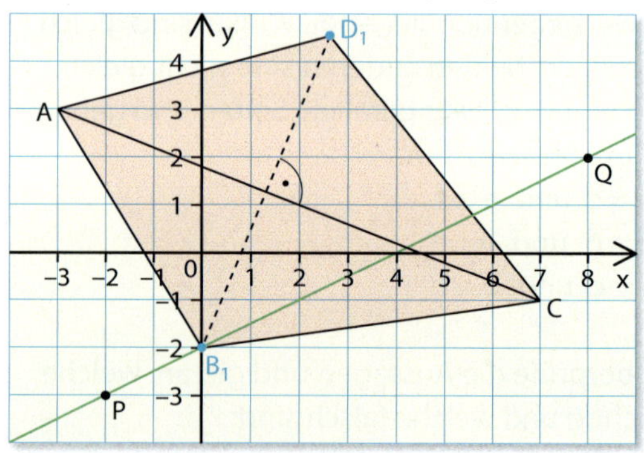

a Zeichne die gegebenen Punkte und das Drachenviereck AB_2CD_2 für $x_2 = -1$.

b In der Schar AB_nCD_n gibt es eine Raute AB_3CD_3. Konstruiere die Raute und gib die Koordinaten des Punktes B_3 an.

c Innerhalb der Schar gibt es ein Drachenviereck AB_4CD_4 mit $\beta_4 = \delta_4 = 90°$. Konstruiere das Drachenviereck AB_4CD_4.

Vierecke und ihre Eigenschaften

Quadrat

- vier gleich lange Seiten
- vier rechte Winkel
- gleich lange Diagonalen
- beide Diagonalen werden halbiert

Rechteck

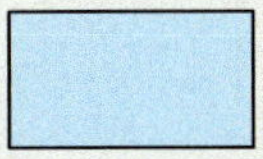

- zwei Paar parallele und gleich lange gegenüberliegende Seiten
- vier rechte Winkel
- gleich lange Diagonalen
- beide Diagonalen werden halbiert

Raute

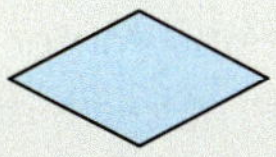

- vier gleich lange Seiten
- zwei Paar parallele und gleich lange gegenüberliegende Seiten
- gegenüberliegende Winkel sind gleichgroß
- beide Diagonalen werden halbiert

Trapez (gleichschenklig)

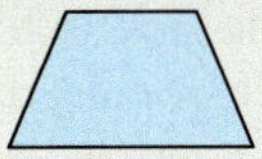

- ein Paar parallele Seiten
- ein Paar gleich lange gegenüberliegende Seiten
- beide Diagonalen werden im gleichen Verhältnis geteilt und sind gleich lang
- gegenüberliegende Winkel ergänzen sich zu 180°

Trapez

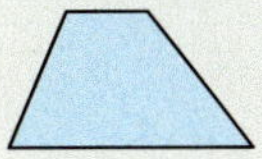

- ein Paar parallele Seiten
- beide Diagonalen werden im gleichen Verhältnis geteilt und sind unterschiedlich lang

Parallelogramm

- zwei Paar parallele und gleich lange gegenüberliegende Seiten
- gegenüberliegende Winkel sind gleich groß

Drachen

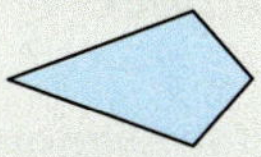

- zwei Paar gleich lange Nachbarseiten
- ein Paar gleich große Winkel
- eine Diagonale wird halbiert

allgemeines Viereck

- keine gleich langen Seiten
- keine parallelen Seiten

Symmetrie bei Vierecken

Diagonalsymmetrische Vierecke
Eine oder beide Diagonalen sind Symmetrieachsen.

Drachen

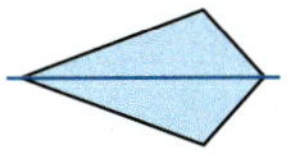

Raute

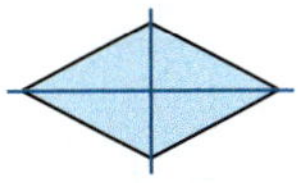

Quadrat

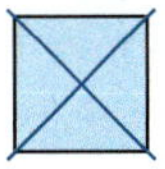

Achsensymmetrische Vierecke
Die Mittelsenkrechten sind Symmetrieachsen.

Trapez (gleichschenklig)

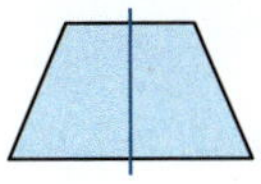

Rechteck

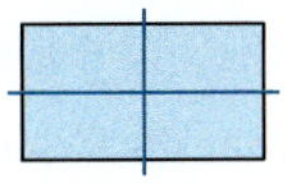

Quadrat

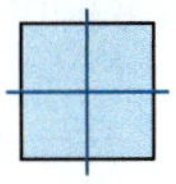

Punktsymmetrische Vierecke
Sie werden durch Punktspiegelung am Symmetriezentrum auf sich selbst abgebildet.

Parallelogramm

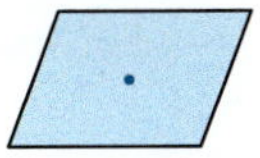

Raute

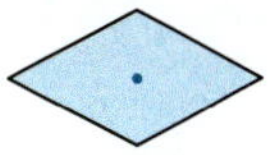

Rechteck

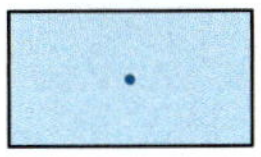

Quadrat

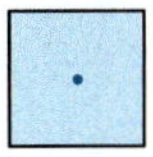

Konstruktion von Vierecken

Ein allgemeines Viereck wird durch 5 seiner Bestimmungsstücke eindeutig festgelegt, wenn mindestens eines davon eine Seite des Vierecks ist.

Im Haus der Vierecke ist noch Platz

Im **Haus der Vierecke** können die unterschiedlichen Vierecksarten nach ihren Eigenschaften übersichtlich angeordnet werden.

Je höher das Stockwerk, desto mehr besondere Eigenschaften hat das jeweilige Viereck.

Außerdem vererben sich nach oben hin die Eigenschaften der Vierecke. Das heißt, wenn sich ein Viereck über einem anderen Viereck befindet, dann besitzt es die Eigenschaften des darunterliegenden Vierecks und noch weitere.

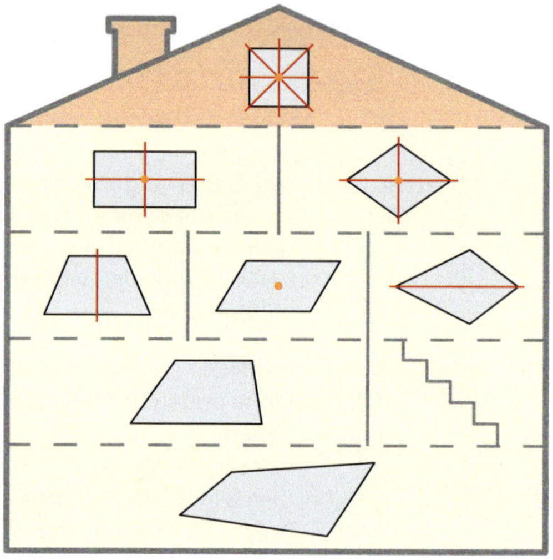

Leider hat das Haus der Vierecke einen kleinen Schönheitsfehler:
Es beschreibt zwar die Zusammenhänge der Symmetrien von Vierecken, ist aber selbst ganz unsymmetrisch! Das lässt sich ändern, indem man sich noch einen weiteren Mitbewohner ins Haus holt, nämlich den Schiefdrachen!

Der **Schiefdrachen** hat die Eigenschaft von Parallelogramm und Drachen, dass (mindestens) eine Vierecksdiagonale halbiert wird (beim Parallelogramm werden sogar beide Diagonalen halbiert). Der Schiefdrachen ist aber weder punkt- noch achsensymmetrisch, gehört also in ein tieferes Stockwerk als Parallelogramm und Drachen.

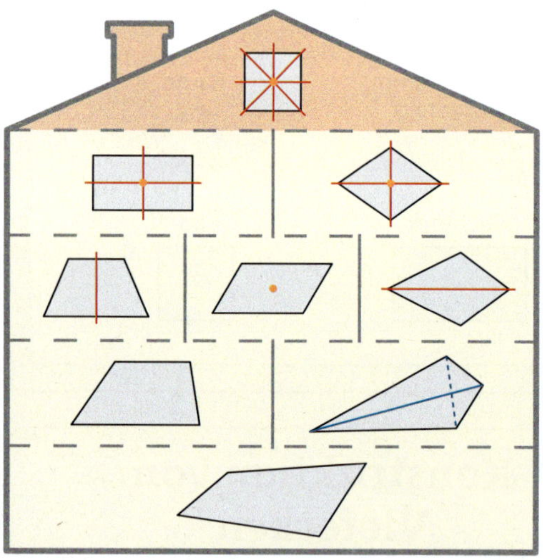

Ein Schiefdrachen hat außerdem die folgende Eigenschaft: Zeichnet man eine Parallele zur halbierten Diagonale, dann schneidet diese den Drachen in zwei Punkten. Die so entstandene Strecke wird ebenfalls durch die andere Diagonale halbiert.

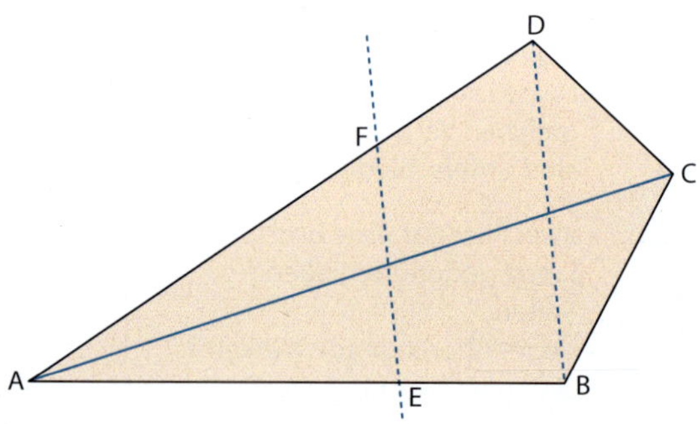

Man sagt, ein Schiefdrachen ist **schiefsymmetrisch**.

Probiere es selbst einmal aus! Zeichne einen Schiefdrachen und eine Parallele zur halbierten Diagonale und miss die Abstände der Schnittpunkte.

3

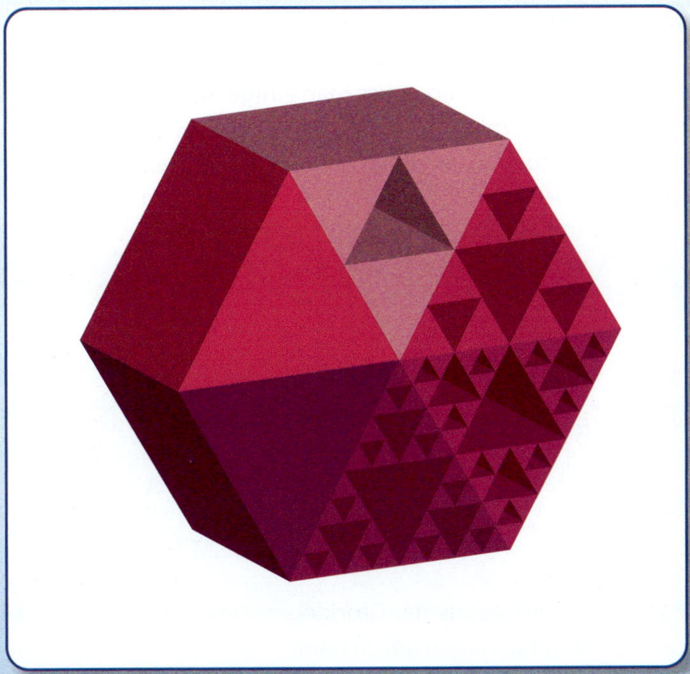

Raumgeometrie

3.1 Schrägbilder von Prismen

Quader und Würfel sind besondere Vierkantprismen. Sind diese Quader richtig dargestellt?

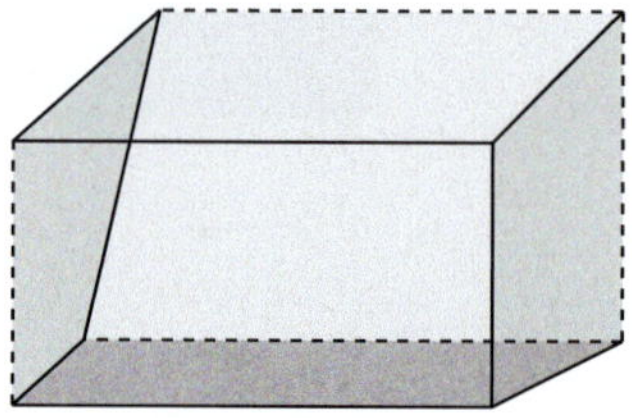

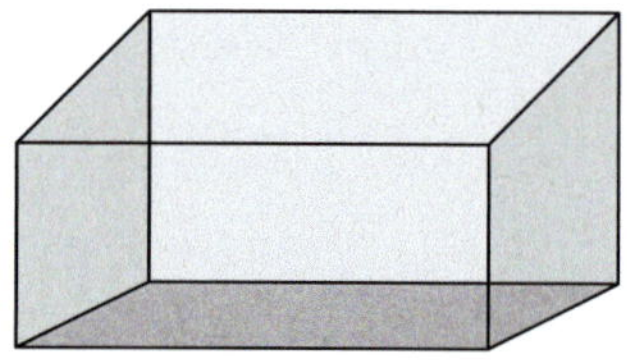

1 Um einen Quader übersichtlich zu zeichnen, muss man einige Regeln beachten. In der 5. Klasse hast du bereits Schrägbilder kennen gelernt.
So kommt das Schrägbild eines Quaders mit einer Länge von 3 cm, einer Höhe von 1,1 cm und einer Breite (Tiefe) von 4,6 cm zustande:

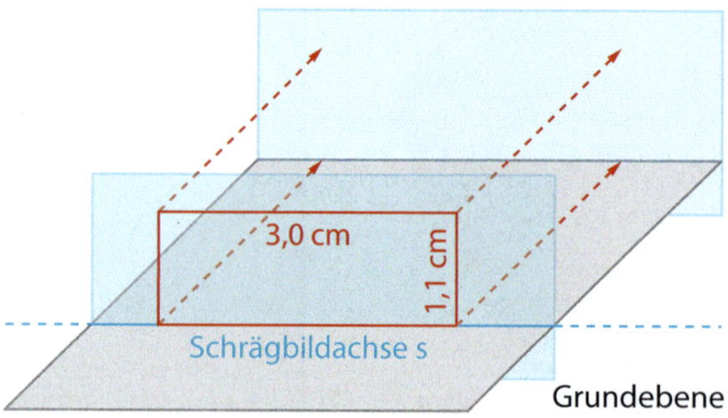

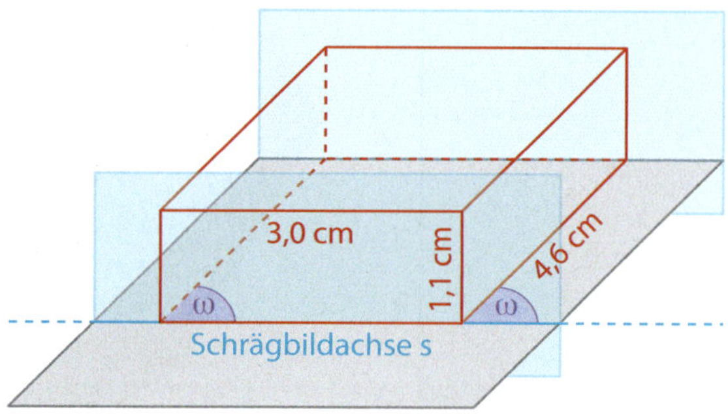

Die Schrägbildachse s ist die Schnittgerade der Grundebene und einer dazu senkrechten Ebene.
Die Vorderseite wird mit den Originalmaßen gezeichnet.
Die Seitenkanten werden in diesem Beispiel nach hinten unter einem Winkel $\omega = 45°$ und um den Faktor $q = \frac{1}{2}$ verkürzt gezeichnet.

M Um das **Schrägbild eines Quaders** zeichnen zu können, braucht man drei Angaben: **Schrägbildachse** s, **Verkürzungsfaktor** q und **Verzerrungswinkel** ω.

- Alle Längen, die senkrecht zur Grundebene liegen, werden in wahrer Größe abgebildet.
- Die Längen, die parallel zur Schrägbildachse verlaufen oder auf ihr liegen, werden ebenfalls in wahrer Länge gezeichnet.
- Alle nach hinten (oder vorne) verlaufenden Kanten, die **senkrecht** zur Schrägbildachse liegen – und nur diese –, werden unter dem Winkel ω und um q verkürzt gezeichnet.
- Der besseren Übersicht wegen werden verdeckte Kanten gestrichelt gezeichnet.

Wenn alles richtig ausgeführt wurde, verlaufen solche Kanten des Quaders, die im Original parallel zueinander sind, auch im Schrägbild parallel.

Bei einem Quader ist dieses Verfahren sehr einfach, weil die Grundebene dieses Körpers rechte Winkel enthält. Wie aber zeichnet man Schrägbilder von Körpern, bei denen das nicht so ist?

2 Ein gerades Prisma hat als Grundfläche ein gleichschenkliges Dreieck mit einer Grundseitenlänge von 6 cm und einer Höhe von 4 cm. Seine Raumhöhe beträgt 6 cm. Die Grundfläche sieht also aus, wie rechts dargestellt.
$\omega = 45°$, $q = 0{,}5$.
Als Schrägbildachse nimmst du jetzt die Gerade MB, weil sie senkrecht auf $\overline{AC}$ steht und nur Senkrechten zur Schrägbildachse im Schrägbild konstruiert werden können.

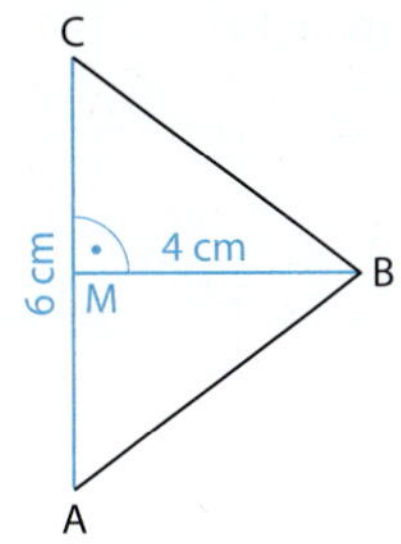

- Zeichne $\overline{MB}$ in voller Länge auf die Schrägbildachse.
- Errichte in M eine Raumachse unter einen Winkel von 45° und trage nach vorn und hinten jeweils 1,5 cm ab. ($\overline{AC}$ ist im Original 6 cm lang)
- In den Eckpunkten der Grundfläche errichtest du senkrecht zur Schrägbildachse 6 cm lange Strecken und verbindest deren Endpunkte zur Deckfläche.

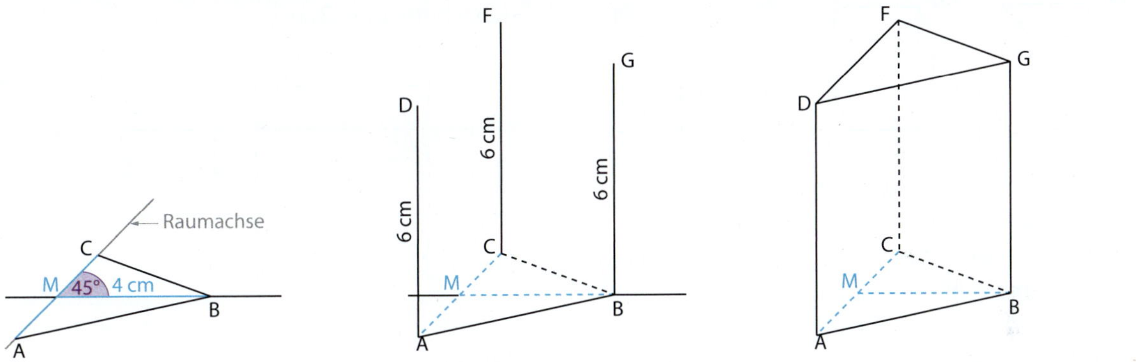

M Wenn die Grundfläche eines Prismas kein Rechteck oder Quadrat ist, müssen Hilfslinien gefunden werden, die senkrecht zur Schrägbildachse stehen und in der Grundebene liegen. Diese senkrechten Hilfslinien werden auf einer Raumachse wie gewohnt mit ω und q verzerrt dargestellt.

Beispiel

Für das Schrägbild eines Prismas mit einer Raute als Grundfläche kann jede der Diagonalen als Schrägbildachse herangezogen werden.

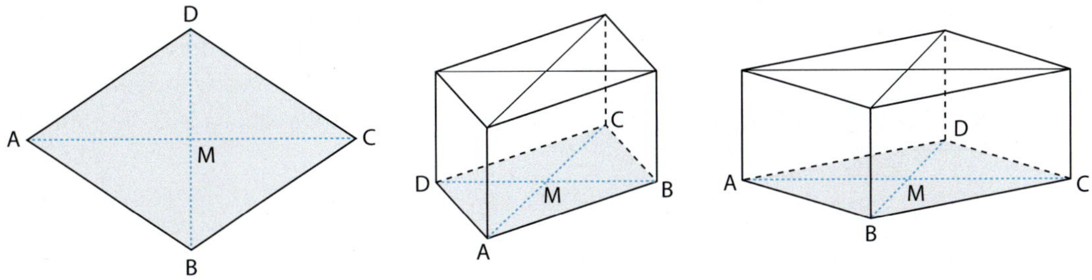

Übungsaufgaben

1 Dies sollen die Schrägbilder zweier Quader sein? Was stimmt daran nicht?

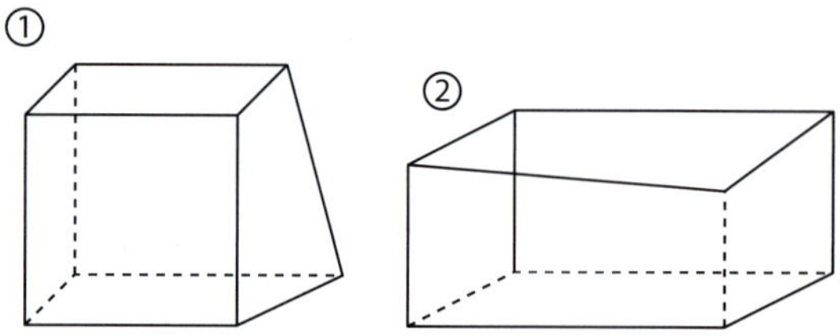

2 Hier sind 6 Schrägbilder ein- und desselben Würfels. Worin unterscheiden sie sich?

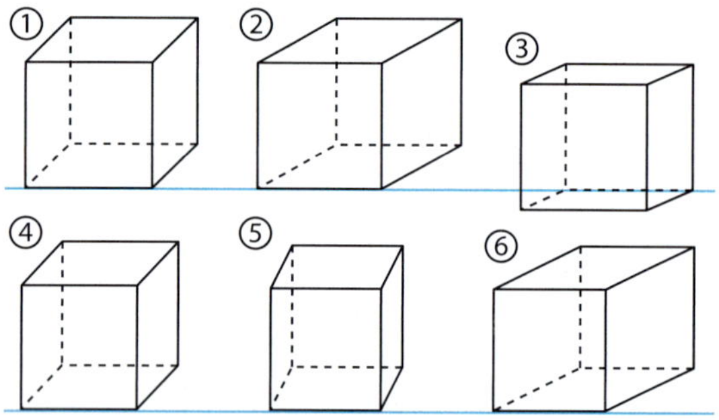

3 Zeichne das Schrägbild eines Quaders ABCDEFGH mit folgenden Maßen: a = 8 cm, Höhe b = 4 cm, Tiefe c = 4 cm. Für das Schrägbild soll gelten: s = AB, $\omega = 45°$, q = 0,5.

4 Welche Grundfläche passt zu diesem Schrägbild?

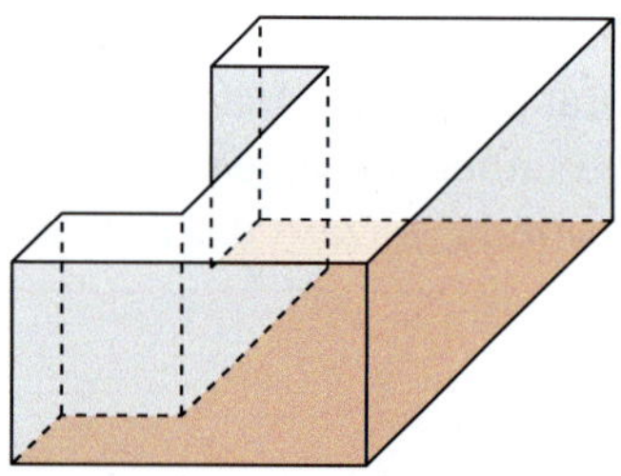

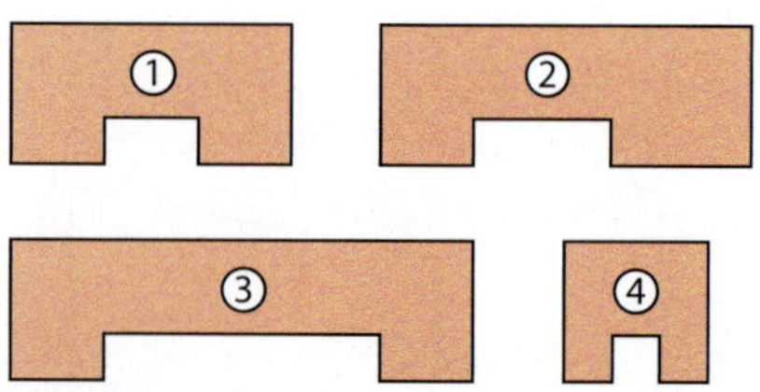

5 Welche Werte kann der Winkel ω in einem Schrägbild sinnvollerweise nicht einnehmen?

T Oft wird $\omega = 45°$ als Verzerrungswinkel für Schrägbilder verwendet. Das muss nicht immer so sein. Auch andere Verkürzungsfaktoren als q = 0,5 sind durchaus möglich.

6 Zeichne das Schrägbild eines Quaders mit den Maßen a = 6 cm, b = 4 cm und c = 6 cm, für:

a $\omega = 30°$; q = 0,75.

b $\omega = 60°$; $q = \frac{2}{3}$.

Schrägbildachse soll in beiden Fällen die vordere untere Grundkante sein.

7 Dies ist das Netz eines Quaders. (Kästchenlänge: 2 cm)

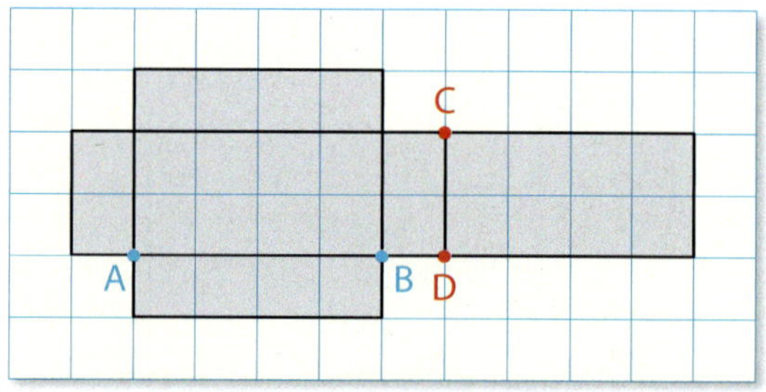

Zeichne jeweils ein Schrägbild für

a Schrägbildachse: AB, $\omega = 45°$; q = 0,75.

b Schrägbildachse: DC, $\omega = 30°$; q = 0,5.

8 Das gleichschenklige Dreieck ABC mit der Basislänge $|\overline{AB}| = 8$ cm und einer Höhe $|\overline{MC}| = 5$ cm ist die Grundfläche eines 6 cm hohen Prismas. M ist der Mittelpunkt von $\overline{AB}$.
Zeichne sein Schrägbild für $\omega = 30°$, q = 0,5 und

a MC als Schrägbildachse.

b AB als Schrägbildachse.

c Kann man die Geraden BC oder AC ohne weiteres als Schrägbildachsen verwenden? Begründe deine Antwort.

9 Dies ist die Grundfläche eines 6 cm hohen Werkstücks. Zeichne ein Schrägbild mit AB als Schrägbildachse, $\omega = 45°$, $q = 0{,}5$.

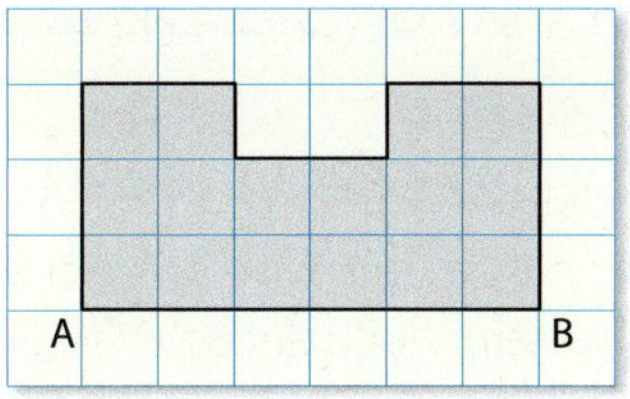

Kästchenlänge: 2 cm

10 Zeichne einen Würfel mit einer Kantenlänge von 6 cm im Schrägbild. Schrägbildachse soll eine Flächendiagonale sein. $\omega = 30°$; $q = \frac{1}{3}$.

11 Dies ist das Schrägbild eines abgeschnittenen schrägen Prismas. Die Seitenlängen der Grundfläche sind 6 cm und 8,5 cm. Die vordere untere Kante liegt auf der Schrägbildachse, $\omega = 45°$, $q = 0{,}5$.

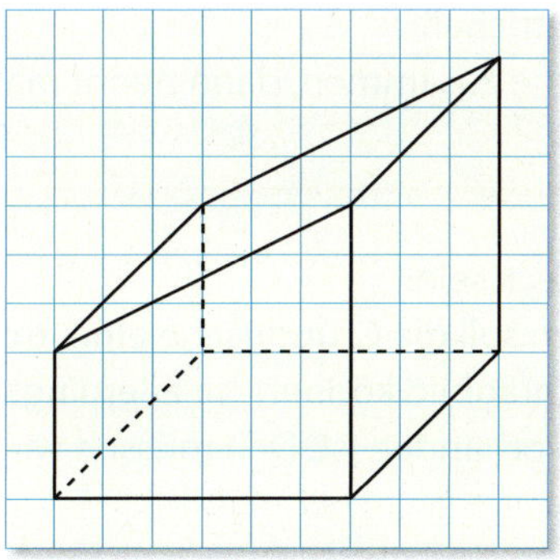

Entnimm alle weiter benötigten Maße der Zeichnung (1 LE = 1 cm) und drehe in einem weiteren Schrägbild das Prisma so um, dass seine größte Fläche nach vorn zeigt.

12 Ein Rechteck ABCD mit den Seitenlängen $|\overline{AB}| = 8$ cm und $|\overline{BC}| = 6$ cm soll die Grundfläche eines 4 cm hohen Prismas sein.

a Zeichne ein Schrägbild des Prismas für $\omega = 45°$ und $q = 0{,}5$. Die Vorderkante $\overline{AB}$ soll auf der Schrägbildachse liegen.

b Zeichne ein Schrägbild des Prismas für $\omega = 30°$ und $q = 0{,}5$. Diesmal soll die Schrägbildachse durch die Diagonale $\overline{AC}$ verlaufen.

13 Hier lässt sich die dynamische Geometrie-Software sehr gut einsetzen:
Ein reguläres Sechseck ABCDEF mit einer Seitenlänge von $|\overline{AB}| = 4$ cm ist die Grundfläche eines 4 cm hohen Sechskantprismas.
Zeichne ein Schrägbild des Prismas. Dazu musst du zunächst das Sechseck konstruieren und einige benötigte Maße (welche?) mit der Software aus der Zeichnung entnehmen.

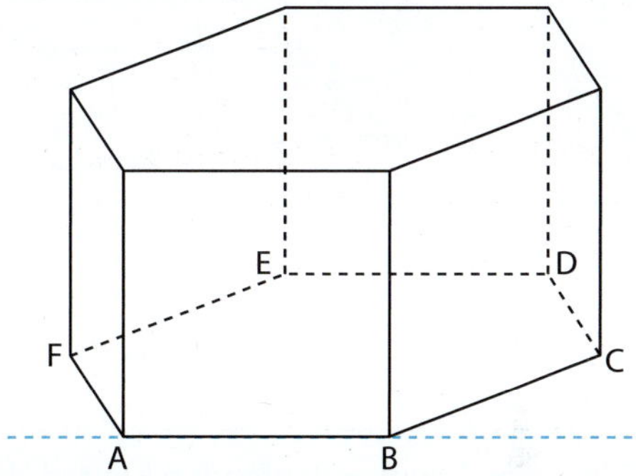

a Schrägbildachse: AB, $\omega = 45°$; $q = 0{,}5$.

b Schrägbildachse: AE, $\omega = 45°$; $q = 0{,}5$.

14 Auch hier leistet deine Geometrie-Software sicher gute Dienste.
Das Parallelogramm ABCD ist die Grundfläche eines 8 cm hohen Prismas.

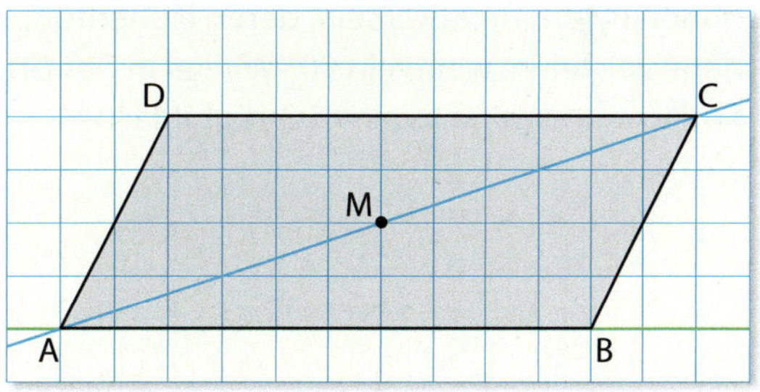

$\omega = 45°$; $q = 0{,}5$.
Um das Schrägbild zu zeichnen, müssen zunächst einige Hilfslinien ermittelt werden.
Zeichne das Parallelogramm mit deiner Geometrie-Software, entnimm der Zeichnung notwendige Größen und fertige ein Schrägbild an …

a … mit AB als Schrägbildachse.

b … mit AC als Schrägbildachse.

3.2 Schrägbilder von Pyramiden

Die Cheops-Pyramide in Ägypten hat eine quadratische Basisfläche mit einer Kantenlänge von 230,3 m. Die Höhe beträgt 146,6 m. In einem Schrägbild sieht sie so aus:

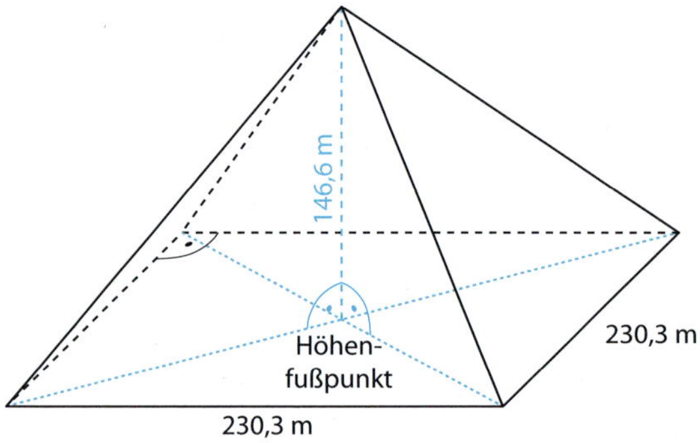

1 Wie beim Prisma erscheint auch die Grundfläche einer Pyramide verzerrt.

M Die in den Raum verlaufenden Kanten der Grundfläche einer Pyramide werden wie beim Prisma verzerrt dargestellt. Die Parallelen zur Schrägbildachse und die darauf senkrechte Höhe werden in wahrer Größe gezeichnet. Unsichtbare Kanten werden gestrichelt.
Fällt der Höhenfußpunkt mit dem Mittelpunkt der Grundfläche zusammen, dann nennt man die Pyramide auch **regulär** (regelmäßig).

2 Die Grundfläche einer Pyramide muss kein Quadrat oder Rechteck sein.
Das gleichschenklige Dreieck ABC mit den angegebenen Maßen soll die Grundfläche einer 6 cm hohen Pyramide ABCS sein, deren Höhenfußpunkt M ist. Ein Schrägbild können wir allerdings nur dann zeichnen, wenn ein 90°-Winkel in der Grundflächenfigur vorhanden ist. Den müssen wir erst finden – und mit ihm eine Schrägbildachse.

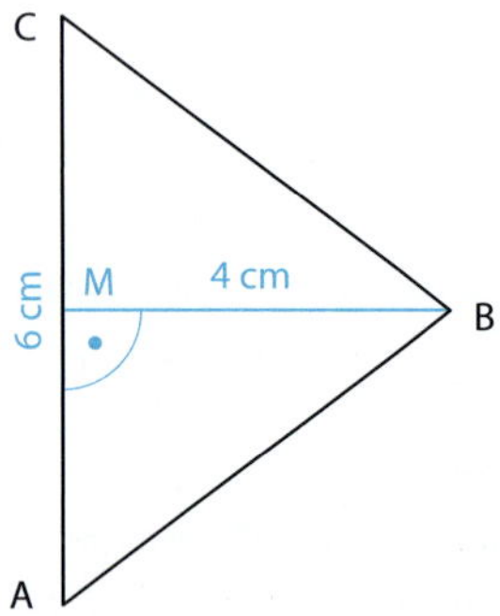

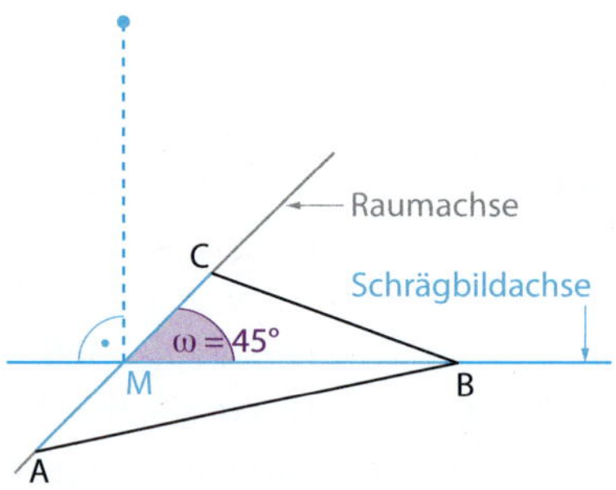

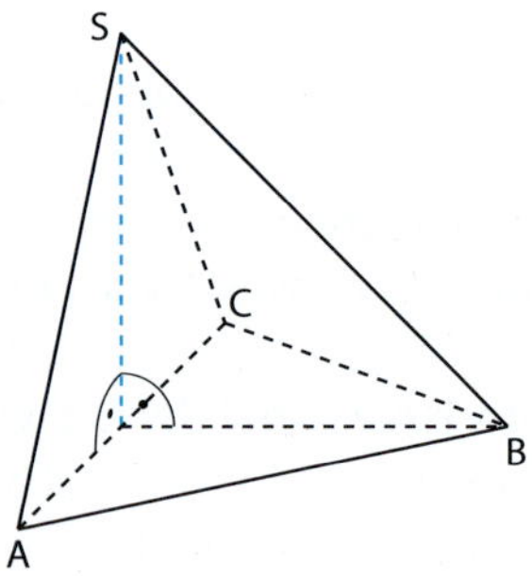

M Wenn die Grundfläche einer Pyramide kein Rechteck oder Quadrat ist, müssen senkrechte Hilfslinien zur Schrägbildachse in der Grundebene gefunden werden. Schrägbild- und Raumachse schneiden sich unter dem Verzerrungswinkel ω. Parallele Strecken zur Schrägbildachse und alle Senkrechten darauf behalten ihre Längen bei.

Die gleiche Pyramide können wir auch anders darstellen, indem wir CA als Schrägbildachse und MB als die dazu senkrecht liegende Raumachse wählen:

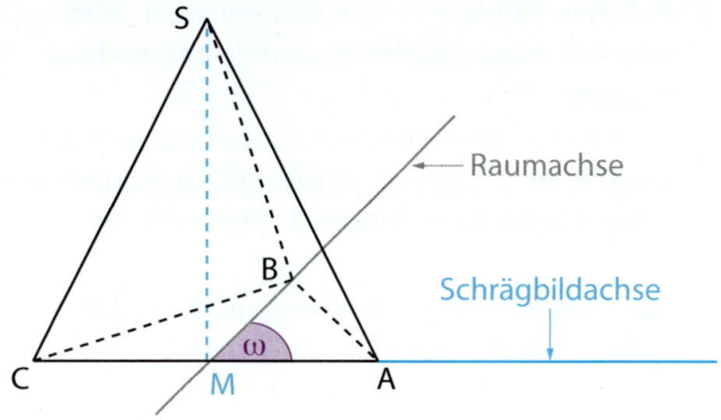

Übungsaufgaben

1 Sind die Schrägbilder der Pyramiden richtig gezeichnet? Und handelt es sich um reguläre Pyramiden?

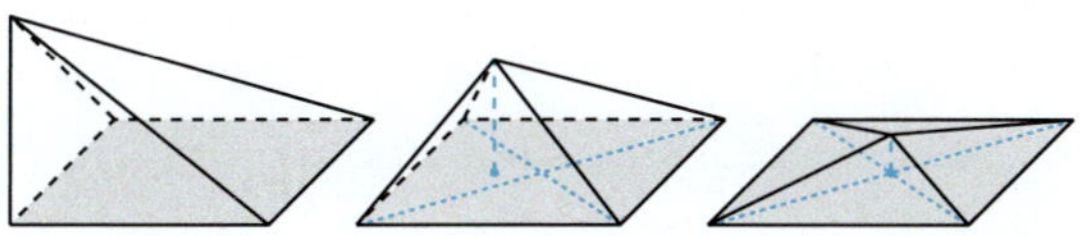

2 Zeichne das Schrägbild einer 6 cm hohen regulären Pyramide, deren Grundfläche ein Rechteck mit den Kantenlängen 8 cm und 4 cm ist. $\omega = 45°$; $q = 0{,}5$; Die Schrägbildachse verläuft durch die vordere Kante.

3 Eine 8 cm hohe nicht reguläre Pyramide ABCDS hat als Grundfläche ein Rechteck mit den Seitenlängen 8 cm und 6 cm. Der Höhenfußpunkt ist D, $\omega = 30°$; $q = \frac{1}{3}$.
DC soll die Schrägbildachse werden.

4 Eine 6 cm hohe Pyramide ABCDS hat als Grundfläche ein Quadrat ABCD mit einer Seitenlänge von ebenfalls 6 cm. Der Höhenfußpunkt ist B.

a Zeichne ein Schrägbild der Pyramide für $\omega = 30°$ und $q = \frac{1}{2}$.
Die Schrägbildachse soll CD sein.

b Wenn nun AD als Schrägbildachse genommen würde, bei ansonsten gleichen Bedingungen: Wo müsste der Höhenfußpunkt diesmal liegen, damit das gleiche Schrägbild wie in a entsteht?

c Zeichne ein Schrägbild der Pyramide für $\omega = 30°$ und $q = \frac{2}{3}$. Die Schrägbildachse soll durch $\overline{AC}$ verlaufen. Höhenfußpunkt ist der Punkt B.

5 Eine 5 cm hohe Pyramide hat als Grundfläche eine Raute mit 8 cm und 5,6 cm langen Diagonalen. Die Spitze S befindet sich senkrecht über dem Schnittpunkt der Diagonalen.
Zeichne das Schrägbild der Pyramide für $\omega = 45°$ und $q = 0{,}5$.
Die längere Diagonale soll auf der Schrägbildachse liegen.

6 Das Drachenviereck ABCD ist die Grundfläche einer 6 cm hohen Pyramide.

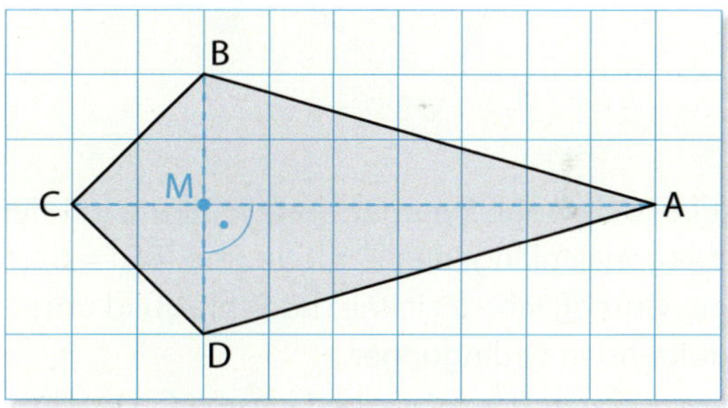

Die Spitze der Pyramide liegt über dem Diagonalenschnittpunkt M. Entnimm alle benötigten Größen der Zeichnung.
(Kästchenlänge: 1 cm)

a Warum kommen nur CA oder BD als Schrägbildachsen in Frage?

b Zeichne ein Schrägbild der Pyramide mit BD als Schrägbildachse.
$\omega = 45°$; $q = \frac{1}{3}$.

7 Auf einen Würfel mit 4 cm Kantenlängen wird eine 4 cm hohe reguläre Pyramide passend aufgesetzt.
Zeichne das Schrägbild des zusammengesetzten Körpers für $\omega = 45°$; $q = 0{,}5$. Die Schrägbildachse soll durch die hintere Würfelkante verlaufen.

8 Zeichne das Schrägbild einer regulären 5 cm hohen Pyramide. Grundfläche ist ein Quadrat mit 6 cm Kantenlänge. Schrägbildachse soll eine Diagonale sein. $\omega = 45°$; $q = 0{,}5$.

9 Das ist das Netz einer Pyramide. Die Grundfläche ist hervorgehoben. Entnimm alle Angaben der Zeichnung. Zeichne das Schrägbild der Pyramide mit $\omega = 45°$ und $q = 0{,}5$. Schrägbildachse soll die längere Kathete sein.

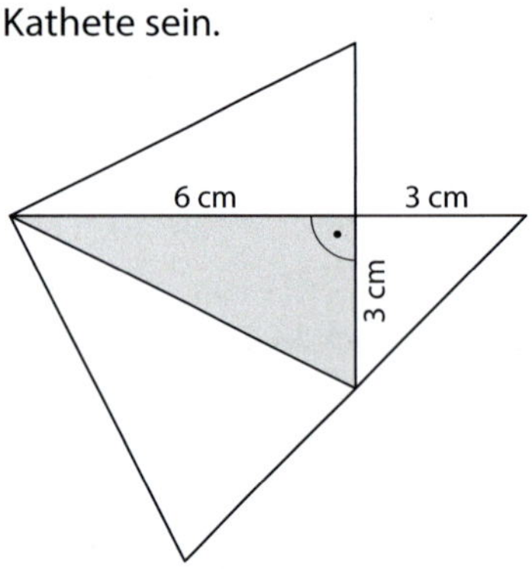

10 Eine 6 cm hohe Pyramide hat die Raute mit den Diagonalenlängen $|\overline{AC}| = 8$ cm und $|\overline{BD}| = 6$ cm als Grundfläche. Zeichne das Schrägbild unter folgenden Bedingungen:

a $\omega = 45°$; $q = 0{,}5$. Schrägbildachse: AC. Der Höhenfußpunkt P befindet sich außerhalb der Pyramide: $P \in AC$ und $|\overline{PA}| = 1$ cm.

b $\omega = 45°$; $q = 0{,}5$. Schrägbildachse: BD. Der Höhenfußpunkt P befindet sich innerhalb der Pyramide: $P \in BD$ und $|\overline{PD}| = 1$ cm.

c Wie muss die Schrägbildachse verlaufen, damit die beiden Schrägbilder aus **a** und **b** identisch sind?

d Der Höhenfußpunkt liegt nun auf der Grundkante $\overline{AD}$ und zwar genau da, wo eine Parallele zu $\overline{BD}$ im Abstand von 1 cm die Grundkante $\overline{AD}$ schneidet. Zeichne ein Schrägbild nach den Bedingungen zu **a**.

11 Eine 6 cm hohe Pyramide ABCDS hat als Grundfläche die Raute ABCD mit den Diagonalenlängen $|\overline{AC}| = 8$ cm und $|\overline{BD}| = 6$ cm. Der Punkt M halbiert die Seite $\overline{AD}$ und ist der Höhenfußpunkt.

a Es gilt: $\omega = 30°$ und $q = \frac{1}{3}$.
AC ist die Schrägbildachse.

b Es gilt: $\omega = 45°$, $q = 0{,}5$.
$\overline{BD}$ liegt auf der Schrägbildachse.

12 Die 4 cm hohe Pyramide ABCDS hat als Grundfläche dieses Parallelogramm: Der Höhenfußpunkt ist M.

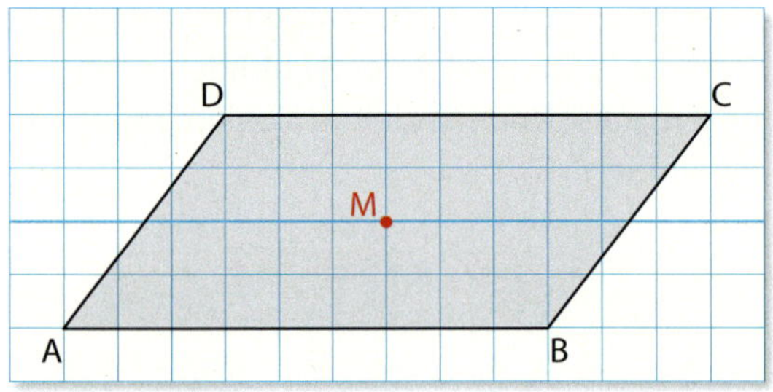

Zeichne ein Schrägbild der Pyramide ABCDS mit der Mittelparallelen als Schrägbildachse. Entnimm alle notwendigen Maße der Zeichnung (Kästchenlänge: 1 cm).
$\omega = 45°$; $q = 0{,}5$.

13 Das Trapez ABCD ist die Grundfläche einer 6 cm hohen Pyramide ABCDS.

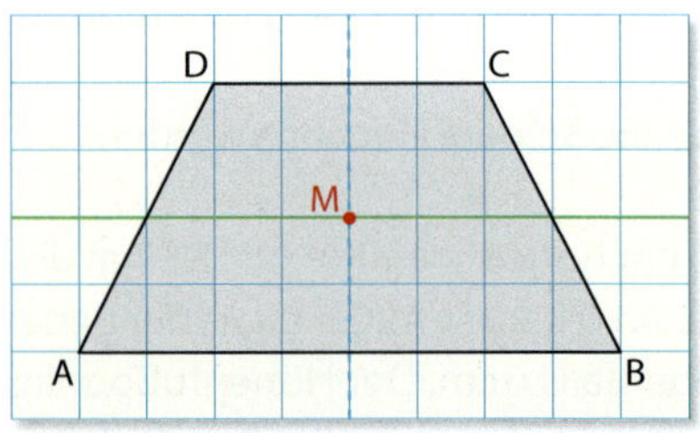

Der Höhenfußpunkt ist M. Zeichne ein Schrägbild der Pyramide. Die Zeichnung enthält die notwendigen Maße.
Kästchenlänge: 1 cm; $\omega = 45°$; $q = 0{,}5$.

a Schrägbildachse ist die Mittelparallele.

b Schrägbildachse ist die Symmetrieachse.

3.3 Wahre Längen und Winkel im Schrägbild

Das Vogelhaus mit einer quadratische Grundfläche bekommt einen 11 cm hohen pyramidenförmigen Aufsatz. Seine Seitenkanten sollen die gleiche Länge haben. Wie lang werden sie?

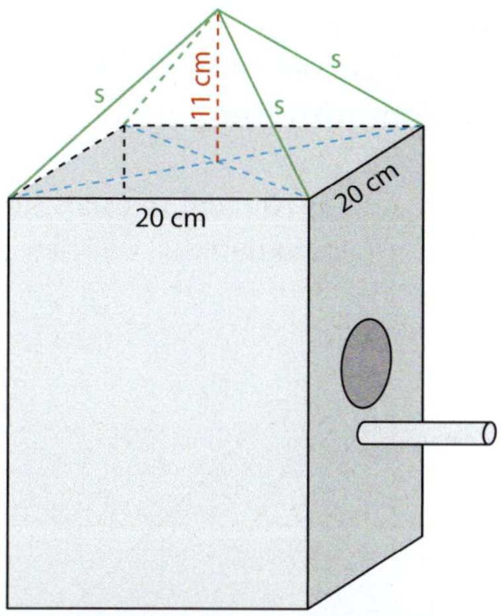

Die Seitenkanten s der Pyramide sind alle gleich lang, aber nicht im Schrägbild. Mit einem geeigneten Hilfsdreieck, das senkrecht auf der Grundfläche steht – zum Beispiel MBS –, kann man die Seitenkanten s und Winkel φ in wahrer Länge konstruieren.

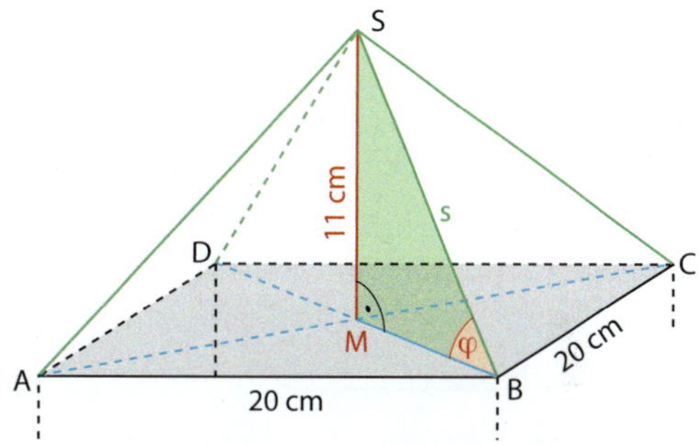

① Zunächst ergibt sich im Quadrat ABCD die halbe Diagonalenlänge $|\overline{MB}| = 14{,}2$ cm in wahrer Größe.

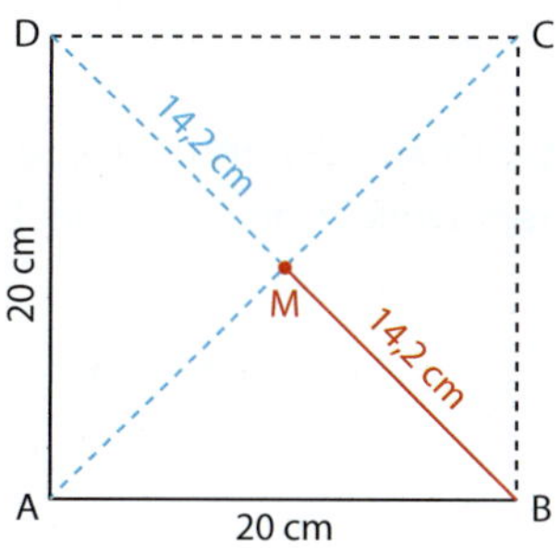

② Mit der Pyramidenhöhe $\overline{MS}$ konstruiert man das rechtwinklige Hilfsdreieck MBS, in dem man jetzt die wahre Länge von $\overline{BS}$ und die tatsächliche Größe von φ direkt ablesen kann:

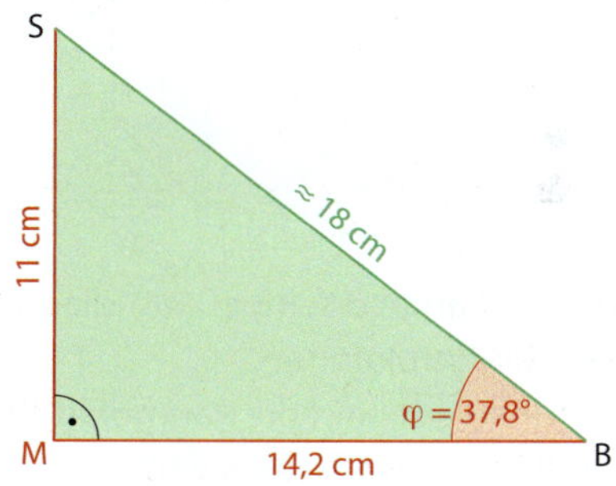

1 Bestimme mit einer Hilfskonstruktion zum Schrägbild die Seitenkantenlänge einer 5 cm hohen quadratischen regulären Pyramide, deren Grundkantenlänge ebenfalls 5 cm beträgt.

M Die wahren Längen von Strecken und die tatsächlichen Größen von Winkeln in einem Schrägbild erhält man aus Hilfsdreiecken, die senkrecht auf der Grundebene des Körpers stehen.

Übungsaufgaben

1 Zeichne das Schrägbild einer quadratischen regulären Pyramide mit folgenden Maßen: Grundkante $a = 8\,cm$, Pyramidenhöhe $h = 10\,cm$. Wie lang sind die Seitenkanten s der Pyramide? Bestimme s durch eine Konstruktion.

T Die Raumdiagonale **d** eines Würfels oder Quaders verbindet zwei gegenüberliegende Ecken in parallelen Ebenen:

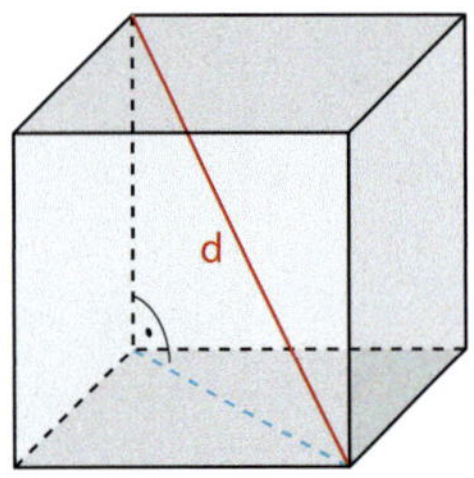

2 Ein Quader hat diese Maße:

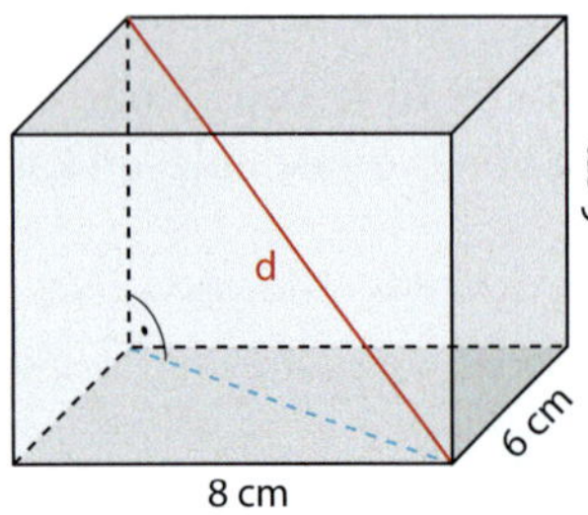

a Bestimme die Länge **d** seiner Raumdiagonale durch zwei Konstruktionen.

b Welchen Winkel schließt die Raumdiagonale mit der Grundfläche des Quaders ein? Begründe, dass der gleiche Winkel auch mit der Deckfläche des Würfels eingeschlossen wird.

3 Alle Kantenlängen des Prismas sind 6 cm lang. Wie lang ist die Strecke $|\overline{PM}|$?

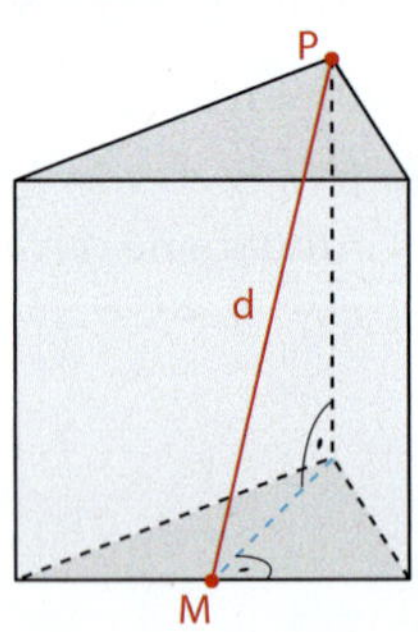

4 Eine quadratische reguläre Pyramide hat die Grundkantenlängen 8 cm. Ihre Seitenkante schließt mit der Grundfläche einen Winkel von 45° ein. Welche Höhe h hat die Pyramide? Bestimme h durch zwei Konstruktionen.

5 Die Pyramide ABCDS ist nicht regulär: Sie hat ihre Spitze über dem Punkt D.

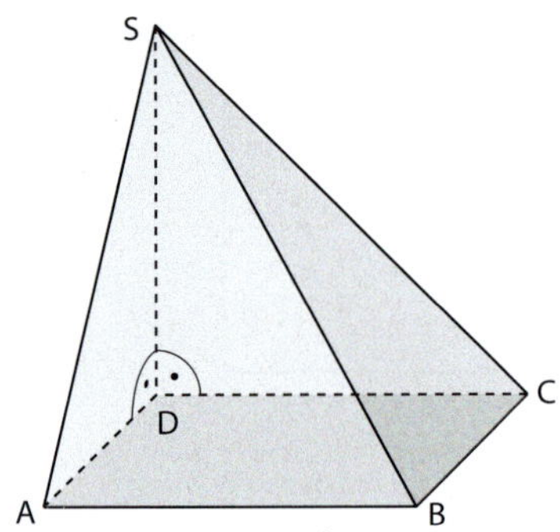

Ihre Höhe beträgt $h = 10\,cm$, ihre Grundkanten sind $|\overline{AB}| = 12\,cm$ und $|\overline{BC}| = 8\,cm$ lang. Bestimme die Längen der Seitenkanten $\overline{AS}$, $\overline{BS}$ und $\overline{CS}$ durch geeignete Konstruktionen.

6 Ein **Tetraeder** ist eine Pyramide mit einem gleichseitigem Dreieck als Grundfläche, bei der alle Kanten a gleich lang sind.

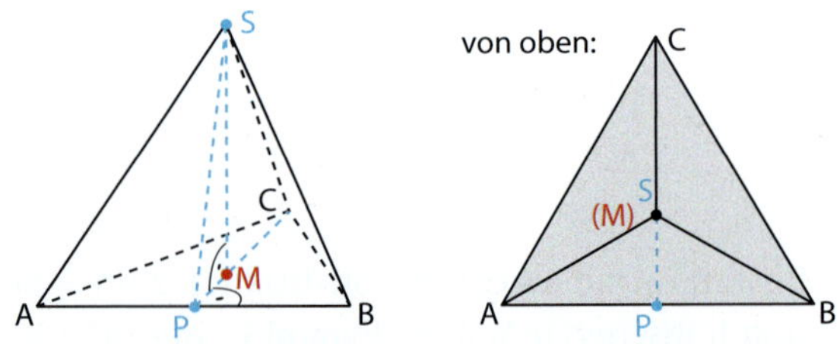

a Zeichne ein Schrägbild für $a = 6\,cm$. Die Schrägbildachse soll AB sein. $\omega = 45°$; $q = \frac{1}{2}$; $|\overline{PM}| = \frac{1}{3}|\overline{PC}|$; $|\overline{MS}| \approx 4{,}9\,cm$.

b Unter welchem Winkel sind die Seitenflächen gegen die Grundfläche geneigt?

7 Die Strecke $\overline{AM}$ verbindet eine Ecke A des Quaders mit dem Mittelpunkt M einer gegenüberliegenden Kante.

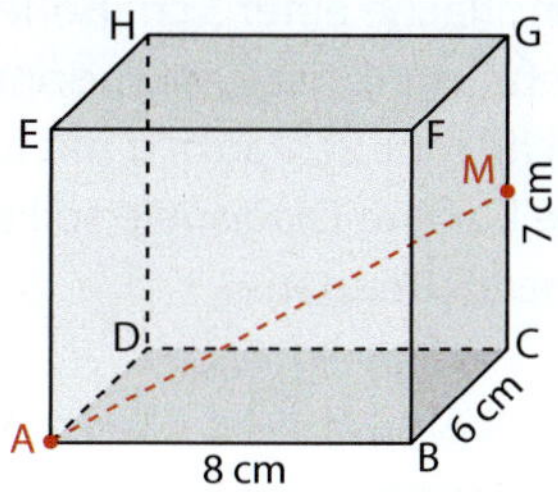

Wie lang ist diese Strecke? Unter welchem Winkel φ ist sie gegen die Grundfläche geneigt? Fertige dazu zwei Konstruktionen an.

8 Ein Quader hat als Grund- und Deckfläche ein Rechteck mit den Seitenlängen 8 cm und 6 cm. Die Höhe des Quaders beträgt 6 cm.

a Fertige ein Schrägbild des Quaders an mit folgenden Angaben: $\omega = 45°$, $q = 0{,}5$. Schrägbildachse soll eine Flächendiagonale der Grundfläche sein.

b Mit den Flächendiagonalen in Grund- und Deckfläche entsteht als Schnittfigur ein Rechteck im Quader.
Konstruiere das Rechteck in wahrer Größe und berechne seinen Flächeninhalt.

9 Die Pyramide PQRS hat als Grundfläche ein gleichseitiges Dreieck mit einer Seitenlänge von 8 cm.

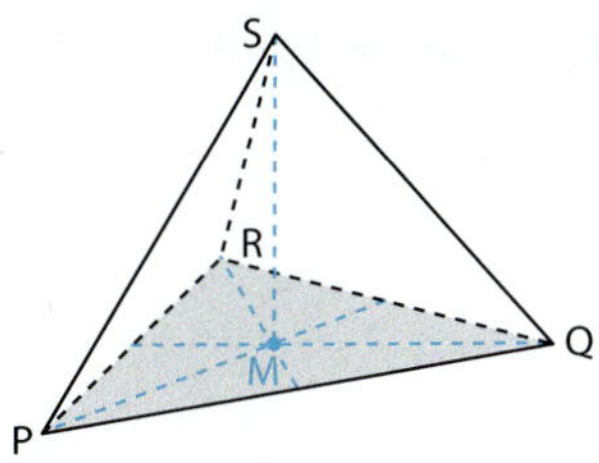

Der Punkt S steht senkrecht über M, dem Schnittpunkt der Seitenhalbierenden. $|\overline{MS}| = 5$ cm. Der Punkt M teilt die Seitenhalbierenden im Verhältnis 2:1.
Bestimme den Winkel, unter dem die Kanten gegenüber der Grundfläche geneigt sind. Berechne die Länge der Seitenkanten der Pyramide.
Ist PQRS ein Tetraeder? Vgl. Aufgabe 6.

10 Diese reguläre Pyramide ist 6 cm hoch und hat ein Quadrat mit 6 cm langen Seiten als Grundfläche.

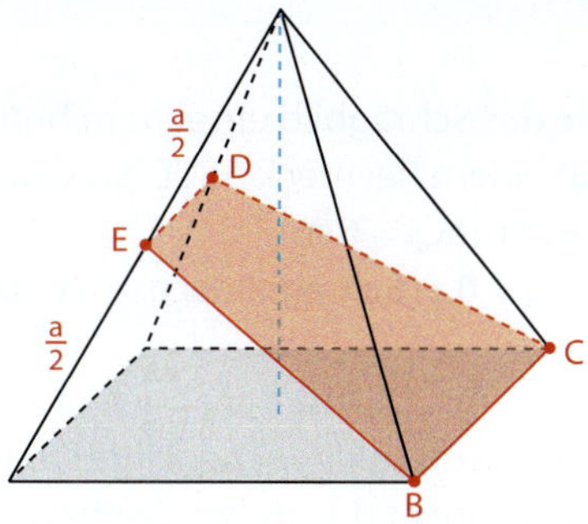

Zwei Seitenkanten werden durch eine Schnittebene wie dargestellt halbiert, sodass ein Trapez BCDE entsteht.

a Bestimme durch geeignete Konstruktionen die wahre Länge der Strecke $\overline{DE}$ und die Höhe des Trapezes.

b Berechne seinen Flächeninhalt.

c Welchen Winkel bildet die Schnittebene mit der Grundfläche?

11 Seitenkanten und Seitenflächen einer regulären quadratischen Pyramide haben den gleichen Neigungswinkel zur Grundfläche. Stimmt das?

12 Dies ist das Netz eines Quaders. Die beiden hervorgehobenen Punkte markieren die Enden einer Strecke im fertigen Quader.
Wie lang ist diese Strecke dort?
Bestimme ihre Länge mit geeigneten Konstruktionen und entnimm alle Längenangaben der Zeichnung.
Kästchenlänge: 1 cm.

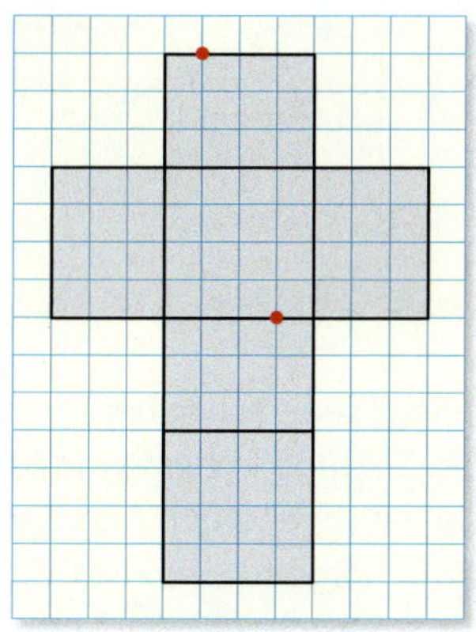

3.4 Mach dich fit!

Schrägbild

1 Zeichne das Schrägbild eines 6 cm hohen Prismas mit einem Rechteck ABCD als Grundfläche. $|\overline{AB}| = 8$ cm, $|\overline{BC}| = 6$ cm.
$\omega = 45°$; $q = 0{,}5$; Schrägbildachse ist AB.

2 Das Prisma ABCDEF ist 4 cm hoch und hat als Grundfläche das gleichschenklige Dreieck ABC. Alle Maße kannst du aus der Zeichnung entnehmen. 1 Kästchen ≙ 1 cm.

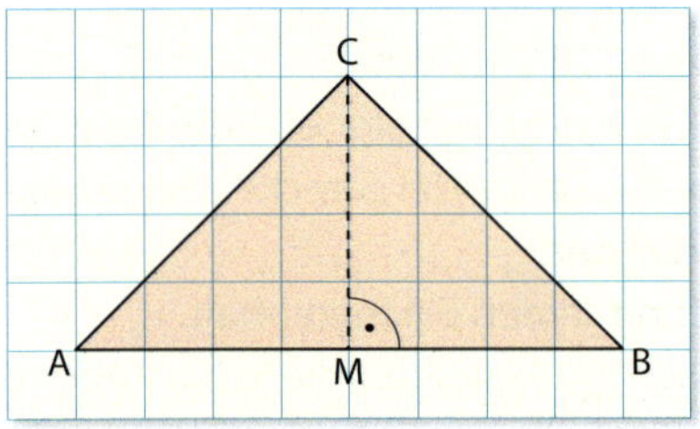

Zeichne sein Schrägbild für $\omega = 30°$, $q = 0{,}5$ und
a AB als Schrägbildachse.
b MC als Schrägbildachse.

3 Zeichne eine 6 cm hohe Pyramide mit einem Quadrat ABCD als Grundfläche, das 5 cm lange Seiten hat. Der Höhenfußpunkt ist D.
$\omega = 45°$; $q = 0{,}5$; Schrägbildachse: CD.

4 Die Grundfläche einer 4 cm hohen Pyramide ist das gleichschenklige Dreieck ABC:

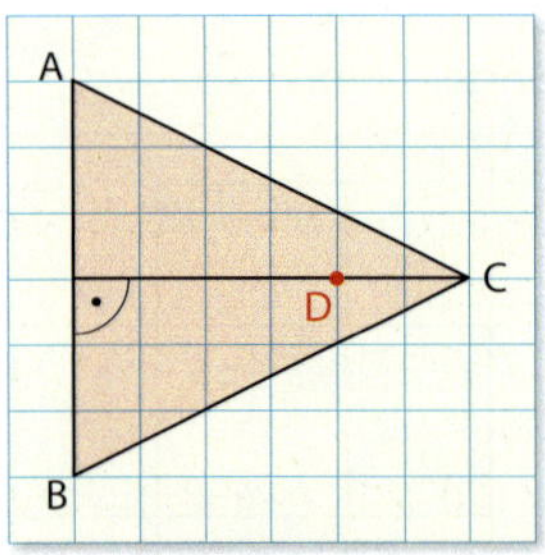

Die Spitze liegt senkrecht über D.
Zeichne das Schrägbild der Pyramide und entnimm alle notwendigen Angaben aus der Zeichnung. Schrägbildachse ist CD;
$\omega = 30°$; $q = \frac{2}{3}$; Kästchenlänge: 1 cm.

5 Eine Raute mit 10 cm und 6 cm langen Diagonalen ist Grundfläche einer 5 cm hohen Pyramide. Der Höhenfußpunkt ist der Diagonalenschnittpunkt. Zeichne ihr Schrägbild mit $\omega = 30°$ und $q = 0{,}8$. Die kürzere Diagonale soll auf der Schrägbildachse liegen.

6 Das Rechteck ABCD bildet die Grundfläche eines 6 cm hohen Prismas.
Zeichne sein Schrägbild für $\omega = 30°$ und $q = 0{,}5$. Schrägbildachse soll AP sein.
Dazu musst du aus der Zeichnung zuerst einige Längen ablesen und danach das Schrägbild anlegen. Kästchenlänge: 1 cm.
Verwende eine Geometrie-Software.

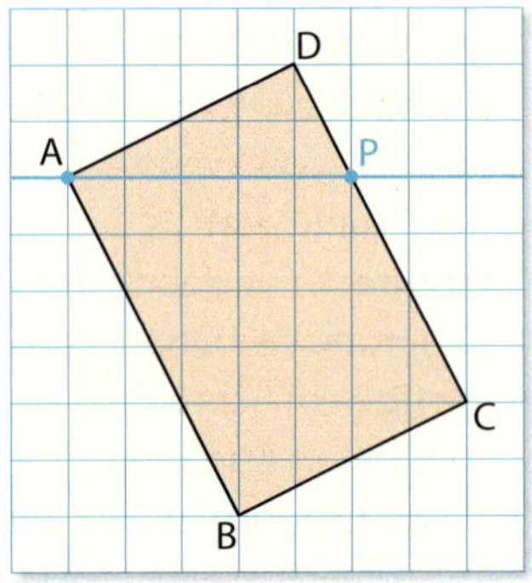

7 Das Dreieck ABC mit A(−2|1), B(6|2) und C(0|6) ist die Grundfläche einer 8 cm hohen Pyramide. Der Höhenfußpunkt soll D(2|4) sein.
Zeichne das Schrägbild der Pyramide für $\omega = 45°$ und $q = 0{,}5$. Schrägbildachse soll die x-Achse sein (Kästchenlänge: 1 cm).

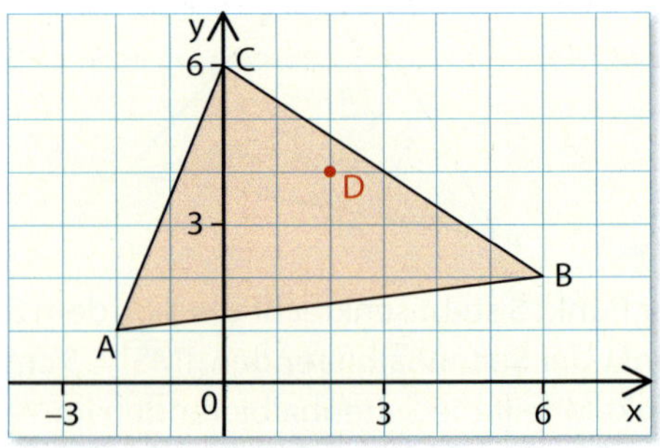

Dazu musst du aus der Zeichnung zuerst einige Längen ablesen. Verwende eine Geometrie-Software.

Wahre Längen und Winkel

8 Die reguläre Pyramide ABCDS ist 5 cm hoch. Sie hat ein Quadrat als Grundfläche mit einer Kantenlänge von 6 cm.

a Fertige ein Schrägbild der Pyramide an, mit $\omega = 45°$ und $q = 0{,}5$. Schrägbildachse ist AB.

b Bestimme durch geeignete Konstruktionen die wahre Länge der Seitenkanten.

c Wie groß ist der Winkel, unter dem die Seitenflächen gegenüber der Grundfläche geneigt sind? Fertige dazu eine geeignete Konstruktion an.

9 Der Würfel hat eine Kantenlänge von $|\overline{AB}| = 6$ cm. M ist der Mittelpunkt (Diagonalenschnittpunkt) der Grundfläche.
Wie lang ist die Strecke $\overline{PM}$ in Wirklichkeit?

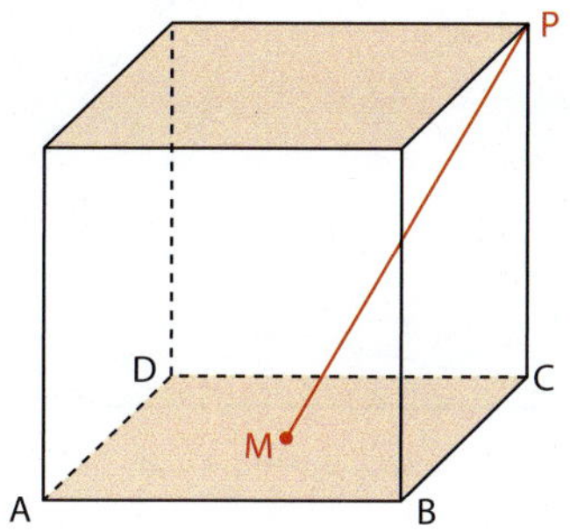

10 Das Dreieck ABC ist gleichschenklig mit einer Basislänge von $|\overline{AB}| = 10$ cm. P ist der Mittelpunkt von $\overline{AB}$. Die Dreieckshöhe ist $|\overline{PC}| = 4$ cm lang. Für den Punkt Q gilt: $|\overline{QP}| = 2{,}5$ cm.
Berechne den Flächeninhalt der roten Schnittfigur im 4 cm hohen, geraden Prisma. Konstruiere die dazu benötigten Längen.

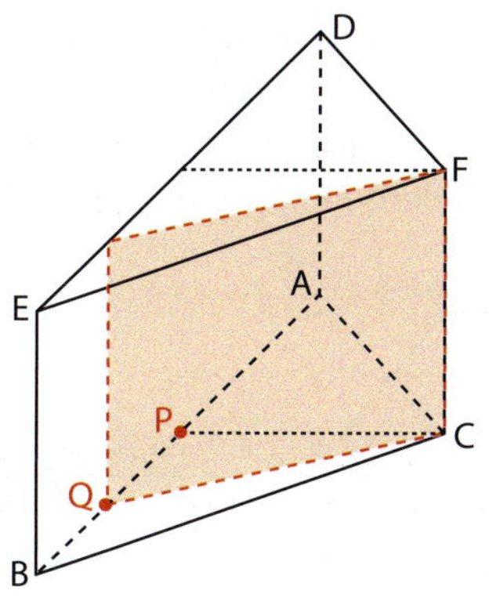

11 Das Quadrat ABCD, mit einer Seitenlänge von 6 cm ist die Grundfläche einer ebenfalls 6 cm hohen Pyramide. Die Spitze S liegt senkrecht über dem Punkt D. Die Punkte P und Q sind die Mittelpunkte der Kanten $\overline{CS}$ und $\overline{DS}$.

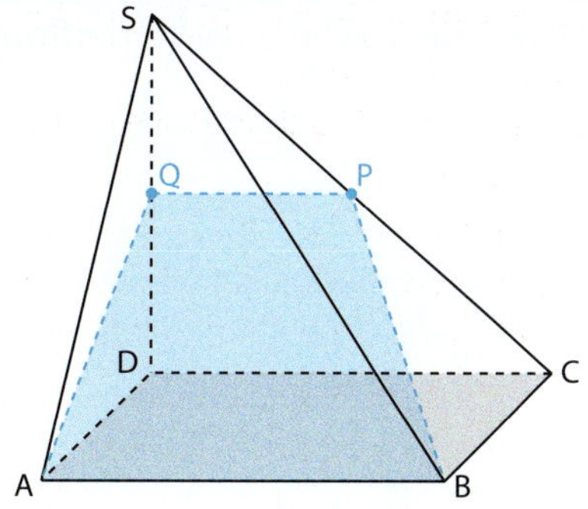

a Berechne den Flächeninhalt des Trapezes ABPQ und konstruiere die dazu benötigten Längen.

b Unter welchem Winkel ist die Fläche ABPQ gegen die Grundfläche geneigt?

12 Diese Doppelpyramide ist ein Oktaeder. Seine Begrenzungsflächen sind gleichseitige Dreiecke.

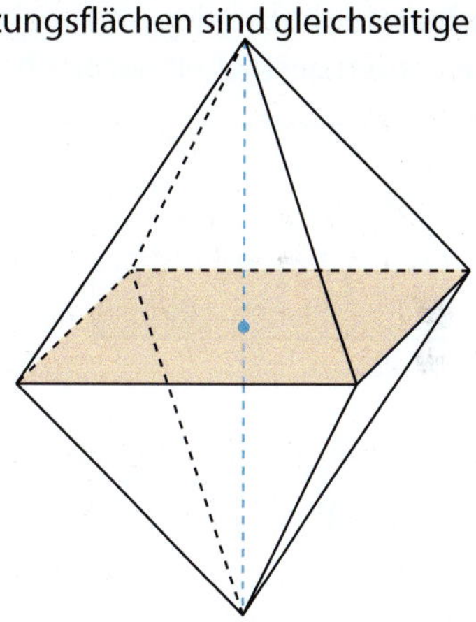

a Die rote Schnittfigur ist ein Quadrat. Warum muss das so sein?

b Welchen Winkel schließen die Seitenkanten mit der Grundfläche ein?

c Welchen Winkel schließen die Seitenflächen mit der Grundfläche ein?

3.5 Grundwissen

Schrägbilder von Prismen

① Zunächst bestimmt man die Schrägbildachse s und zeichnet die Vorderfront in wahrer Größe.

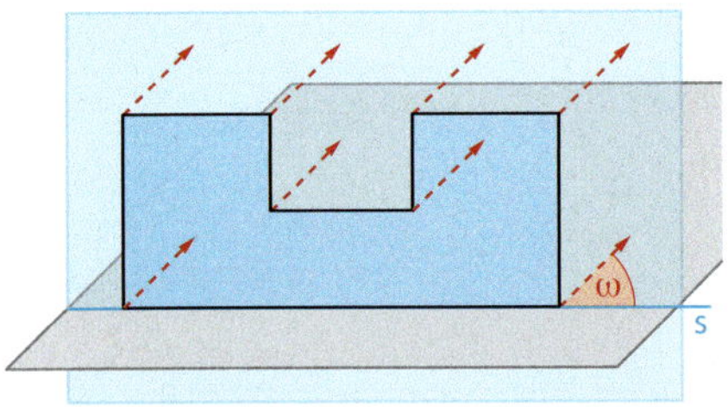

② Alle Seiten, die in den Raum hinein verlaufen, werden unter dem Verzerrungswinkel ω zur Schrägbildachse gezeichnet und um den Faktor q verkürzt.

③ Die entstehenden Punkte werden miteinander verbunden und unsichtbare Kanten gestrichelt gezeichnet.

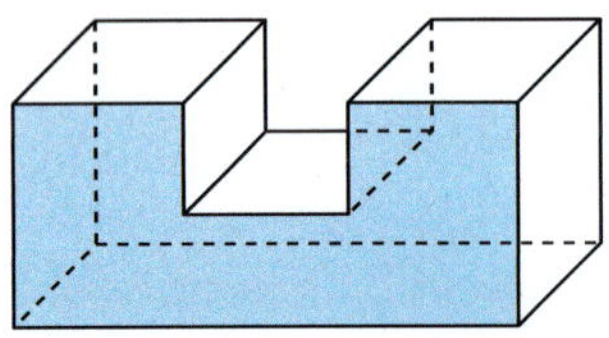

Falls die Grundfläche eines Prismas keine senkrechten Seiten enthält, müssen senkrechte Hilfslinien gefunden werden, die verzerrt dargestellt werden.
Im Beispiel ist $\overline{MC}$ eine solche Hilfslinie.

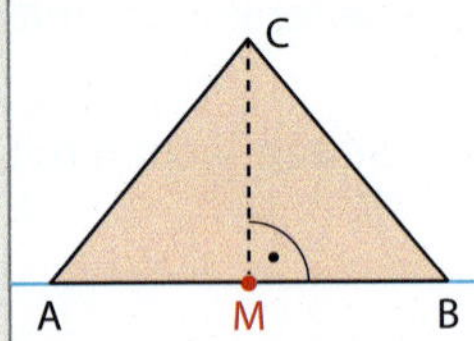

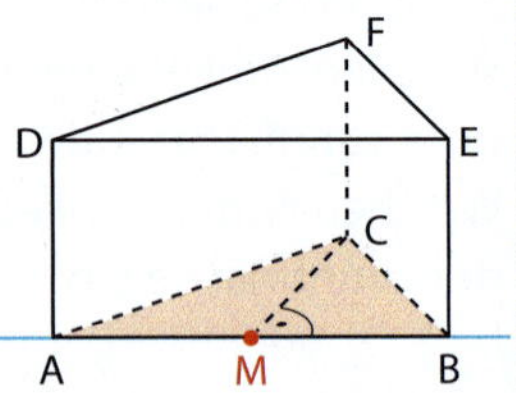

Schrägbilder von Pyramiden

Die Grundfläche einer Pyramide wird zuerst abgebildet.
Alle parallelen Kanten zur Schrägbildachse werden in wahrer Größe dargestellt.
Alle in den Raum laufenden Kanten werden unter dem Winkel ω und um q verkürzt gezeichnet.
Die Höhe wird in wahrer Größe übernommen und unsichtbare Kanten werden gestrichelt gezeichnet.

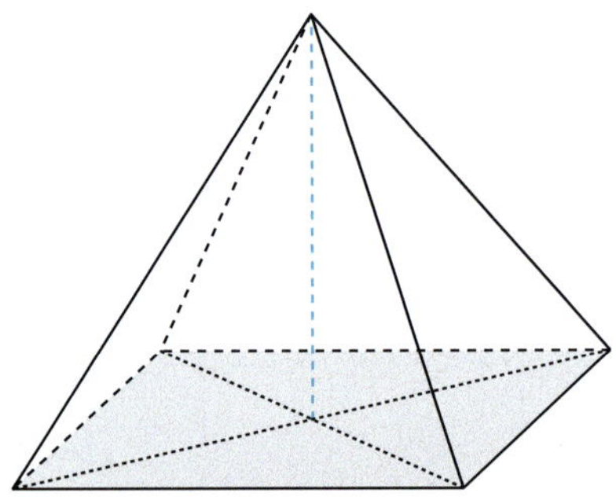

Wenn die Spitze einer Pyramide senkrecht über dem Diagonalenschnittpunkt der Grundfläche steht, dann handelt es sich um eine **reguläre** (regelmäßige) **Pyramide**.

Wenn die Figur in der Grundfläche einer Pyramide keine senkrechten Seiten enthält, müssen **senkrechte Hilfslinien** gefunden werden, die mit ω und q räumlich wiedergegeben werden können.

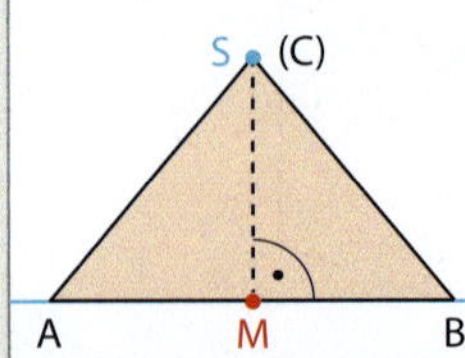

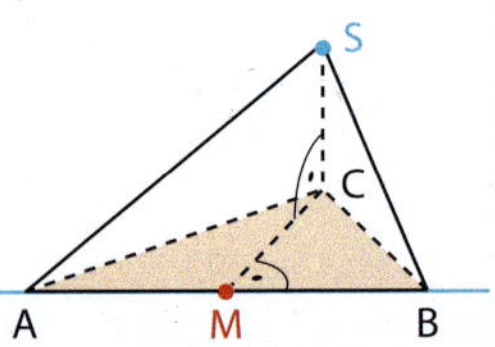

Wahre Längen und Winkelgrößen

Wie lang einzelne Strecken und Winkel tatsächlich sind, kann man aus dem Schrägbild nicht immer ablesen. Aber durch die Konstruktion von Hilfsfiguren, die senkrecht auf der Grundfläche eines Körpers stehen, wird es möglich.

Beispiel: Wie lang ist die Raumdiagonale **d** im Quader ABCDEFGH?

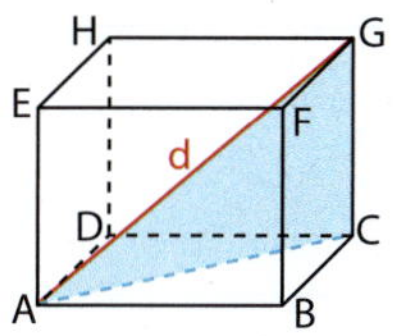

Die Raumdiagonale **d** = **$\overline{AG}$** erscheint in wahrer Größe im Hilfsdreieck ACG.
Dazu muss man zunächst die Länge der Flächendiagonale $\overline{AC}$ im Rechteck ABCD durch Konstruktion ermitteln.

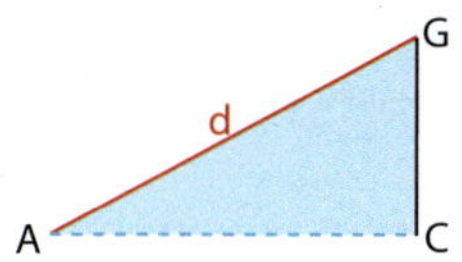

Beispiel: Welchen Winkel **φ** nimmt jede Seitenkante zur Grundfläche in der quadratischen, regulären Pyramide ABCDS ein?

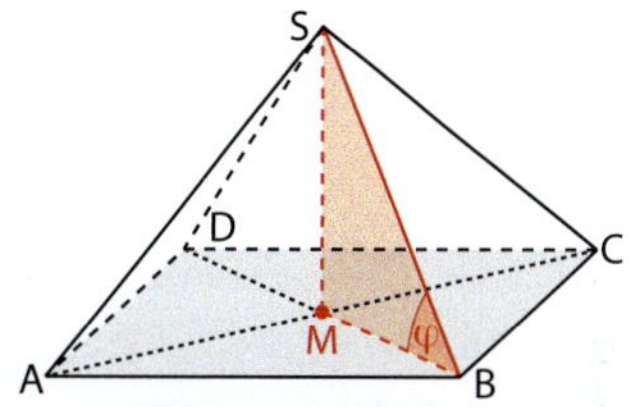

Der Winkel **φ** erscheint in wahrer Größe im Hilfsdreieck MBS.
$\overline{MS}$ entspricht der Pyramidenhöhe und $\overline{MB}$ der halben Flächendiagonale.

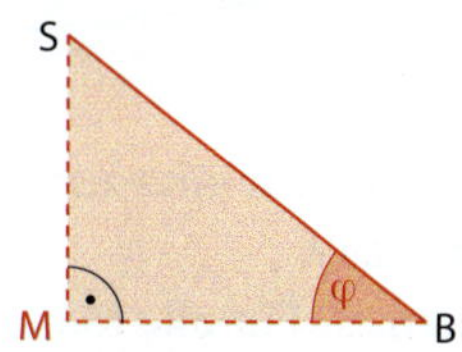

3.6 Mehr zum Thema: Dimetrische Darstellung

Schrägbilder sind hilfreich, wenn es darum geht, einen geometrischen Körper wie ein Prisma oder eine Pyramide so darzustellen, dass Zusammenhänge rasch klar werden.
In einer technischen Zeichnung allerdings reicht ein Schrägbild so, wie wir es bisher konstruiert haben, oft nicht aus. Für die Darstellung komplizierterer Körper benutzt man hier andere Verfahren, die sich auf die Schrägbilddarstellung zurückführen lassen.
Ein Beispiel dafür ist die **dimetrische Darstellung**.
Die Schrägbildachse ist hier unter 7° gegen die Waagrechte angehoben, die Raumachse unter 42°. Alle Raumlängen sind mit dem Faktor 0,5 verkürzt. Alle Längen parallel zur Schrägbildachse und alle Längen senkrecht zur Grundfläche sind in wahrer Länge gezeichnet.
Die Darstellung eines bearbeiteten Körpers geschieht meist in der **Mehrtafelprojektion**. Das sind Ansichten des Körpers unter verschiedenen Blickwinkeln:

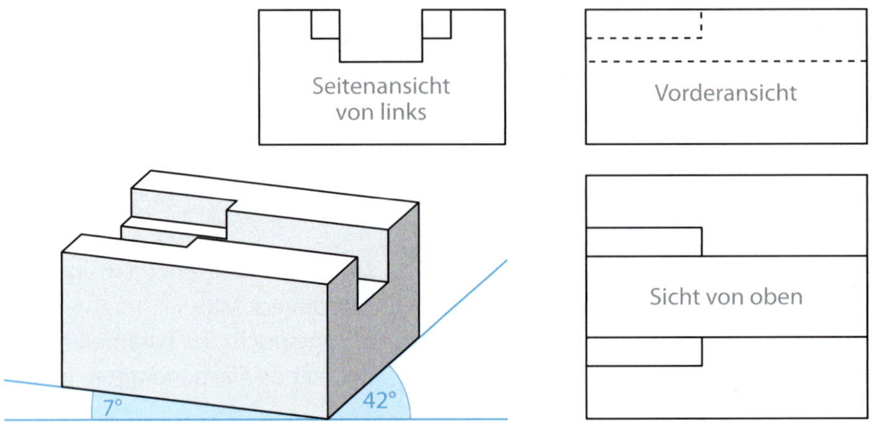

Das Werkstück bekommt eine zusätzliche Nut. Die dimetrische Darstellung gegenüber oben verändert sich etwas.
Wie sieht sie nun aus? Für alle Maße gilt: Kästchenlänge 1 cm.

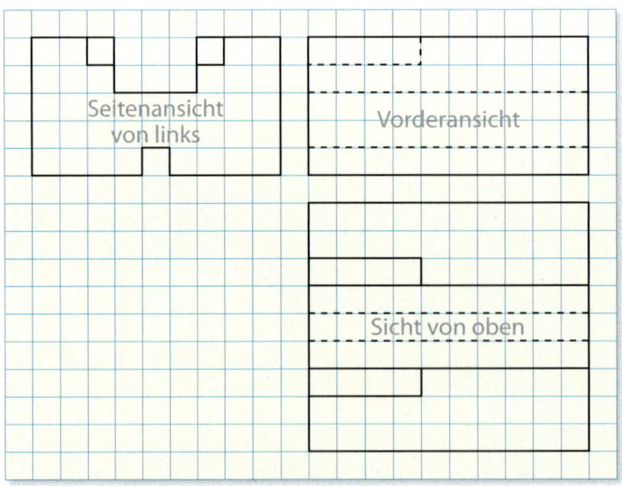

4

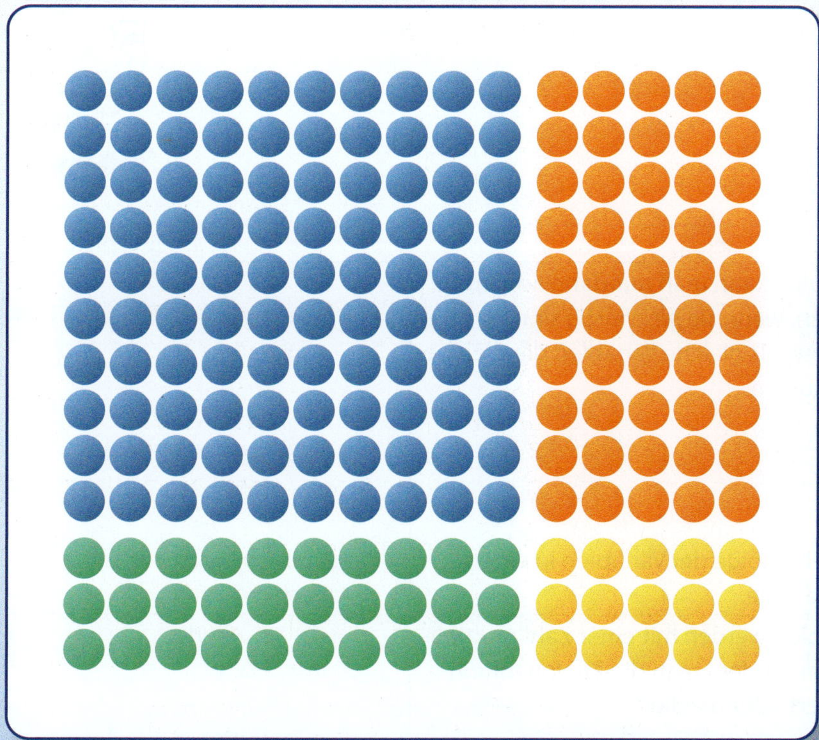

Terme und Binome

4.1 Zusammenfassen von Termen

Regel	Beispiele
Terme mit Variablen kann man nur dann addieren oder subtrahieren, wenn sie *gleichartig* sind. Das heißt, dass jeweils gleiche Variablen die gleiche Potenz haben müssen.	$2a^2b^3 + 6b^3a^2$ $= 2a^2b^3 + 6a^2b^3$ $= 8a^2b^3$ $5a^4b^2 - 2b^2a^4$ $= 5a^4b^2 - 2a^4b^2$ $= 3a^4b^2$
Beachte: Die Reihenfolge der Variablen in einem Term spielt keine Rolle.	Beachte: $x^2y^4 = y^4x^2$; aber: $x^2y^4 \neq x^4y^2$.
Terme mit Variablen werden mit einer Zahl multipliziert oder dividiert, indem man die Zahlen miteinander multipliziert oder dividiert.	$3 \cdot 4x^2y^4$ $= 12x^2y^4$ $16a^4b^5 : 8$ $= 2a^4b^5$
Terme mit Variablen werden mit einer Variablen multipliziert oder dividiert, indem man bei jeder Variablen die Potenzgesetze für die Multiplikation bzw. Division bei Potenzen mit gleicher Basis anwendet. Das heißt, die jeweiligen Exponenten werden unter Beachtung der Vorzeichen addiert bzw. subtrahiert.	$x^2y^5z^7 \cdot xy^2z^{-3}$ $= x^{2+1}y^{5+2}z^{7-3}$ $= x^3y^7z^4$ $a^5b^4c^{-2} : (a^2b^6c^{-3})$ $= a^{5-2}b^{4-6}c^{-2+3}$ $= a^3b^{-2}c$
Es gilt die Punkt-vor-Strich-Regel.	$6x^2y^3 \cdot 2x^3y^4 - 8x^6y^9 : (2xy^2)$ $= 12x^5y^7 - 4x^5y^7$ $= 8x^5y^7$

Übungsaufgaben

1 Vereinfache die Terme so weit wie möglich.

a $3a^2b^3 - a^2b + 2ab^2 - 5b^3a^2$

b $3 \cdot x^2y^4 \cdot \frac{1}{6} \cdot 12$

c $m^2n\,k^6 \cdot k^{-3}nm^4$

d $5x^2y^4 \cdot 0{,}2xy^3 - 4x^6y^8 : (2x^3y)$

2 Fasse zusammen und wende, falls notwendig, die Potenzgesetze an.

> **T** Achte auf versteckte Malpunkte!
> $2x^2 \cdot 3x^3 = 2 \cdot x^2 \cdot 3 \cdot x^3$

a $4 \cdot 2x$

b $x \cdot 9x$

c $x \cdot 12x^4$

d $\frac{1}{3}x^4 \cdot 27x^{12}$

e $4a \cdot 0{,}5a^5 \cdot 2a^6$

f $0{,}2b^{-3} \cdot 45b^{18}$

g $18x : 2$

h $25u^6 : u^2$

i $49q^6 : (7q^4)$

j $12b^{23} : (0{,}5b^{16})$

k $5y^3 : (0{,}2y^{-2})$

l $x^{-3} : \left(\frac{1}{4}x^{-6}\right)$

3 Fasse zusammen und achte auf gleiche Potenzen bei allen Variablen.

a $4x^2y + 4x^2 - 5x^2 + 3yx^2 - 5y^2x + 7xy^2$

b $-a^3b + b^3a - 2a^3b^3 + 3a^3b - 6ab^3$

c $12u^2v^2 - 8v^2 + 3v^2u^2 + 8u^2$

d $-13e^3f^4 + 17f^3e^4 - 12f^4e^3 + 3e^4f^3$

e $-5{,}5abc^2 + 6{,}3ba^3c - 13c^2ba + 9a^3cb$

4 Vereinfache und beachte Punkt vor Strich.

a $2x^{-1}y \cdot 0{,}5x^2y - x \cdot y \cdot y + \frac{1}{2} \cdot 25x^4 - 8x^6 : (4x^2)$

b $9a^3b^6 \cdot \frac{1}{3}a^2b^{-1} + 0{,}5a^{10}b^{15} : (0{,}25a^5b^{10})$

c $(4xy)^2 - 26x^5y^3 : (13x^5y) + 3x \cdot xy^2 - (5y)^2$

d $196u^3v^2 : (14u^5v^2) + 169u^2v^2 : (13u^4v^2)$

e $0{,}25x^6y^3 \cdot 24x^{-2}y - 225x^7y^8 : (25x^3y^4)$

5 Formuliere zunächst eine Regel für das Auflösen von Plus- und Minusklammern (Rückschau S. 13). Vereinfache anschließend die Terme a–d.

a $3xy - 4y - (3y + 2xy)$

b $-2ab + 4ac + (-2ba + 12ca)$

c $-(12uv - 28vw) - (-33wv + 8uv)$

d $-3ab - (5ba + 4c) + (5c - 8ab)$

6 Keine Angst vor Brüchen! Fasse die Terme so weit wie möglich zusammen:

a $\frac{1}{3}x^2y^3 - \frac{1}{4}x^2y^3 + \frac{1}{12}y^3x^2$

b $0{,}2a^3b^4 - \frac{1}{25}a^3b^4 + \frac{1}{10}a^3b^4$

c $9 \cdot \frac{1}{3}m^2n^3 \cdot \frac{1}{2}m^2 \cdot \frac{1}{6}n^4$

d $\frac{1}{2}uv^2 \cdot 0{,}25vu^2 - \frac{1}{6}u^3v^3$

7 Vereinfache so weit wie möglich.

a $\frac{12x^6y^8}{4x^4y^3}$

b $\frac{3a^{12}b^8}{0{,}5b^6a^{14}}$

c $\frac{6x^3y^2}{12x^6y}$

d $\frac{5ab^{-2}}{0{,}1b^6a^9}$

8 Ein Quader hat die Kantenlängen a, b und c. Stelle jeweils einen Term für das Volumen in Abhängigkeit von a, b und c auf.

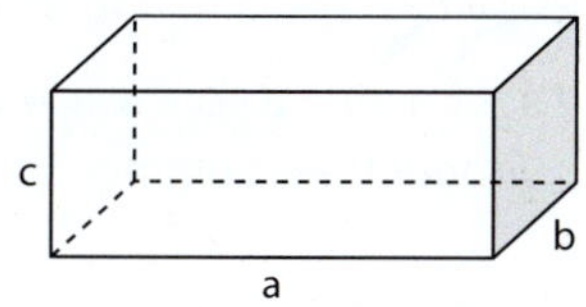

Welches Volumen hat der Quader, wenn man …

a … die Kantenlänge a verdoppelt?

b … die Kantenlänge a verdoppelt und die von b verdreifacht?

c … die Kantenlänge a verdoppelt, b verfünffacht und c halbiert?

d … die Kantenlänge a ver-a-facht, b ver-b-facht und c ver-c^2-facht?

e … die Kantenlänge a ver-a-facht, b verdoppelt und c vervierfacht?

f … den gesamten Quader nochmals an den bestehenden anfügt? (Ist die Lösung eindeutig?)

9 Beschreibe und korrigiere die Fehler, die Josef gemacht hat.

a $4x^2y + 2y^2x + 3x^2y$
$= 9x^5y^4$

b $4 \cdot 0{,}5a^2b - ba^2 \cdot ba$
$= 2a^2b - a^2b \cdot ba = a^2b \cdot ba = b^2a^3$

4.2 Ausmultiplizieren und Ausklammern

Die drei „Drittel" der Turnhalle sind nicht gleich groß. Mathelehrer Müller schickt zwei Vermessungsteams in die Halle, die sich zwei unterschiedliche Möglichkeiten zur Berechnung der Gesamtfläche überlegen:

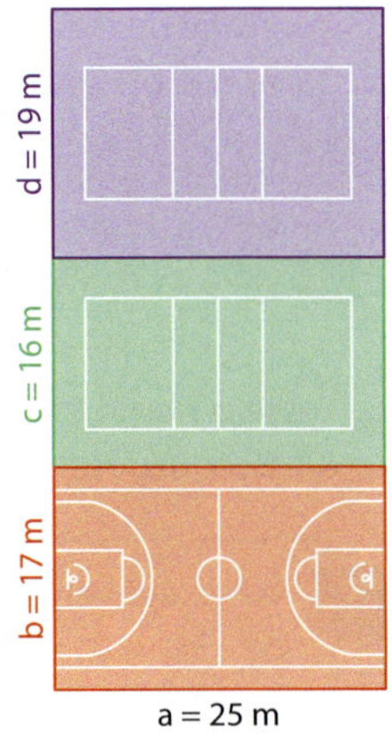

Team 1

$$A_1 = a \cdot b + a \cdot c + a \cdot d$$
$$= 25 \cdot 17 + 25 \cdot 16 + 25 \cdot 19$$
$$= 425 + 400 + 475$$
$$A_1 = 1300\ (m^2)$$

Team 2

$$A_2 = a \cdot (b + c + d)$$
$$= 25 \cdot (17 + 16 + 19)$$
$$= 25 \cdot 52$$
$$A_2 = 1300\ (m^2)$$

Beide Vorgehensweisen führen zum gleichen Ergebnis. Die Terme für A_1 und A_2 sind also gleichwertig. Man kann sie mit Hilfe des *Distributivgesetzes* durch Ausmultiplizieren bzw. Ausklammern umformen.

Ausmultiplizieren: Jeder Summand wird mit dem Faktor a multipliziert.

$$a \cdot (b + c + d) = a \cdot b + a \cdot c + a \cdot d$$

Produkt → Summe

Ausklammern: Ein gemeinsamer Faktor a kann ausgeklammert werden.

$$a \cdot b + a \cdot c + a \cdot d = a \cdot (b + c + d)$$

Summe → Produkt

M Steht vor einer Klammer ein Faktor, darf man die Klammer durch **Ausmultiplizieren** auflösen, indem man jeden Summanden in der Klammer mit dem Faktor multipliziert.

Umgekehrt dürfen aus einer Summe gemeinsame Faktoren der Summanden **ausgeklammert** werden.
Durch das Ausklammern entsteht ein Produkt mit Faktoren. Deshalb heißt dieser Vorgang auch **Faktorisieren**.

Beispiel Ausmultiplizieren

$$3x(5x + 2y - 4z)$$
$$= 3x \cdot 5x + 3x \cdot 2y - 3x \cdot 4z$$
$$= 15x^2 + 6xy - 12xz$$

Beispiel Dividieren

$$(10ax + 12ay - 8az) : (2a)$$
$$= 10ax : (2a) + 12ay : (2a) - 8az : (2a)$$
$$= 5x + 6y - 4z$$

Beispiel Ausklammern

$$8y + 12xy - 20yz$$
$$= \underline{4} \cdot 2 \cdot \underline{y} + \underline{4} \cdot 3 \cdot x \cdot \underline{y} - \underline{4} \cdot 5 \cdot \underline{y} \cdot z$$
$$= \underline{4y}(2 + 3x - 5z)$$

T Zerlege beim *Faktorisieren* die Summanden zunächst in Faktoren, unterstreiche gemeinsame Faktoren und klammere sie dann aus.

Übungsaufgaben

1 Löse die Klammern auf.

a $2 \cdot (6 + x)$
b $0{,}5 \cdot (12x - 13)$
c $4x \cdot (-2x + 0{,}5)$
d $\frac{1}{3} \cdot (12x^2 - 4x)$
e $(28x - 14) : 7$
f $(24x^2 - 33x) : (3x)$
g $(25a^3 - 85a^2) : \left(\frac{1}{2}a\right)$
h $(b - 5) : 0{,}2$
i $(0{,}5a - 3) : 0{,}25$
j $(0{,}1m - 8) : 0{,}1$

2 Klammere alle gemeinsamen Faktoren aus.
Beispiel:
$9x^3 + 3x - 12x^2 = 3x \cdot (x^2 + 1 - 4x)$

> **T** Die Terme in der Klammer erhältst du, indem du jeden Term durch das dividierst, was du ausklammerst!

a $-121a^3 + 11a^2 + 66a$
b $7b^2 + 49b^6 + 84b^3$
c $-3z^2 + 3z + 3$
d $0{,}2x^3 + \frac{3}{5}x^6 - 0{,}8x^2$
e $0{,}25 + \frac{3}{4}m + 0{,}5m^2$
f $4x^3y^6 + 24y^8x^7 + 48x^4y^7$

3 Klammere den angegebenen Term aus.

a 3: $3x - 6$
b x: $x + 2x^3$
c a^2: $4a^3 - 13a^2$
d $3b$: $15b - 12b^2 + 36b^6$
e 3: $18x - 33y$
f 8: $2a - 4b$
g 36: $4x + 18$
h a^2: $a^3 - 6a^2$
i 19: $-x + 19$

> **T** Achte auf die „versteckte Eins“!
> $x + xy$
> $= 1 \cdot x + x \cdot y$
> $= x(1 + y)$

4 Wie kann man die Terme ermitteln, die in einer Klammer entstehen, wenn man einen Bruch ausklammert?
Formuliere schriftlich eine Regel und wende diese bei den nachfolgenden Aufgaben an.

a $2x - 3y + 6$; $\frac{1}{2}$
b $4a - 6b + c$; $\frac{1}{4}$
c $0{,}5xm + 2{,}5x + \frac{1}{3}$; $\frac{1}{5}$
d $3x + 6y - 18$; $\frac{2}{3}$
e $42x + 14y - 49$; $\frac{7}{8}$

> **T** Wandle die Dezimalbrüche in echte Brüche um.

f $8a - 12{,}2b + d$; $0{,}1$
g $0{,}2a - b + 6$; $0{,}2$
h $1{,}5k - 12b + 3$; $0{,}75$
i $16s - 12t + 20$; $0{,}8$

5 Achte beim Auflösen der Klammern auf die Vorzeichen.

a $3(4x - 3y + z)$
b $5(a^2 - a - b^2)$
c $(-2) \cdot (a + ab - b)$
d $(-a) \cdot (x - y + 3z)$
e $(-4x + 3y - 7z) \cdot (-2z)$
f $-(0{,}5s - t + 1{,}2u) \cdot (-1)$
g $3{,}2st(-4{,}5s - st + 5{,}1t)$
h $(9e - 15f + 6g) : (-3)$

6 Karolines Füller hat gekleckst! Bestimme die nicht mehr lesbaren Terme.

a
b
c
d
e

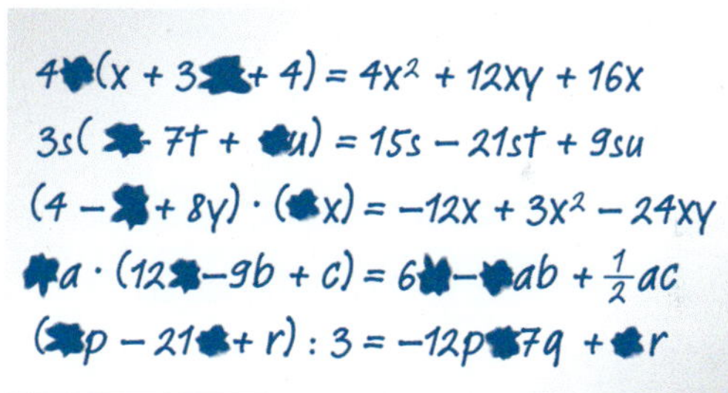

7 Bestimme die Summe aller Kreise auf unterschiedliche Art und Weise. Gib die jeweiligen Terme an und berechne die Summe.

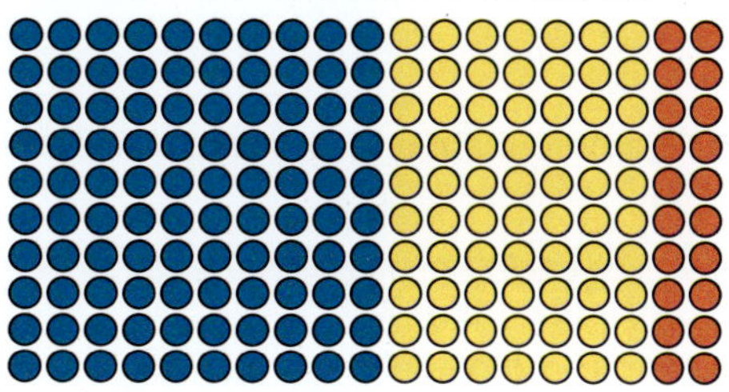

8 Löse die Klammern auf und fasse so weit wie möglich zusammen.
Überlege dir zunächst, wie du vorgehst.

a $3 \cdot (x + 6 - z) \cdot 6$

b $2x \cdot (4a + 3b - 9) \cdot \frac{1}{2}$

c $0{,}5b^3 \cdot (8b^2 + b - \frac{1}{8}b^3) \cdot 8$

d $-3 \cdot (12 - m + 9n) \cdot 1\frac{1}{3}$

e $-5 \cdot (18x + 24y - z^6) \cdot (-0{,}6)$

f $0{,}25a^2 \cdot (a^4 - 12a^3 - 36a^9) \cdot (-1)$

9 Das große Rechteck setzt sich aus vier unterschiedlich großen Rechtecken zusammen.

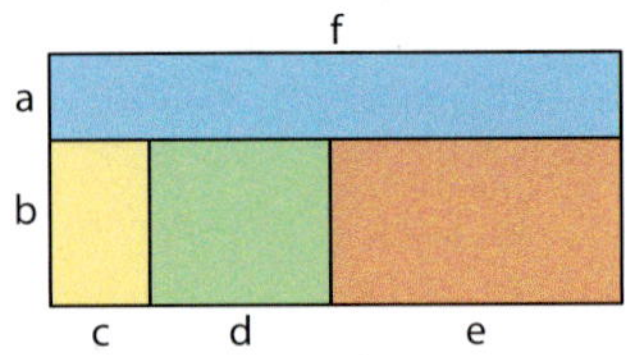

a = 7 cm
b = 12 cm
c = 7 cm
d = 10 cm
e = 13 cm

a Sind ein oder zwei dieser Terme für den Flächeninhalt falsch? Finde die Fehler mit Hilfe einer Planfigur, in die du die Streckenlängen einträgst.

① $7 \cdot 30 + 7 \cdot 12 + 10 \cdot 12 + 13 \cdot 12$

② $7 \cdot (30 + 12) + 12 \cdot (10 + 13)$

③ $12 \cdot (7 + 10 + 13) + 7 \cdot 30$

④ $30 \cdot 7 + 7 \cdot 19 + 10 \cdot 19 + 13 \cdot 19$

⑤ $30 \cdot (7 + 10 + 13) + 7 \cdot 19$

b Mit welchem Term berechnest du den Flächeninhalt? Wie groß ist der Flächeninhalt?

c Stelle Terme mit Variablen auf und prüfe durch Einsetzen der Werte.

10 Löse die Klammern auf und fasse anschließend zusammen.

a $2(x + 2y) - 3(2x - 8y)$

b $-6(4a + 6b) + (4a - 7b) \cdot 3$

c $(12m - 8n) : 4 - (28n - 49m) : 7$

d $(2u - 4v) : 8 + (18v + 3u) : 6$

e $-3x(x - 4y) - (6yx - 18x^2) : (-3)$

f $(25a^6 - a^3) : a^3 - 8a^3(5 - 12a^3)$

11 Zerlege in Faktoren, unterstreiche gemeinsame Faktoren farbig und klammere diese dann aus.

a $12x + 15y$

b $27a - 12b$

c $25a + 15b - 50c$

d $36p + 48pq$

e $-54g - 6gh$

f $121xy - 77xs + 99xt$

12 Klammere negative Faktoren aus. Jeweils zwei Aufgaben haben dasselbe Ergebnis!

a $(-3)x + (-3)y$

b $-2x - 2xy$

c $-x - xy - yz$

d $-3x - 3y$

e $(-1)x + (-1)xy + (-1)yz$

f $-\frac{1}{3}x^2 - xy + \frac{1}{3}xz$

g $\left(-\frac{1}{3}\right)x^2 + \left(-\frac{1}{3}\right)3xy - \left(-\frac{1}{3}\right)xz$

h $(-2)x + (-2)xy$

13 Löse die Klammern auf.

a $(9x + 3y) : \frac{1}{3}$

b $(5a + 7b - 2c) : \frac{1}{4}$

c $(9p - 15q + 3r) : \frac{3}{4}$

d $\left(\frac{3}{4}x - \frac{3}{8}y + \frac{1}{2}z\right) : \frac{3}{8}$

14 Die beiden Modelle sollen in zwei verschiedenen Größen aus Holzstäben mit der Länge x = 100 cm (200 cm) gebaut werden.

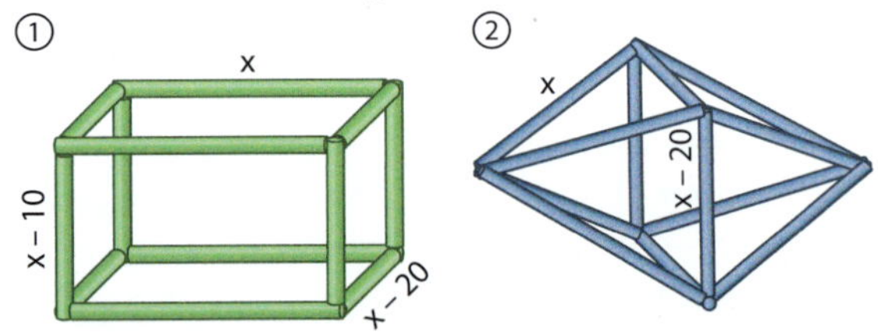

a Erstelle jeweils einen möglichst kurzen Term mit Variablen für die Gesamtlänge aller Kanten für beide Körper.

b Berechne für beide x-Werte die Gesamtlänge aller Kanten.
Welche Kosten entstehen bei einem Meterpreis von 1,20 €?

c Kannst du aus dem Term ablesen, wie viele Zentimeter Abfall entstehen?
Vergleiche jeweils für die beiden x-Werte.

4.3 Multiplikation von Summen

1 $28 \cdot 23 = ?$

Eine Rechnung und drei Darstellungsarten.
Mit welcher kommst du am besten zurecht?

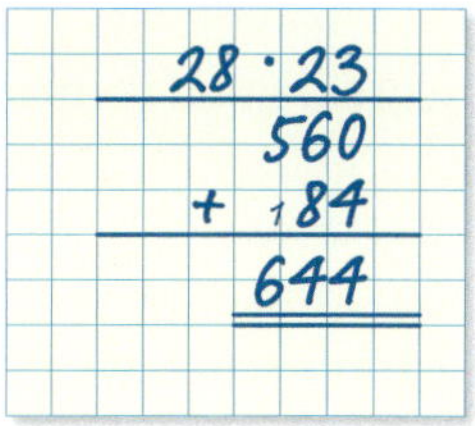

·	20	8	
20	400	160	560
3	60	24	84
	460	184	**644**

Vierfeldertafel

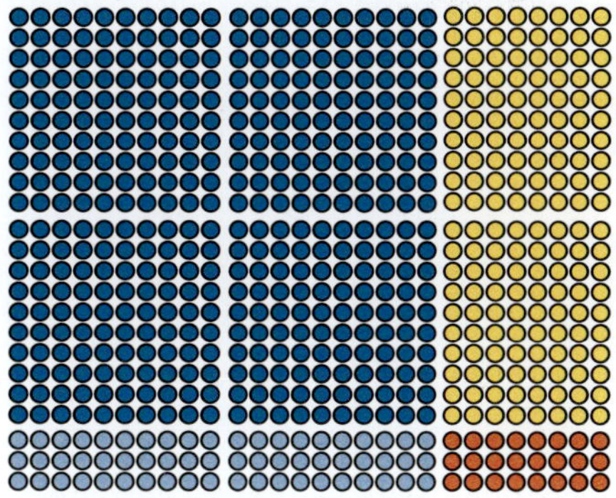

Punktefeld

Alle Beete im Schulgarten zusammen haben die Seitenlängen a und b. Die Schüler der Klasse 8b jäten die angrenzende Fläche, wodurch sich die Gesamtabmessungen a und b der Beete um die Längen x und y verlängern auf (a + x) und (b + y).
Drei Schülergruppen bestimmen den Term für den Flächeninhalt der neuen Gesamtfläche auf unterschiedliche Arten:

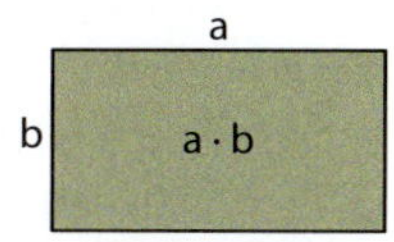

Gruppe 1:

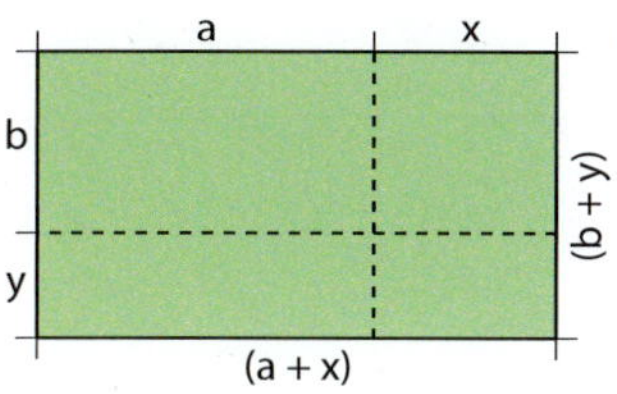

$A = (a + x) \cdot (b + y)$

Gruppe 2:

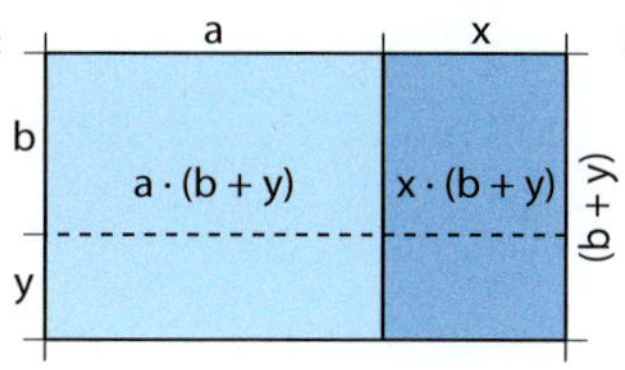

$A = a \cdot (b + y) + x \cdot (b + y)$

Gruppe 3:

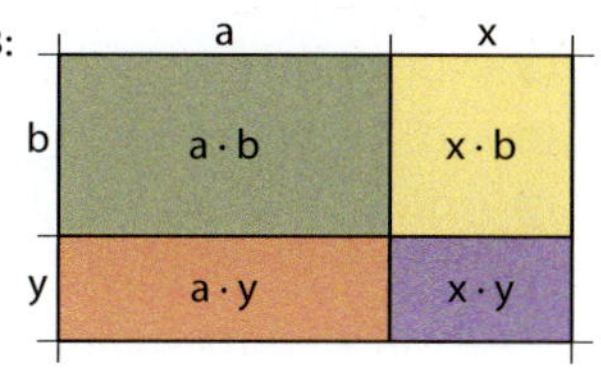

$A = a \cdot b + a \cdot y + x \cdot b + x \cdot y$

Du siehst: $(a + x) \cdot (b + y) = a \cdot (b + y) + x \cdot (b + y) = a \cdot b + a \cdot y + x \cdot b + x \cdot y$
Bei der Multiplikation $(a + x) \cdot (b + y)$ wird jeder Summand der Summe $(a + x)$ mit jedem Summanden der Summe $(b + y)$ multipliziert. Als Hilfe dienen die Pfeile:

$$(a + x) \cdot (b + y) = ab + ay + xb + xy$$

M Werden zwei **Summen miteinander multipliziert**, so wird jeder Summand der ersten Klammer mit jedem Summand der zweiten Klammer multipliziert.

Beispiele

a $(a + b) \cdot (c + d)$
$= a \cdot c + a \cdot d + b \cdot c + b \cdot d$
$= ac + ad + bc + bd$

b $(2x + 5y) \cdot (7y + 3z)$
$= 2x \cdot 7y + 2x \cdot 3z + 5y \cdot 7y + 5y \cdot 3z$
$= 14xy + 6xz + 35y^2 + 15yz$

c Auch Terme wie $a - b$ sind Summen, denn: $a - b = a + (-b)$

$(9 - x) \cdot (3 - y)$
$= 9 \cdot 3 - 9 \cdot y - x \cdot 3 + x \cdot y$
$= 27 - 9y - 3x + xy$

T Achte auf die Vorzeichen!

Übungsaufgaben

1 Finde zusammen mit deinem Nachbarn möglichst viele verschiedene Terme mit und ohne Klammern, mit denen du den Umfang und den Flächeninhalt berechnen kannst.

① 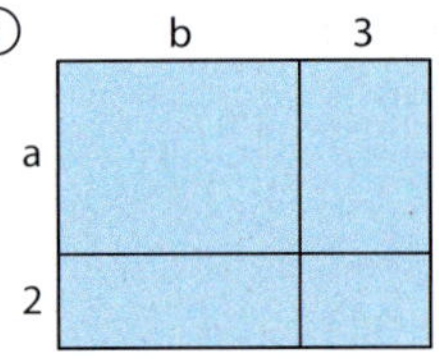

② 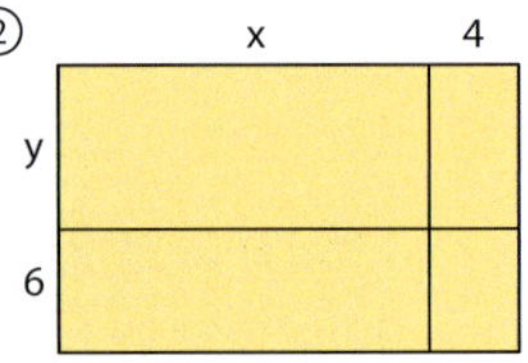

2 Schreibe mit Pfeilen wie auf der Vorseite und löse dann die Klammern auf.

a $(a+b)(x+y)$
b $(2+x)(8+y)$
c $(14+s)(t-u)$
d $(r-8)(12+t)$
e $(g-h)(51-i)$
f $(a-b)(b-a)$
g $(-6+y)(y-z)$
h $(d+8)(-e-f)$

3 Löse die Klammern im Kopf auf.

a $(x+4)(2+y)$
b $(3+a)(5+b)$
c $(d-10)(5+e)$
d $(p-q)(r-s)$
e $(5-g)(-5+h)$
f $(-m+n)(-14+n)$
g $(x-11)(11-x)$
h $(9-s)(9+s)$

4 Löse die Klammern auf. Hier benötigst du zusätzlich das Potenzgesetz zur Multiplikation von Potenzen bei gleicher Basis. Kennst du es noch? Wenn nicht, dann schaue nochmal in der Rückschau auf Seite 8 nach.

a $(x^2+y^3)\cdot(x^6+y^3)$

> **T** Lege für jeden Term zuerst das Vorzeichen fest und rechne dann Zahl mal Zahl und Variable mal Variable.

b $(2a^3-6b^2)\cdot(5b-12a^5)$
c $(-3c^2-9d^4)\cdot(7d-8c^3)$
d $(6u^4-4v^2)\cdot(-18u^3-17v^5)$
e $(0{,}5m^2-7n)\cdot(6m-5n^2)$
f $(-\frac{1}{3}e^2+f)\cdot(-6f^2+27e^2)$
g $(0{,}2r^3-\frac{4}{5}f^6)\cdot(25f^3-45r)$
h $(0{,}1x^3-\frac{3}{10}y^2)\cdot(50x^3-100y^6)$

5 Bei der Multiplikation (□a □b) · (□c □d) kann für „□" entweder „+" oder „–" stehen. Finde mit deinem Nachbarn alle Möglichkeiten, multipliziert sie gemeinsam aus.

6 (!) Hier stimmt nicht alles. Beschreibe und verbessere die Fehler.

a $(x+2)(x-3y)=2x-3xy+2x-5xy$
b $(a-3b)(-7b+2a)=7ab+3a+10b-ab$
c $(g^2-7h)(g+2h^2)=(-7g^2h)(2gh^2)=-14g^3h^3$

7 Ergänze die „…" in deinem Heft.

a $(2a+3)(3b+\ldots)=6ab+2ac+9b+\ldots$
b $(3x-2y)(\ldots+7)=30xz\ \ldots$
c $(3a+\ldots)(6b-4a)=18ab-12a^2+\ldots-20ab$

8 Übertrage die Tabelle in dein Heft und berechne die Produkte. Achte darauf, dass die Spalten breit genug sind.

	$3+2y$	$x-5$	$-x^2+3y$	$-4-y^2$
$x+y$	…	…	…	…
$2-y$	…	…	…	…
$-3x-4$	…	…	…	…

9 Mit welchen Termen kannst du den Flächeninhalt des Rechtecks berechnen?

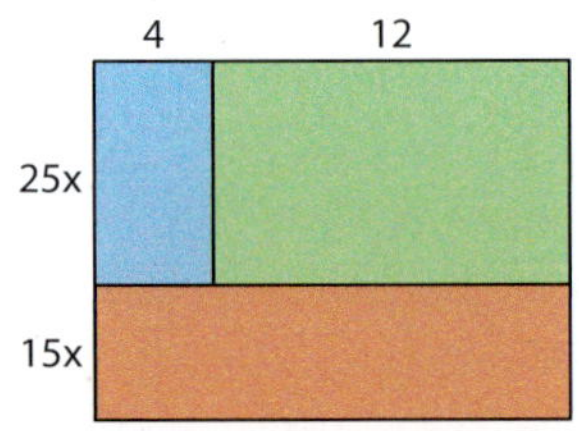

$25x(4+12)+15x(4+12)$

$(25x+15x)\cdot 16$

$4\cdot 25x+12\cdot 25x+12\cdot 15x$

$25x\cdot 4+25x\cdot 12+15x(4+12)$

10 Vervollständige die Einträge in den Tabellen so in deinem Heft, dass sie eine Multiplikationsaufgabe darstellen. Berechne das Ergebnis wie im einführenden Beispiel auf Seite 67 gezeigt.

a

·	…	4	
…	1200	160	…
…	150	…	…
	…	…	…

b

·	…	…	
…	8000	−200	…
−3	−240	…	…
	…	…	…

11 Beschreibe, wie das Beispiel gerechnet wurde, und löse dann die Aufgaben.

Beispiel:
$(a + b) \cdot (c + d) \cdot (e + f)$
$= (ac + ad + bc + bd) \cdot (e + f)$
$= ace + acf + ade + adf + bce + bcf + bde + dbf$

a $(2 + x) \cdot (3 - x) \cdot (6 + x)$
b $(-x - 7) \cdot (6 + x) \cdot (5 - x)$
c Beginne bei **a** und **b** mit einem anderen Klammerpaar und vergleiche die Ergebnisse. Welches Rechengesetz wird erfüllt?

12 Löse die Klammern auf und fasse dann soweit wie möglich zusammen.

> **T** Auch hier musst du wieder auf die Minusklammern achten.

a $(3x - 8) \cdot (2x - 4) - (5x + 10) \cdot (6x - 7)$
b $17 - 5x - (4x + 6) \cdot (0{,}5 - 3x)$
c $3x - 2(10x - 7) \cdot (-5x + 6)$
d $6x + (4x + 8) \cdot 3 \cdot (12x - 9)$
e $25 - (3x + 2) \cdot 0{,}5 \cdot (6 - 4x) \cdot 8$
f $(x + 5) \cdot (-10 + 20x) - (x + 3) \cdot (x - 3) \cdot 6$
g $(2x + 3) \cdot (3 + 2x) - \frac{1}{4}(4x + 2) \cdot (x - 17) \cdot 8$

13 Zähle die Kreise; stelle dazu Rechnungen mit Klammern auf.

a
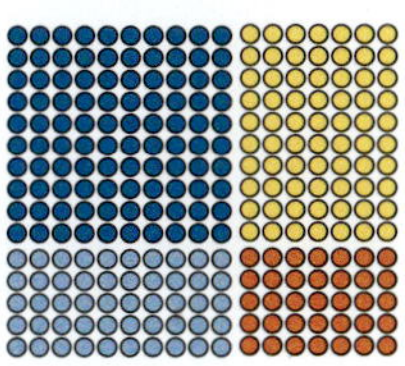

b
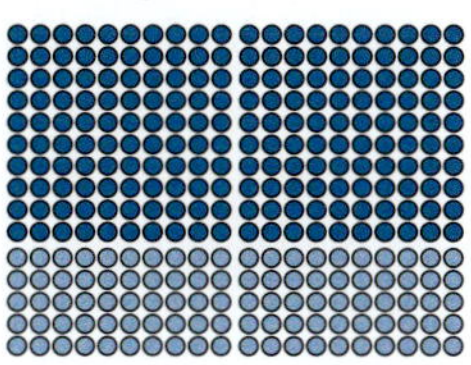

c
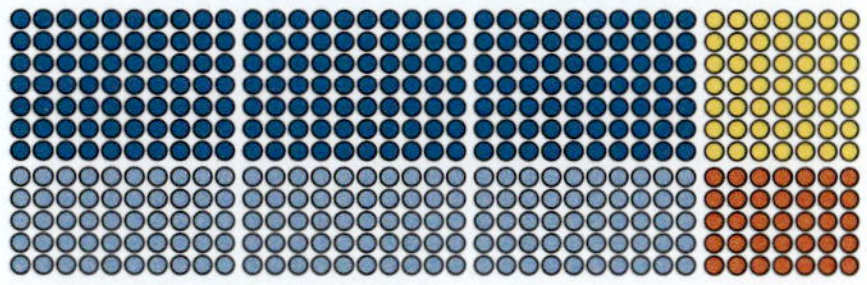

14 Fülle die Lücken so, dass die Gleichung stimmt.
a $\square \cdot (2a + 9b) = 16a + 72b$
b $\square \cdot (-1 + 2a) = -4b + \square$
c $5(\square - 11a) = 15 - \square$
d $7a \cdot (b + \square) = \square + 63a$
e $2a(\square + 2a + 6b) = 10a + \square + \square$
f $\square \cdot (3a - 12b + c) = \square + \square - c$

15 Wie hat Tim gerechnet?

Formuliere deine Antwort schriftlich.

16 Wie gehst du hier vor?
a $(4x + 3y - 5z) \cdot (3 - x)$
b $(3a - b) \cdot (2a + 7b - a^2)$
c $(6u + 5v - w) \cdot (12u^2 - 3w + v)$
d $(2k + 12l) \cdot (5 + 4k^2 - 3l^6)$
e $(0{,}1x - \frac{1}{5}y + 0{,}5z) \cdot (-20x - 5z)$
f Finde eine Regel für die Anzahl der Summanden, die man beim Ausmultiplizieren der Klammern erhält.

17 Löse die Klammern auf und vereinfache dann. Ordne die Ergebnisse den Aufgaben zu.
a $\left(\frac{1}{4}x + \frac{2}{3}\right)\left(\frac{1}{2}x + \frac{4}{5}\right)$
b $\left(\frac{4}{3}x + \frac{1}{6}\right)\left(\frac{1}{2} - \frac{2}{6}x\right)$
c $\left(\frac{3}{4}x - \frac{5}{8}\right)\left(\frac{1}{4}x - 2\right)$

$-\frac{4}{9}x^2 + \frac{11}{18}x + \frac{1}{12}$

$\frac{3}{16}x^2 - \frac{53}{32}x + \frac{5}{4}$

$\frac{1}{8}x^2 + \frac{8}{15}x + \frac{8}{15}$

4.4 Binomische Formeln

1

$23 \cdot 23 = ?$

Ganz einfach:

$20 \cdot 20 = 400$

und $3 \cdot 3 = 9$

zusammen: **409**

Dirk

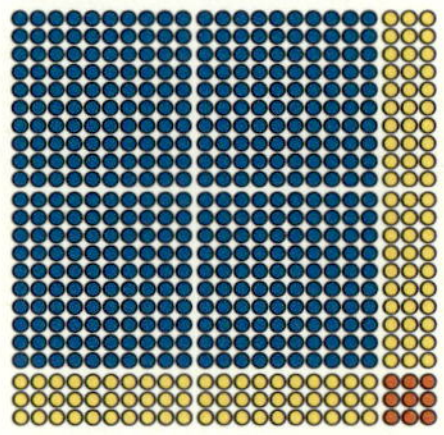

$400 + 2 \cdot 60 + 9 = 529$

Julia

·	20	3	
20	400	60	460
3	60	9	69
	460	69	**529**

Kai

$(20 + 3) \cdot (20 + 3)$

$= 20 \cdot 20 + 20 \cdot 3 +$
$+ 3 \cdot 20 + 3 \cdot 3$
$= 529$

Kim

Begründe, weshalb Dirks Rechnung unvollständig ist.

Wie sind Julia, Kai und Kim vorgegangen?

Die Seiten a des blauen Quadrats werden um die Länge b verlängert. Den neuen Flächeninhalt können wir mit Hilfe von zwei Quadraten und zwei gleich großen Rechtecken darstellen:

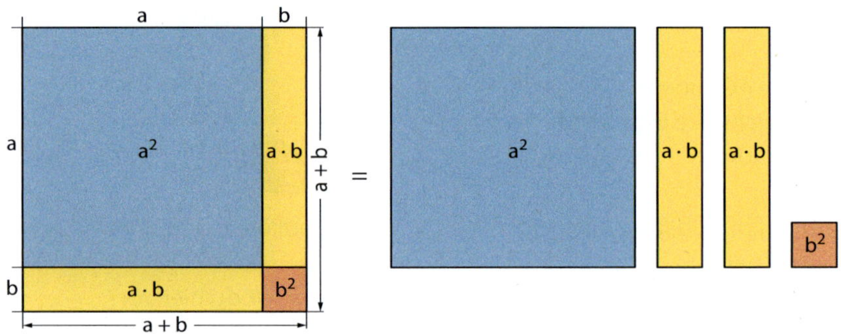

$$(a + b) \cdot (a + b) = (a + b)^2 = a^2 + ab + ab + b^2$$
$$(a + b)^2 = a^2 + 2ab + b^2$$

Diese Formel für das Produkt von zwei gleich zusammengesetzten Summen kommt sehr häufig vor. Man nennt sie die **1. binomische Formel**, da eine Summe oder Differenz mit zwei Gliedern **Binom** heißt.

Zum Produkt von zwei gleich zusammengesetzten Summen gibt es zwei weitere Varianten:

2. binomische Formel: $(a - b) \cdot (a - b) = (a - b)^2 = a^2 - ab - ab + b^2 = a^2 - 2ab + b^2$

3. binomische Formel: $(a + b) \cdot (a - b) = a^2 - ab + ab - b^2 = a^2 - b^2$

M

Die binomischen Formeln

Die Produkte $(a + b)^2$, $(a - b)^2$ und $(a + b)(a - b)$ kann man mit den **binomischen Formeln** berechnen:

$(a + b)^2 = a^2 + 2ab + b^2$ **1. binomische Formel**

$(a - b)^2 = a^2 - 2ab + b^2$ **2. binomische Formel**

$(a + b)(a - b) = a^2 - b^2$ **3. binomische Formel**

Beispiele

a $(4a + 3)^2$
$= (4a)^2 + 2 \cdot 4a \cdot 3 + (3)^2$
$= 16a^2 + 24a + 9$

b $(5x - 3y)^2$
$= (5x)^2 + 2 \cdot 5x \cdot (-3y) + (-3y)^2$
$= 25x^2 - 30xy + 9y^2$

c $(a - 4)(a + 4)$
$= a^2 - 4^2$
$= a^2 - 16$

Übungsaufgaben

1 Berechne das Produkt, indem du die 1. binomische Formel zu Hilfe nimmst.

a $24 \cdot 24$

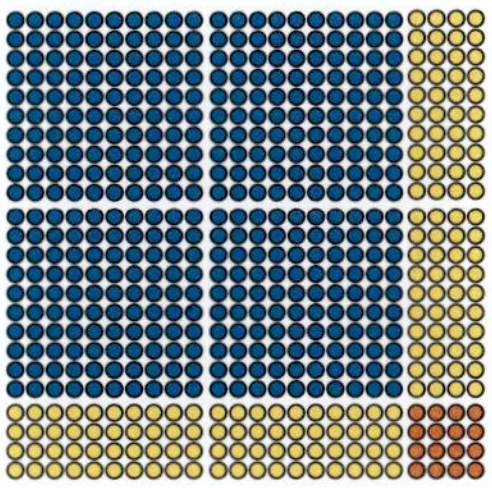

b $26 \cdot 26$

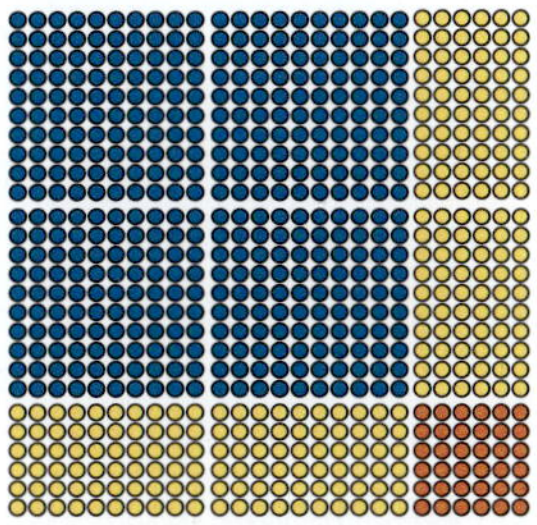

2 Schreibe die dargestellten binomischen Formeln jeweils als Produkt und als Summe wie oben in Beispiel a.

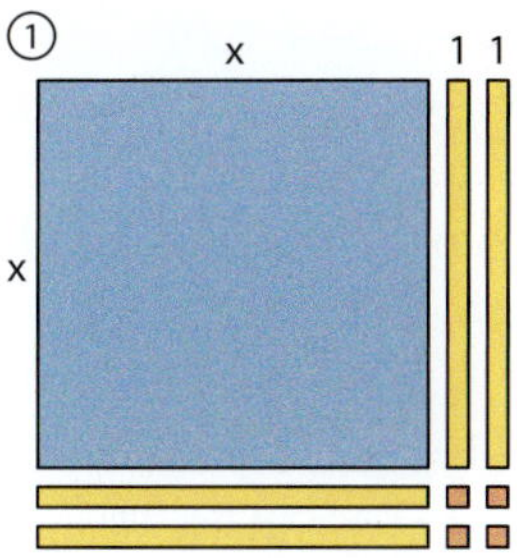

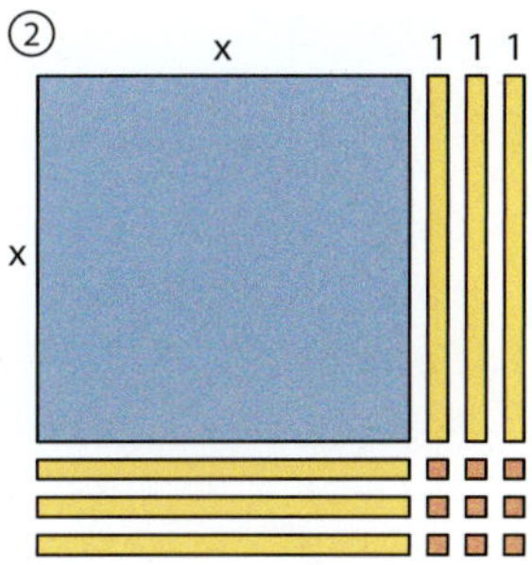

3 Wandle die binomische Formel wie dargestellt in eine Summe um.

Beispiel $(3x + 5)^2$

	3x	5
3x	$9x^2$	$5 \cdot 3x$
5	$5 \cdot 3x$	5^2

$9x^2 + 5 \cdot 3x + 5 \cdot 3x + 5^2$
$= 9x^2 + 2 \cdot 5 \cdot 3x + 25$
$= 9x^2 + 30x + 25$

a $(a + b)^2$ **d** $(p + 7)^2$ **g** $(m + 12n)^2$
b $(x + 4y)^2$ **e** $(v + 3w)^2$ **h** $(3 + 5h)^2$
c $(d + 1)^2$ **f** $(8r + s)^2$ **i** $(2q + 6s)^2$

M Das doppelte Produkt

In der 1. und 2. binomischen Formel kommt das mittlere Termglied $a \cdot b$ zweimal vor. Man nennt es daher das doppelte Produkt.

$(a + b)^2 = a^2 + 2ab + b^2$
$(a - b)^2 = a^2 - 2ab + b^2$

4 Ersetze □ durch den passenden Term und △ durch ein Rechenzeichen.

a $(x + 8)^2 = x^2 + \square + 64$ **d** $(2x - 2)^2 = \square - \square + 4$
b $(y - 5)^2 = y^2 \triangle 10y + \square$ **e** $(b + 3)(b - 3) = b^2 \triangle \square$
c $(z + 7)(z - 7) = z^2 - \square$ **f** $(4x + 1)^2 = \square + \square + 1$

5 Forme mit Hilfe der 2. binomischen Formel um.

a $(a - b)^2$ **d** $(a - 4)^2$ **g** $(g - 2)^2$
b $(y - z)^2$ **e** $(p - 3)^2$ **h** $(4 - x)^2$
c $(x - 1)^2$ **f** $(b - 9)^2$ **i** $(3y - m)^2$

6 Forme mit Hilfe der 3. binomischen Formel um.

a $(m + n)(m - n)$ **d** $(3z - 9)(3z + 9)$
b $(x + 5)(x - 5)$ **e** $\left(2c + \frac{1}{2}\right)\left(2c - \frac{1}{2}\right)$
c $(a - 3)(a + 3)$ **f** $(4y + 0{,}1)(4y - 0{,}1)$

7 Stelle fest, welche binomische Formel benötigt wird, löse dann die Aufgabe.

a $(2x - y)^2$ **e** $(2a + 10)^2$
b $(5y - x)(5y + x)$ **f** $(3 - c)^2$
c $(3p + 2s)^2$ **g** $\left(9b + \frac{1}{3}\right)\left(9b - \frac{1}{3}\right)$
d $(e - 10)(e + 10)$ **h** $(8y - 0{,}5)^2$

8 Eigene Formeln erfinden:

$(\square + \triangle)^2$ $(\square - \triangle)^2$ $(\square + \triangle)(\square - \triangle)$

Setze beliebige Zahlen und Variablen für □ und △ ein. Dein Sitznachbar soll dann die binomischen Formeln anwenden.

9 Forme mit Hilfe der binomischen Formeln um.
a $(4x + 2{,}5y)^2$
b $(1{,}1y - z)(1{,}1y + z)$
c $(10p - 0{,}5q)^2$
d $\left(p - \frac{1}{2}\right)^2$
e $(a + 0{,}2)^2$
f $(2w + 1{,}5)(2w - 1{,}5)$

10 Es geht auch mit Brüchen!
a $\left(x + \frac{1}{2}\right)^2$
b $\left(y - \frac{1}{4}\right)^2$
c $\left(\frac{1}{3} - z\right)^2$
d $\left(a + \frac{2}{3}\right)\left(a - \frac{2}{3}\right)$
e $\left(\frac{3}{8} - 2b\right)\left(\frac{3}{8} + 2b\right)$
f $\left(\frac{3}{5}w + \frac{2}{3}\right)^2$
g $\left(\frac{3}{4} + \frac{4}{5}m\right)\left(\frac{3}{4} - \frac{4}{5}m\right)$
h $\left(1\frac{1}{2}r - \frac{2}{3}s\right)^2$

11 Beschreibe die Fehler, die hier gemacht wurden, und korrigiere sie:
a $(4a + 2b)^2 = 4a^2 + 16ab + 2b^2$
b $(5w - 2x)^2 = 25w^2 + 20wx - 4x^2$
c $(2y + 3z)(2y - 3z) = 4y^2 - 12yz + 9z^2$
d $(5x - 9y)^2 = 25x^2 - 81y^2$

12 Was muss in den Lücken stehen?
a $(4r + 1{,}5s)^2 = \square r^2 + \square rs + \square s^2$
b $(3x - \square y)^2 = \square - 12xy + \square$
c $(5\square + 7e)(5\square - 7e) = 25d^2 - \square$
d $(4\square - 3\square)^2 = \square x^2 - \square xy + 9\square$
e $(\square a + 5b)^2 = \square + 60ab + \square$

13

Frau Hartlieb hat ein Gemüsebeet, das auf beiden Seiten 8 Meter lang ist. Sie verkürzt es in der Breite um zwei Meter und verlängert es dafür in der anderen Richtung um zwei Meter.
a Zeichne eine Skizze in dein Heft, wie das Beet zuerst aussah, und eine weitere Skizze, wie das Beet nach der Veränderung aussieht.
b Kann Frau Hartlieb auf dem neuen Beet noch genauso viel anbauen?
c Gib den Flächeninhalt für ein Beet mit der Seitenlänge x vor und nach der Änderung an.

14 Kannst du die Vorzeichen voraussagen?
a $(x - 5)(-x - 5)$
b $(y - 1{,}1)(-y - 1{,}1)$
c $\left(-3z - \frac{2}{3}\right)\left(3z - \frac{2}{3}\right)$
d $(-x - 0{,}9)^2$
e $(-2y - 1{,}5)^2$
f $(-4z - 5{,}1)^2$

15 Fasse so weit wie möglich zusammen.
Beispiel
$(3x - 4)^2 + (2 - x)^2 = 9x^2 - 24x + 16 + 4 - 4x + x^2$
$= 10x^2 - 28x + 20$
a $(x + 5)^2 + (x - 6)^2$
b $(2x - 12)^2 - (20 - 10x)^2$
c $(7x + 2y)(7x - 2y) - (7x - 2y)^2$
d $(15a - 15b)^2 + (15 - a)^2$
e $(6 - 4s)^2 - (3 - 4s)(3 + 4s) + (3 + 4s)^2$
f $(7d - e)^2 + (d + 7e)^2 - (7d + 7e)(7d - 7e)$
g $(-3p + 2q)^2 + (-p + q)(p + q) - (-2p + q)^2$

16 Wende wie im Beispiel zuerst die binomische Formel an und löse dann die Klammer auf:
Beispiel
$-(2x + 3)^2 = -(4x^2 + 12x + 9) = -4x^2 - 12x - 9$
a $-(5x + 1)^2$
b $-(2p - q)^2$
c $-(6y - z)(6y + z)$
d $-(0{,}1p - 7)^2$
e $-(2{,}5a + 100)^2$
f $-(1{,}5w + 8)(1{,}5w - 8)$

17 Stelle den Term in der Klammer um und wende dann die binomische Formel an.
Beispiel
$(-5 + y)^2 = (y - 5)^2 = y^2 - 10y + 25$
a $(-3 + a)^2$
b $(-b + 8)^2$
c $(-1{,}5x + 2y)^2$
d $(-100v + 1{,}2w)^2$
e $(-7 + 3x)(7 + 3x)$
f $(-4 + y)(-4 + y)$
g $(-1{,}2s + 10t)(10t + 1{,}2s)$
h $(-3{,}6m + 0{,}1n)^2$

18 Der Würfel mit der Kantenlänge $(a + b)$ wird entlang der roten Linien zersägt. Dabei entstehen Körper, deren Kanten genau a oder b lang sind.

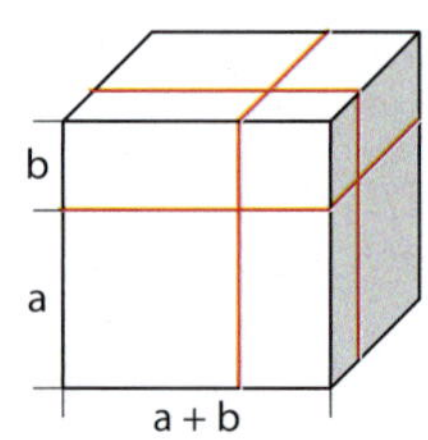

a Wie viele Teile erhält man?
b Berechne das Volumen des gesamten Würfels.
c Berechne die Volumen der Teilkörper.
d Vergleiche rechnerisch die Summe der Volumen der Teilkörper mit dem Gesamtvolumen des Würfels.

4.5 Faktorisieren mit Hilfe von binomischen Formeln

1 Leider wurde in der Pause ein Teil des Tafelanschriebs verwischt. Kannst du die nicht mehr lesbaren Terme bestimmen? Wie gehst du dabei vor?

Werden Summen oder Differenzen in ein Produkt umgewandelt, nennt man diesen Vorgang auch **Faktorisieren.**

Beispiel	allgemein
$x^2 + \quad 6x \quad + 9$ $= x^2 + 2 \cdot x \cdot 3 + 3^2$ $= (x + 3)^2$	$a^2 + 2ab + b^2$ $= (a + b)^2$

Bei vielen Rechenaufgaben ist es sinnvoll, geeignete Terme nach dem Muster der binomischen Formeln zu faktorisieren. Schau dir das Beispiel rechts an!

M Summen oder Differenzen, die der Form einer binomischen Formel entsprechen, können in Produkte umgeformt werden.

Beispiele

a 1. binomische Formel

$y^2 + 14y + 49$
$= y^2 + 2 \cdot y \cdot 7 + 7^2$
$= (y + 7)^2$

b 2. binomische Formel

$9x^2 - 12x + 4$
$= (3x)^2 - 2 \cdot 3x \cdot 2 + 2^2$
$= (3x - 2)^2$

c 3. binomische Formel

$25b^2 - 64$
$= (5b)^2 - 8^2$
$= (5b + 8) \cdot (5b - 8)$

Übungsaufgaben

1 Timo hat sich Terme, die er faktorisieren soll, mit Hilfe von Zeichnungen veranschaulicht. Welche Angaben müssen an den Quadratseiten stehen? Gib Timos Terme auch als Produkt an.

a $x^2 + 4x + 4$

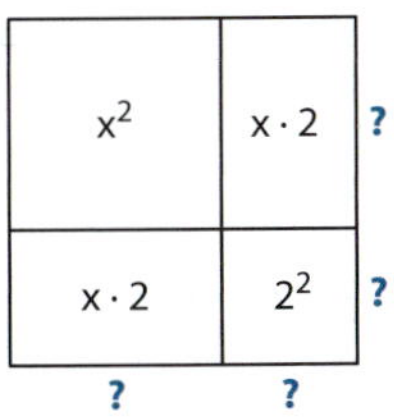

b $y^2 + 8y + 16$

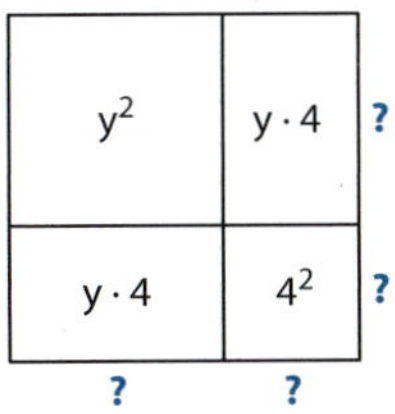

2 Stelle den Term $a^2 + 6a + 9$ so wie Timo zeichnerisch dar und ergänze im Heft die Umformung in ein Produkt.

$(\square + \square) \cdot (\square + \square) = (\square + \square)^2$

3 Übertrage ins Heft und ergänze die Lücken mit Hilfe der 1. oder 2. binomischen Formel.

a $x^2 + 2x + 1 = (x + \square)^2$
b $m^2 + 8m + 16 = (m + \square)^2$
c $a^2 - 4a + 4 = (\square - 2)^2$
d $9c^2 + 12c + 4 = (3c + \square)^2$
e $4s^2 - 20s + 25 = (\square - 5)^2$

Faktorisieren mit Hilfe von binomischen Formeln

Terme erkennen, die man mit Hilfe der 1. oder 2. binomischen Formel faktorisieren kann

① Notiere den Term, den du umformen möchtest, und überprüfe, ob er zur Struktur einer binomischen Formel passt.

② Vergleiche hierzu den Term mit der entsprechenden allgemeinen Form aus der binomischen Formel und ordne dem Term die Quadrate a^2 und b^2 zu.

③ Bestimme dann a und b.

④ Überprüfe nun, ob das mittlere Termglied (im Beispiel: 8x) dem doppelten Produkt (2ab) aus der binomischen Formel entspricht.

⑤ Trifft dies zu, dann kannst du das Produkt bilden.

$x^2 + 8x + 16$

$a^2 + 2ab + b^2$

$a \to x$ $\qquad$ $b \to 4$

$2 \cdot x \cdot 4 = 8x$

$x^2 + 8x + 16 = (x + 4)^2$

4 Wandle jeden Term mit Hilfe der 1. oder 2. binomischen Formel in ein Produkt um.

a $w^2 + 10w + 25$
b $v^2 - 12v + 36$
c $x^2 - 16x + 64$
d $4x^2 + 16x + 16$
e $16s^2 - 8s + 1$
f $49 - 28t + 4t^2$

T Eine Differenz von zwei Quadraten kann mit Hilfe der 3. binomischen Formel in ein Produkt umgewandelt werden.

Beispiel $a^2 - 49 = (a + 7)(a - 7)$

5 Fülle im Heft die Lücken aus.

a $x^2 - 4 = (x + \square)(\square - 2)$
b $y^2 - 16 = (y + \square)(\square - \square)$
c $4b^2 - 25 = (\square + 5)(\square - \square)$
d $100 - 16x^2 = (\square + \square)(10 - \square)$

6 Ergänze im Heft die Lücken mit Hilfe der drei binomischen Formeln.

a $w^2 - \square + 9 = (w - \square)^2$
b $4d^2 + \square + 9 = (\square + 3)^2$
c $m^2 - 6m + \square = (m - \square)^2$
d $\square - 36y^2 = (\square + 6y)(9 - \square)$
e $\square - 121 = (8r + \square)(\square - \square)$

7 Ergänze so, dass du mit einer binomischen Formel in ein Produkt umwandeln kannst.

a $u^2 + \square + 81$
b $25 - \square + v^2$
c $4s^2 + \square + 64$
d $9t^2 - \square + 16$
e $36 + \square + 36m^2$
f $49r^2 - \square + 100$

8 Überprüfe, ob man den Term mit Hilfe einer binomischen Formel in ein Produkt umformen kann. Führe dies dann durch.

a $v^2 - 20v + 100$
b $h^2 + 5h + 25$
c $36 + x^2$
d $4d^2 + 12d + 9$
e $64 - 36u + 4u^2$
f $j^2 - 144$

9 Faktorisiere, wenn möglich, mit Hilfe einer binomischen Formel.

a $4 + 24x + 36x^2$
b $y^2 - 26y + 169$
c $4g^2 - 30g + 225$
d $196 + 28w + w^2$
e $9k^2 + 72k + 144$
f $16n^2 - 256$

10 Kontrolliere Linas Umformungen und korrigiere die Fehler, wo das möglich ist.

a) $25s^2 + 30s + 9 = (5s + 3)^2$
b) $4f^2 - 36f + 81 = (2f + 9)^2$
c) $w^2 - 200 = (w + 20)(w - 20)$
d) $36w^2 - 6w + 1 = (6w - 1)^2$

11 Welche Terme kann man nicht umwandeln? Begründe deine Antwort.

① $x^2 + 6x + 4$
② $a^2 - 8a + 16$
③ $16 - v^2$
④ $b^2 - 6b - 9$
⑤ $k - 100$
⑥ $e^2 + 4e + 2$
⑦ $4s^2 - 10s + 25$
⑧ $9 + 18e - 9e^2$

4.6 Extremwerte bei quadratischen Termen

1 Bei einer Hängebrücke wird die gesamte Last der Fahrbahn zunächst durch Seile aufgenommen. Deshalb ist es für Brückenbauer von Bedeutung, den Seilverlauf über die gesamte Brückenlänge zu kennen und mathematisch darzustellen.
Legt man den Seilverlauf in ein Koordinatensystem, kann sich folgendes Bild ergeben:

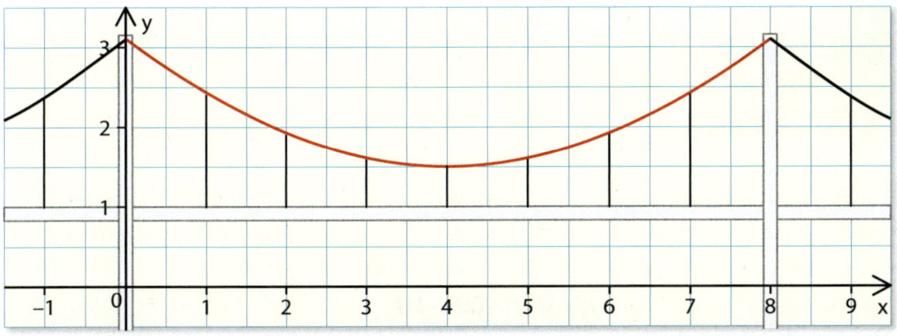

a Übertrage die untenstehende Wertetabelle in dein Heft und berechne für die vorgegebenen x-Werte die Termwerte und vergleiche sie mit der obiger Darstellung.

x	0	1	2	3	4	5	6	7	8
$T(x) = 0{,}1(x-4)^2 + 1{,}5$	…	…	…	…	…	…	…	…	…

b Der Term $T(x) = 0{,}1(x-4)^2 + 1{,}5$ beschreibt offensichtlich den Seilverlauf der Brücke.
Wir lösen die binomische Formel auf, multiplizieren anschließend mit 0,1 und fassen zusammen:
① $T(x) = 0{,}1(x-4)^2 + 1{,}5$ binomische Formel auflösen
② $T(x) = 0{,}1(x^2 - 8x + 16) + 1{,}5$ Klammerterm ausmultiplizieren
③ $T(x) = 0{,}1x^2 - 0{,}8x + 1{,}6 + 1{,}5$ zusammenfassen
④ $T(x) = 0{,}1x^2 - 0{,}8x + 3{,}1$
Alle Terme sind algebraisch gleichwertig.
Welchen Vorteil hat Darstellung ① gegenüber Darstellung ④? Welchen Vorteil hat ④?

c Vertauscht man bei ① die Summanden, ergibt sich folgender Term:
①* $T(x) = 1{,}5 + 0{,}1(x-4)^2$
Begründe mit Hilfe dieser Darstellung, weshalb alle Termwerte größer oder gleich 1,5 sind, der Term also ein **Minimum** hat.

d Welche Aussage kannst du über den folgenden Term treffen? Begründe!
$T(x) = 1{,}5 - 0{,}1(x-4)^2$

M Merke: Jeder quadratische Term hat einen **Extremwert**. Dieser ist ein **Minimum**, wenn vor dem x^2-Term ein „gedachtes" Pluszeichen steht. Bei einem Minuszeichen vor dem x^2-Term liegt ein **Maximum** vor.

Übungsaufgaben

1 Übertrage die Tabelle in dein Heft und ordne passende Terme zu.

T(x) hat ein Maximum	T(x) hat ein Minimum
…	…
…	…
…	…
…	…

$T(x) = -x^2 + 3x - 6$ $T(x) = (x + 4)^2 - 6$
$T(x) = 3x^2 - 6x + 9$ $T(x) = -2(x - 8)^2$
$T(x) = -6x^2 + 4x - 3$ $T(x) = 3(x - 18)^2 - 2$

2 Bestimme die Art des Extremwerts, den x-Wert des Extremums sowie den minimalen bzw. maximalen Termwert für die zugehörigen Terme $T_1(x)$, $T_2(x)$, $T_3(x)$ und $T_4(x)$.

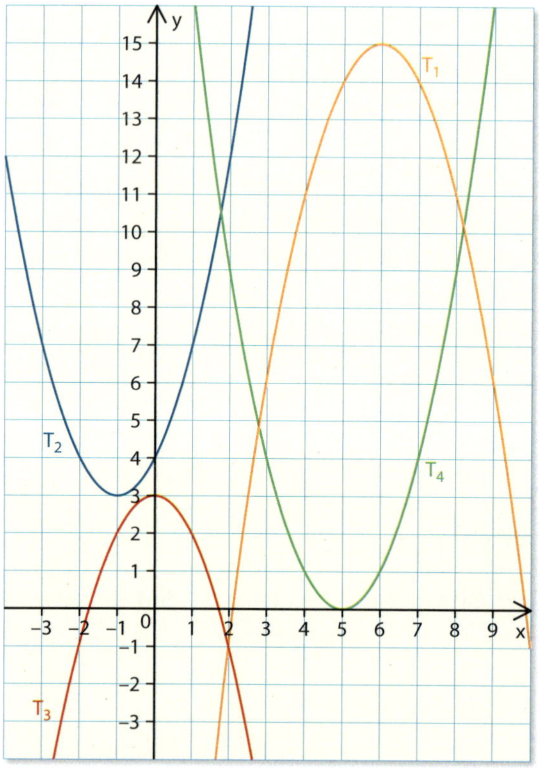

3 Begründe, warum der Term $T(x) = -(x + 3)^2 + 6$ beim x-Wert -3 ein Maximum hat.

4 Begründe, warum der Term $T(x) = (x + 3)^2 - 9$ den minimalen Termwert -9 hat.

5 Gehe vor wie im Beispiel angegeben.
Beispiel: $y = -(x - 4)^2 + 6$;
für $x = 4$: $T_{min} = 6$

T Zur Angabe des x-Wertes schaue stets, für welches x die Klammer zu 0 wird.

a $T(x) = -3(x - 6)^2 + 13$
b $T(x) = (x - 14)^2 + 28$
c $T(x) = 0{,}5(x + 12)^2 - 9$
d $T(x) = (x + 0{,}2)^2 + 0{,}8$
e $T(x) = -0{,}3(x - 8)^2$
f $T(x) = (x + 7)^2$
g $T(x) = -x^2 + 117$
h $T(x) = x^2 - 23$

6 Finde quadratische Terme, die zu den untenstehenden Bildern passen. Nutze deine Geometrie-Software. Überlege dir zunächst, wie du dein Koordinatensystem legen willst.

a

b

c

4.7 Die quadratische Ergänzung

Du hast im letzten Unterkapitel zwei Möglichkeiten kennengelernt, quadratische Terme darzustellen. Der Term $T(x) = 2(x + 3)^2 + 6$ lässt sich auch schreiben als $T(x) = 2x^2 + 12x + 24$.
Um diese Darstellung zu erhalten, musst du beim ersten Term zunächst die binomische Formel auflösen, anschließend den Klammerterm ausmultiplizieren und am Schluss zusammenfassen. Um aus der zweiten Darstellung in die ursprüngliche Form zurückzukehren, musst du diese Schritte rückwärts ausführen.
Dabei benutzen wir als Hilfsmittel die **quadratische Ergänzung**:

Beispiel: Bestimme den Extremwert des Terms $T(x) = 2x^2 + 12x + 24$ mit Hilfe der **quadratischen Ergänzung**.

(1) $T(x) = 2x^2 + 12x + 24$	Faktor 2 vor dem x- und x^2-Term ausklammern,
(2) $T(x) = 2(x^2 + 6x) + 24$	quadratische Ergänzung machen,
(3) $T(x) = 2(x^2 + 6x + 9 - 9) + 24$	in binomische Formel umwandeln,
(4) $T(x) = 2(x^2 + 6x + 9) - 18 + 24$	binomische Formel anwenden und zusammenfassen,
(5) $T(x) = 2(x + 3)^2 + 6$	Extremwert ablesen.

Aus dieser Darstellung kann man nun den Extremwert ermitteln.
Für $x = -3$ nimmt der Term sein Minimum an: $T_{min} = 6$.

M Die **Ergänzungszahl** ist genau das Quadrat, das beim Klammerausdruck $(x^2 + bx)$ ergänzt werden muss, damit eine binomische Formel entsteht. Sie ergibt sich als Quadratzahl des halbierten Faktors vor dem x-Term.
Im Beispiel ergibt sich die Ergänzungszahl wie folgt: $\left(\frac{6}{2}\right)^2 = 3^2 = 9$

1 Übertrage die Musteraufgabe in dein Heft und ordne jedem Schritt einen der vorgegebenen Textbausteine zu.

Musteraufgabe:	Textbaustein:
$T(x) = 3x^2 + 12x - 13$	
$T(x) = 3 \cdot (x^2 + 4x) - 13$	
$T(x) = 3 \cdot (x^2 + 4x + 2^2 - 2^2) - 13$	
$T(x) = 3 \cdot [(x + 2)^2 - 4] - 13$	
$T(x) = 3 \cdot (x + 2)^2 - 12 - 13$	
$T(x) = 3 \cdot (x + 2)^2 - 25$	
Für $x = -2$: $T_{min} = -25$	

Textbausteine:

- Bestimmung des Extremwerts
- zusammenfassen
- eckige Klammern auflösen
- Zahl vor dem x^2-Term ausklammern
- Ergänzungszahl addieren und gleich wieder subtrahieren
- binomische Formel anwenden

Übungsaufgaben

1 Gehe vor wie bei der Musteraufgabe 1.

a $T(x) = x^2 + 4x + 6$

b $T(x) = x^2 - 10x - 12$

c $T(x) = 2x^2 + 10x + 7$

d $T(x) = 4x^2 - 64x - 3$

e $T(x) = -6x^2 + 36x + 18$

f $T(x) = -x^2 - 4x - 36$

g $T(x) = \frac{1}{2}x^2 + 6x + 5$

h $T(x) = \frac{1}{3}x^2 - 6x - 6$

i $T(x) = -\frac{1}{4}x^2 + 5x - 4$

j $T(x) = -\frac{2}{3}x^2 - 2x - 7$

k $T(x) = 0{,}2x^2 + x + 14$

l $T(x) = 0{,}125x^2 - 5x - 28$

m $T(x) = -0{,}25x^2 + 4x - 18$

n $T(x) = -0{,}1x^2 - x + 14$

2 Was wurde hier gemacht? Probiere es auch.

$T(x) = -3x^2 - 18x + 7$
$T(x) = -3(x^2 + 6x + 3^2 - 9) + 7$
$T(x) = -3(x + 3)^2 + 34$
für $x = -3$: $T_{max} = 34$

a $T(x) = x^2 + 5x - 3$

b $T(x) = -4x^2 + 40x - 13$

c $T(x) = -0{,}25x^2 - x + 4$

d $T(x) = \frac{1}{3}x^2 + 2x - 9$

e $T(x) = -5x^2 + x - 0{,}01$

3 Für Profis: Finde die richtigen Werte für die Symbole, analog zum folgenden Beispiel.

$T(x) = 2x^2 + 6x - 3$
$T(x) = 2(x + 1{,}5)^2 - 5{,}25$

a $T(x) = x^2 + 8x - 6$
$T(x) = \Delta(x \cdots \vdots)^2 \cdots \vdots$

b $T(x) = -0{,}5x^2 - 6x + 9$
$T(x) = \Delta(x \cdots \vdots)^2 \cdots \vdots$

c $T(x) = -4x^2 + 12x - 8$
$T(x) = \Delta(x \cdots \vdots)^2 \cdots \vdots$

4 Du kannst deine Ergebnisse auch mit deiner Geometrie-Software überprüfen, wenn du folgende Eingabeschritte machst:

Beispiel: $T(x) = 0{,}5x^2 - 3x + 2$

1. Gib den quadratischen Term in die Eingabezeile ein:

Eingabe: `T(x)=0.5x^2-3x+2`

Beachte, dass Dezimalkommas zu Punkten werden.

2. Gib in die Eingabezeile folgendes ein:

Eingabe: `Extremum(T(x))`

3. Dann erhältst Du folgendes Bild:

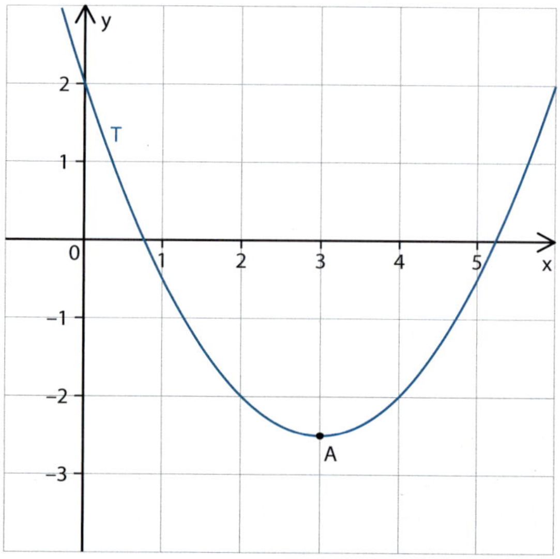

4. Die Koordinaten von A und der Verlauf der Kurve geben dir Auskunft über Art und Lage des Extremums.
Der zugehörige Term lautet:
$T(x) = 0{,}5(x - 3)^2 - 2{,}5$
Probiere es aus!

4.8 Extremwertaufgaben

Bisher wurden dir die quadratischen Terme vorgegeben. Du musstest sie quadratisch ergänzen und den Extremwert herauslesen. Quadratische Terme können sich aber auch aus mathematischen Fragestellungen ergeben:

1 Ein Werbeunternehmen erhält den Auftrag, ein gegebenes rechteckiges Werbeplakat in seinen Abmessungen zu verändern, weil das Plakat mit den alten Abmessungen den Kunden angeblich nicht genug ins Auge fiel.
Eine Vorgabe des Unternehmens ist, dass die Werbefläche rechteckig bleibt. Außerdem darf das Plakat für jeden Teil, der in der Breite eingespart wird, um die Hälfte dieses Teils höher werden. Aufgabe des Plakatgestalters soll es nun sein, das Plakat so umzuplanen, dass die Vorgaben des Unternehmens erfüllt bleiben und die Werbefläche außerdem so groß wie möglich wird.

Das dargestellte Werbeplakat hat eine Breite von 12 m und eine Höhe von 3 m. Verkürzt man die längere Seite des Rechtecks bei B um 2x Meter und verlängert zugleich die Höhe um x Meter, dann entsteht das neue Rechteck $AB_nC_nD_n$.

a Erstelle jeweils einen Term, der die neue Länge und die neue Breite des Rechtecks $AB_nC_nD_n$ beschreibt. Nutze das folgende Bild als Hilfestellung.

b Berechne mit Hilfe der Terme aus a den Flächeninhalt des neuen Rechtecks $AB_nC_nD_n$ in Abhängigkeit von x. Als Ergebnis erhältst du $A_n(x) = -2x^2 + 6x + 36$ (m²).

c Interpretiere das Ergebnis. Kannst du nun rechnerisch eine Aussage darüber machen, für welches x man ein Plakat mit dem maximalen Flächeninhalt erhält? Wenn ja, wie groß ist es?

d Kannst du mit Hilfe der Skizze aus a ein sinnvolles Intervall für x angeben?

e Der Term $A_n(x) = -2x^2 + 6x + 36$ (m²) kann auch in einem Koordinatensystem veranschaulicht werden. Tue dies für sinnvolle Werte von x und vergleiche die Darstellung im Koordinatensystem mit dem Ergebnis aus Aufgabenteil c.

f Ist es für ein Rechteck wirklich von Bedeutung, welche Maße es hat, um einem Kunden mehr oder weniger gut ins Auge zu fallen? Informiere dich im Internet über das „goldene Rechteck" und den sogenannten „goldenen Schnitt" in der Kunst.

Übungsaufgaben

Bei allen Aufgaben stehen die Variablen für rationale Zahlen.

1 Gegeben ist ein Rechteck ABCD mit $|\overline{AB}| = 4\,cm$ und $|\overline{BC}| = 8\,cm$. Verkürzt man die Seite $\overline{BC}$ um 0,5 x cm und verlängert man zugleich die Seite $\overline{AB}$ bei A und bei B um jeweils x cm, so entstehen neue Rechtecke $A_nB_nC_nD_n$.

a Zeichne das Rechteck ABCD und das Rechteck $A_1B_1C_1D_1$ für $x = 2$.

b Gib ein sinnvolles Intervall für x an.

c Berechne den Flächeninhalt des Rechtecks $A_1B_1C_1D_1$ und zeige anschließend, dass für den Flächeninhalt des Rechtecks $A_nB_nC_nD_n$ gilt:
$A_n(x) = -x^2 + 14x + 32\ (cm^2)$

d Erstelle eine Wertetabelle für $x \in [0; 10]$ mit $\Delta x = 1$ und kennzeichne die Wertepaare $(x|A(x))$ als Punkte in einem sinnvollen Koordinatensystem.

e Unter den Rechtecken $A_nB_nC_nD_n$ gibt es ein Rechteck mit einem maximalen Flächeninhalt. Bestimme diesen sowie den zugehörigen Wert für x.

2 Das rechtwinklige Dreieck ABC mit $\overline{BC}$ als Hypotenuse hat die Kathetenlängen $|\overline{AC}| = 12\,cm$ und $|\overline{AB}| = 6\,cm$. Neue Dreiecke entstehen, wenn man die Seite $\overline{AB}$ bei B um x cm verlängert und zugleich die Kathete $\overline{AC}$ bei C um x cm verkürzt.

a Zeichne das Dreieck ABC sowie das Dreieck $A_1B_1C_1$ für $x = 1$.

b Gib ein sinnvolles Intervall für x an.

c Berechne den Flächeninhalt des Dreiecks und zeige im Anschluss, dass für den Flächeninhalt der Dreiecke $A_nB_nC_n$ gilt:
$A_n(x) = -0{,}5x^2 + 3x + 36\ (cm^2)$

d Erstelle eine Wertetabelle für $x \in [0; 12]$ mit $\Delta x = 1$ und kennzeichne die Wertepaare $(x|A(x))$ als Punkte in einem sinnvollen Koordinatensystem.

e Unter den Dreiecken $A_nB_nC_n$ gibt es ein Dreieck mit einem maximalen Flächeninhalt. Bestimme diesen sowie den zugehörigen Wert für x.

3 Gegeben ist ein gleichschenkliges Dreieck ABC mit der Basislänge $|\overline{AB}| = 8\,cm$ und der Höhe $h_c = 8\,cm$. Verkürzt man die Höhe h_c des Dreiecks um 2x cm und verlängert man zugleich die Basis $\overline{AB}$ über A und B hinaus um jeweils 0,5x cm, dann entstehen neue Dreiecke $A_nB_nC_n$.

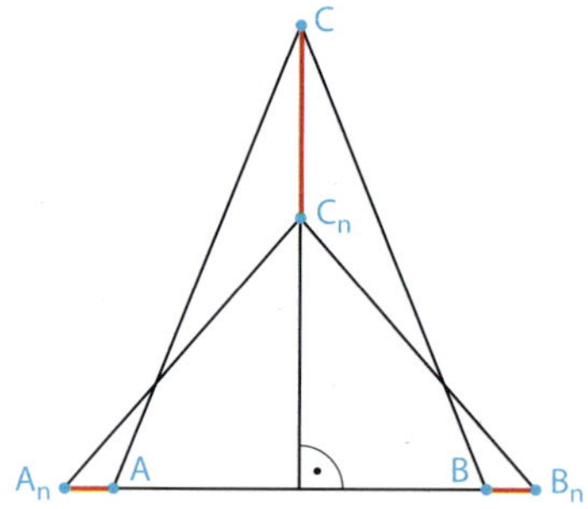

a Zeichne das Dreieck ABC sowie das Dreieck $A_1B_1C_1$ für $x = 1$.

b Gib ein sinnvolles Intervall für x an.

c Berechne den Flächeninhalt des Dreiecks $A_1B_1C_1$ und zeige sodann, dass für den Flächeninhalt der Dreiecke $A_nB_nC_n$ gilt:
$A_n(x) = -x^2 - 4x + 32\ (cm^2)$

d Unter den Dreiecken $A_nB_nC_n$ gibt es ein Dreieck mit einem maximalen Flächeninhalt. Bestimme diesen sowie den zugehörigen Wert für x.

4 Gegeben ist die Raute ABCD mit den Diagonalenlängen $|\overline{AC}| = 12\,cm$ und $|\overline{BD}| = 6\,cm$. Führe die Aufgabe mit Hilfe untenstehender Zeichnung fort. Formuliere auch Teilaufgaben wie bei den Aufgaben 1 und 2 und löse diese anschließend.

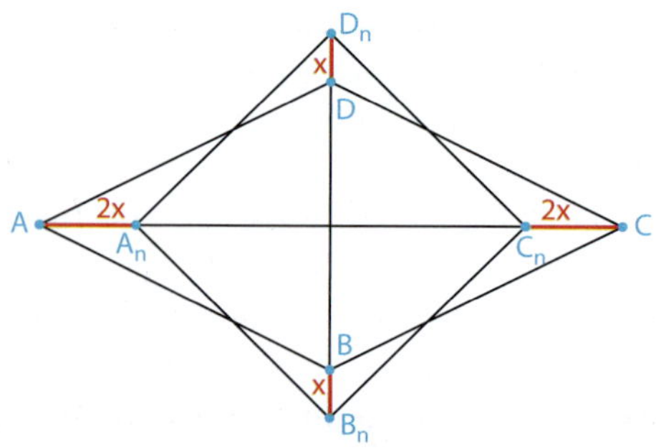

4.9 Mach dich fit

Vereinfachung von Summen und Produkten

1 Fasse nur Terme zusammen, die in allen Variablen in der gleichen Potenz auftreten.

a $2xy - 4xy + 3ba - 4a^2 - ab$
b $0{,}5m^2 + mn^2 - n^2 + 3m^2 + 6n^2m$
c $12ef^2 - 7f^2 + 8f^2e - 7f^2$
d $13aca - 5a^6 + 6a^7 - 9ca^2$
e $5kl^2 - 3lk^2 + 7k^2l - 25l^2k$

2 Löse die Klammern auf und fasse so weit wie möglich zusammen.

a $3xy^2 - x^6 - (x^6 - 4xy^2)$
b $-(4a^2b^3 - 16a^3b^2) - 3b^3a^2 + a^3b^2$
c $-(3m^2 + 4m^2 - 3m^4) - m^2 + m^4$
d $4ef^4 - (f^4e + f) + (3f - 5ef^3)$

3 Wende wenn nötig Potenzgesetze an.

a $2 \cdot 4x$
b $x \cdot x^4$
c $3a \cdot 0{,}5a^3$
d $0{,}2e^2 \cdot 35e^6$
e $-\frac{1}{3}c \cdot 12c^7$
f $0{,}25n \cdot n$
g $-0{,}8x^6y \cdot 25y^2x$
h $\frac{1}{4}ab^6 \cdot 32a^2b^3$
i $3m^2n^3 \cdot 5n^4m^4$
j $2x^{-3} \cdot 4x^{-3}$

4 Es gilt Punkt vor Strich.

a $4x \cdot 0{,}5x^6 - 2 \cdot x^3 \cdot x^4$
b $0{,}2a^3 \cdot 25a^2 + 0{,}1a \cdot a^4$
c $0{,}125b^6 \cdot (-64b^3) - 0{,}8b \cdot 15b^8$
d $a \cdot b^3 \cdot a^2b - 6a^3b \cdot b^4$
e $5xy^2 \cdot 0{,}1yx^2 - 0{,}5x^3y \cdot y^2$

5 Ist die Fläche größer oder kleiner als $65\,m^2$?

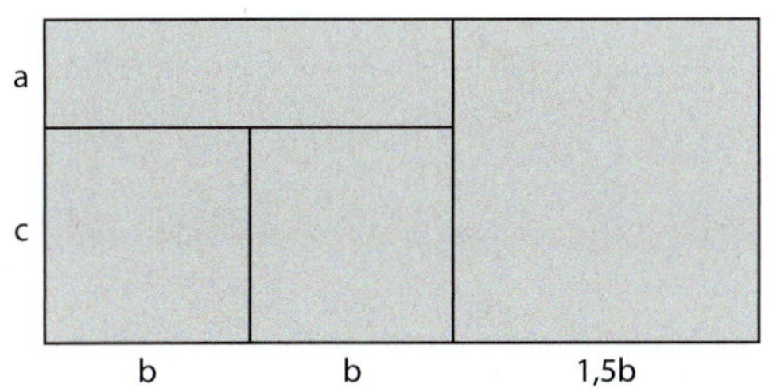

a Finde einen Term für die Summe der Teilflächen.
b Setze für $a = 2\,m$, $b = 3\,m$ und $c = 4\,m$ ein und berechne den Flächeninhalt.

Ausmultiplizieren und Ausklammern

6 Löse die Klammern auf und fasse zusammen.

a $2 \cdot (a - 3) + 5 \cdot (2a - 6)$
b $-3 \cdot (7b - 8) - 4 \cdot (b + 17)$
c $\frac{1}{2} \cdot (4z - 6k) + 0{,}25(32k - 40z)$
d $(4x + 3) \cdot 6 - (8x + 12) \cdot 0{,}25$
e $(6xy - 3x^2y) \cdot 0{,}5 + 2yx^2$
f $\frac{1}{3}(x + x^4) - x \cdot (1 + x^3)$

7 … mal Kehrwert.

a $(2a - 4b + 6c) : \frac{1}{2}$
b $(4x + 17y - 5z) : \frac{1}{3}$
c $(3x^3 - 5x + 9x^6) : 0{,}1$
d $(0{,}1u - 0{,}25v + 0{,}5w) : (-0{,}25)$
e $(a^2 + 12a - 36a^3) : \left(-\frac{2}{3}\right)$

8 Berechne den Flächeninhalt der Figuren.

a
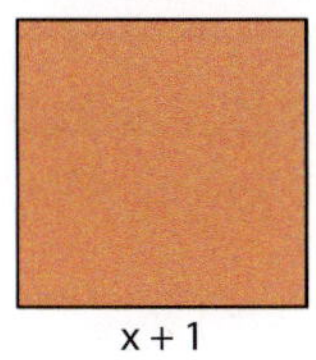

c
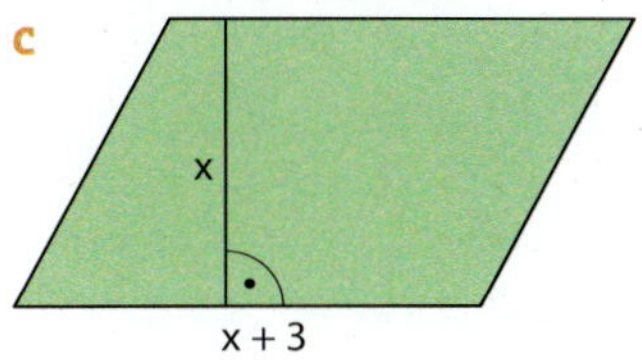

b
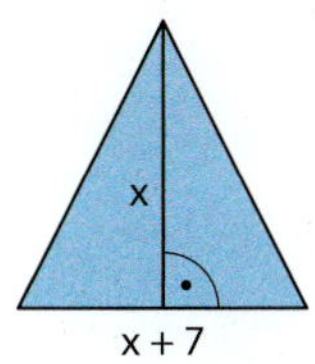

d
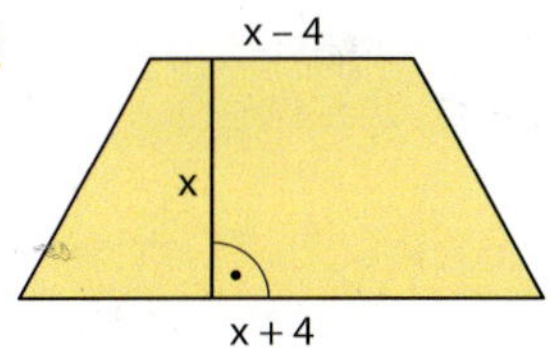

9 Klammere alle gemeinsamen Faktoren aus.

a $8x^4 - 12x^6 + 24x^3$
b $10y^6 + 25y^8 - 90y^2$
c $6x^3y^2 + 9y^4x^3 - 18x^6y^4$
d $4xz^3 + 24x^2z + 48xz$

10 Klammere den angegebenen Faktor aus.

a $12x - 3 + 36y$; 3
b $5a - 6b + 7c$; $\frac{1}{4}$
c $x^3 + 2x^4 + 8x^6$; $0{,}2x^3$
d $5a^2 - 0{,}1a^6 - 0{,}4a^3$; $-0{,}1a$

Multiplikation von Summen

11 Löse die Klammern auf.

a $(2x-3)\cdot(6-5x)$
b $(0{,}5-3m)\cdot(m-8)$
c $(-4a+7)\cdot(12-5a)$
d $\left(\frac{1}{3}x-5\right)\cdot(18-12x)$
e $(-x^2+3x)\cdot(8x^4+x^5)$
f $(0{,}25x+y)\cdot(y-8x)$

12 Multipliziere aus und fasse zusammen.

a $(x-5)\cdot(x+3)-(x+8)\cdot(2x-3)$
b $3\cdot(0{,}5a+2)\cdot(4-6a)$
c $-(4u+6v)\cdot(2u-v)\cdot 2$
d $(2m+6)\cdot 15\cdot(-m+3)$
e $3-(6x+4)\cdot(6x-4)$
f $6-2\cdot(2x-3)\cdot(0{,}5-x)$

13 Vervollständige die Vierfeldertafeln und schreibe als Klammerterme.

a

·	10	2	
40	…	…	…
…	30	6	…
	…	…	…

b

·	…	−3	
80	1600	…	…
…	−80	12	…
	…	…	…

14 Ergänze die „…" in deinem Heft.

a $(3x+\ldots)(2x-\ldots)=6x^2-\ldots+10bx-15ab^2$
b $(y-\ldots)(\ldots+4z)=2xyz+\ldots-\ldots-12z$
c $(\ldots+rs)(-5s-\ldots)=-2{,}5s^2-\ldots-\ldots-7r^2s^2$

Binomische Formeln

15 Wende die erste oder zweite binomische Formel an.

a $(s+t)^2$
b $(2y+z)^2$
c $(x+5)^2$
d $(3a-3b)^2$
e $(3a+7)^2$
f $(5p-3)^2$
g $(2{,}5b+4)^2$
h $(1{,}1a-4)^2$
i $(6g-1{,}5)^2$
j $(14+3x)^2$
k $(13y-2m)^2$
l $(1{,}5x+9y)^2$

16 Wende die dritte binomische Formel an.

a $(a+2b)(a-2b)$
b $(3c+3d)(3c-3d)$
c $(4x+5)(4x-5)$
d $(3{,}5a-7)(3{,}5a+7)$
e $(5v-9w)(5v+9w)$
f $\left(8f+\frac{1}{2}e\right)\left(8f-\frac{1}{2}e\right)$

17 Stelle fest, welche binomische Formel vorliegt und wende diese an.

a $(11a-4b)^2$
b $(14c-9d)(14c+9d)$
c $(16e+4f)^2$
d $(17g+1)(17g-1)$
e $(18a+10)^2$
f $(19-c)^2$
g $\left(3b+\frac{1}{3}a\right)\left(3b-\frac{1}{3}a\right)$
h $(15e+12)^2$

18 Fülle im Heft die Lücken aus.

a $x^2+\square+36=(x+\square)^2$
b $9b^2-\square+16=(\square-4)^2$
c $4j^2-20j+\square=(\square-5)^2$
d $\square-49z^2=(\square+7z)(11-\square)$
e $\square+48x+\square=(\square+2x)^2$
f $169-\square=(\square+15z)(\square-\square)$

19 Fasse so weit wie möglich zusammen.

a $(x+2)^2+(x-8)^2$
b $(3x-7)^2+(10-5x)^2$
c $(11x+4y)(11x-4y)-(11x-4y)^2$
d $(9v-16w)^2+(16-2v)^2$
e $(9-8v)^2-(9-4v)(9+4v)+(9+4v)^2$
f $(5d-e)^2+(d+5e)^2-(5d+5e)(5d-5e)$

20 Löse das Binom auf und berücksichtige sodann das Vorzeichen.

a $-(6a+2)^2$
b $-(4a-3b)^2$
c $-(19a-b)(19a+b)$
d $-(0{,}4a-5)^2$
e $-(4{,}5b+10)^2$
f $-(2{,}5a+6)(2{,}5a-6)$

21 Stelle den Term in der Klammer um und wende dann die binomische Formel an.

a $(-12+3a)^2$
b $(-2b+7)^2$
c $(-0{,}5c+2d)^2$
d $(-13+4e)(13+4e)$
e $(-8+6f)(-8+6f)$
f $(-1{,}9g+10h)(10h+1{,}9g)$

22 Brüche in Binomen!

a $\left(4x+\frac{1}{2}\right)^2$
b $\left(\frac{1}{4}-2y\right)^2$
c $\left(\frac{1}{5}-5z\right)^2$
d $\left(\frac{5}{8}-\frac{1}{2}b\right)\left(\frac{5}{8}+\frac{1}{2}b\right)$
e $\left(\frac{2}{7}w+\frac{3}{6}\right)^2$
f $\left(\frac{3}{10}+\frac{4}{12}m\right)\left(\frac{3}{10}-\frac{4}{12}m\right)$

23 Forme mit Hilfe der binomischen Formeln um.

a $(1{,}5a+2{,}5b)^2$
b $\left(1{,}5a-\frac{1}{2}b\right)^2$
c $(10e-0{,}1f)^2$
d $(2{,}1c-z)(2{,}1c+z)$
e $(0{,}6c+0{,}2)^2$
f $(0{,}3d+1{,}6)(0{,}3d-1{,}6)$

Faktorisieren und die quadratische Ergänzung

24 Forme den Term, wenn möglich, mit Hilfe einer binomischen Formel in ein Produkt um.

a $x^2 + 8x + 16$
b $y^2 - 12y + 36$
c $64 - e^2$
d $a^2 + 3a + 9$
e $81 - 18b + b^2$
f $4f^2 + 4$
g $25s^2 + 20s + 4$
h $1 - 14z + 49z^2$

25 Klammere zunächst einen gemeinsamen Faktor aus und faktorisiere sodann mit Hilfe einer binomischen Formel.

a $2x^2 + 8x + 8$
b $4m^2 + 24m + 36$
c $3p^2 - 75$
d $32 - 16w + 2w^2$
e $27m^2 - 12$
f $16q^2 + 80q + 100$
g $-36 - 12j - j^2$
h $20x^2 - 40x + 20$

26 Gehe vor wie beim Beispiel.
$T(x) = -2(x + 3)^2 + 6$;
für $x = -3$: $T_{max} = 6$

a $T(x) = 2 \cdot (x + 6)^2 - 4$
b $T(x) = -(x - 0{,}5)^2 + 24$
c $T(x) = (x - 7)^2 - 47$
d $T(x) = 3 \cdot (x - 6)^2$
e $T(x) = -8 \cdot x^2 + 14$

27 Führe die quadratische Ergänzung durch und verfahre dann wie in Aufgabe 26.

a $T(x) = x^2 - 10x + 3$
b $T(x) = 2x^2 + 5x - 7$
c $T(x) = \frac{1}{2}x^2 - 7x - 13$
d $T(x) = -3x^2 + 18x + 17$
e $T(x) = -0{,}25x^2 + 12x - 9$
f $T(x) = \frac{2}{3}x^2 - 12x + 23$

28 Ermittle bei nachstehenden quadratischen Termen den Extremwert. Erstelle sodann symmetrisch zum Extremwert eine Wertetabelle und berechne jeweils 3 Termwerte rechts und links des Extremwerts mit $\Delta x = 1$.

a $T(x) = -x^2 - 3x + 3$
b $T(x) = x^2 - x - 2$
c $T(x) = 2x^2 - x + 1{,}5$

Extremwertaufgaben

29 Gegeben ist das Drachenviereck ABCD mit den Diagonalenlängen $|\overline{AC}| = 10\,cm$ und $|\overline{BD}| = 6\,cm$. Dabei ist M der Diagonalenschnittpunkt und es gilt $|\overline{AM}| = 7\,cm$. Neue Drachenvierecke entstehen, wenn man die Diagonale $\overline{AC}$ bei A um x cm verkürzt und zugleich die Diagonale $\overline{BD}$ bei B und D um 0,5x cm verlängert.

a Zeichne das Drachenviereck ABCD sowie den Drachen $A_1B_1C_1D_1$ für $x = 2$.
b Gib ein sinnvolles Intervall für x an.
c Berechne den Flächeninhalt des Drachens $A_1B_1C_1D_1$ und zeige sodann, dass für den Flächeninhalt der Drachenvierecke $A_nB_nC_nD_n$ gilt:
$A_n(x) = -0{,}5x^2 + 2x + 30\ (cm^2)$
d Erstelle eine Wertetabelle für $x \in [0; 6]$ mit $\Delta x = 1$ und kennzeichne die Wertepaare $(x|A(x))$ als Punkte in einem sinnvollen Koordinatensystem.
e Unter den Drachen $A_nB_nC_nD_n$ gibt es ein Viereck mit einem maximalen Flächeninhalt. Bestimme diesen sowie den zugehörigen Wert für x.
f Kannst du untenstehendes Bild mit einem Schieberegler a, der die Veränderungen dynamisch darstellt, mit Hilfe deiner Geometrie-Software erzeugen?

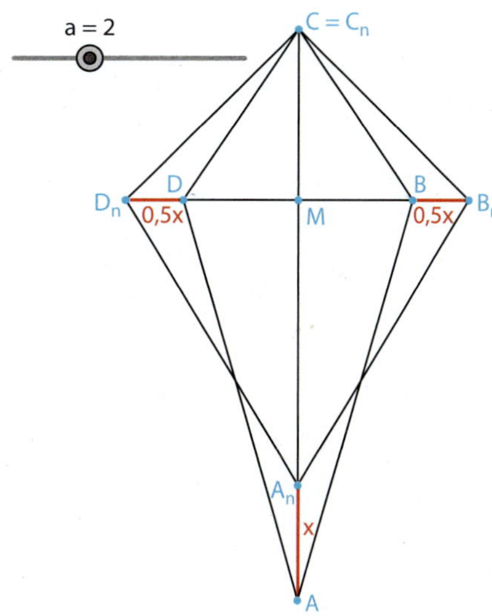

Rechnen mit Termen

Durch **Termumformungen** können Terme vereinfacht werden.

Addieren und subtrahieren
Terme können nur dann addiert oder subtrahiert werden, wenn sie in allen Variablen in der gleichen Potenz auftreten.

$2x^3y^4 + 6y^4x^3 = 8x^3y^4$

Multiplizieren und dividieren
Terme kann man multiplizieren oder dividieren, indem man …

… mit Zahlen multipliziert:
$4 \cdot z \cdot 5 = 4 \cdot 5 \cdot z = 20z$

… durch die Zahl dividiert:
$36x : 9 = 4x$

… gleiche Variablen zu Potenzen zusammenfasst:
$4y \cdot y \cdot y = 4y^3$

Plus- und Minusklammern

Plus- und Minusklammern kann man auflösen, um Rechenvorteile nutzen zu können.

Beim Auflösen von **Plusklammern** bleiben alle Vorzeichen erhalten.
$a + (+b + c) = a + b + c$

Das Auflösen von **Minusklammern** dreht alle Vorzeichen im Klammerterm um.
$a - (+b - c) = a - b + c$

Ausmultiplizieren und Ausklammern

Klammern kann man auch mit dem **Distributivgesetz** auflösen.

Ausmultiplizieren
Steht vor einer Klammer ein Faktor, kann man den Faktor mit jedem Summanden in der Klammer multiplizieren.
$a \cdot (b + c) = a \cdot b + a \cdot c$
Das Distributivgesetz gilt auch bei der Division: $(a + b) : c = a : c + b : c$

$3x \cdot (2x + 7)$
$= 3x \cdot 2x + 3x \cdot 7$
$= 6x^2 + 21x$

$(12z + 9y) : 3$
$= 12z : 3 + 9y : 3$
$= 4z + 3y$

Ausklammern
Gemeinsame Faktoren in Summen (oder Differenzen) kann man ausklammern.
$a \cdot b + a \cdot c = a \cdot (b + c)$

$6x + 9xy$
$= 3x \cdot (2 + 3y)$

$10yz - 5z$
$= 5z \cdot (2y - 1)$

Multiplikation von Summen

Werden zwei Summen miteinander multipliziert, so wird jeder Summand der ersten Klammer mit jedem Summanden der zweiten Klammer multipliziert.

$$(a + b) \cdot (c + d) = a \cdot c + a \cdot d + b \cdot c + b \cdot d$$

$$\begin{aligned} &(4 + 3x) \cdot (2y + 3z) \\ &= 4 \cdot 2y + 4 \cdot 3z + 3x \cdot 2y + 3x \cdot 3z \\ &= 8y + 12z + 6xy + 9xz \end{aligned}$$

Binomische Formeln

Die Produkte $(a + b)^2$, $(a - b)^2$ und $(a + b) \cdot (a - b)$ kann man mit den binomischen Formeln berechnen.

1. binomische Formel:
$(a + b)^2 = a^2 + 2ab + b^2$

2. binomische Formel:
$(a - b)^2 = a^2 - 2ab + b^2$

3. binomische Formel:
$(a + b) \cdot (a - b) = a^2 - b^2$

$$\begin{aligned} &(2x + 3)^2 \\ &= (2x)^2 + 2 \cdot 2x \cdot 3 + 3^2 \\ &= 4x^2 + 12x + 9 \end{aligned} \qquad \begin{aligned} &(a + b)^2 \\ &a^2 + 2ab + b^2 \end{aligned}$$

$$\begin{aligned} &(5y - 1)^2 \\ &= (5y)^2 - 2 \cdot 5y \cdot 1 + 1^2 \\ &= 25y^2 - 10y + 1 \end{aligned} \qquad \begin{aligned} &(a - b)^2 \\ &a^2 - 2ab + b^2 \end{aligned}$$

$$\begin{aligned} &(3z + 7) \cdot (3z - 7) \\ &= (3z)^2 - 7^2 \\ &= 9z^2 - 49 \end{aligned} \qquad \begin{aligned} &(a + b) \cdot (a - b) \\ &a^2 - b^2 \end{aligned}$$

Faktorisieren quadratischer Terme

Liegt eine binomische Formel vor, kann man die Summen auch in Produkte zurückverwandeln.

$$\begin{aligned} &x^2 + 6x + 9 = (x + 3)^2 \\ &x^2 - 12x + 36 = (x - 6)^2 \\ &x^2 - 16 = (x + 4) \cdot (x - 4) \end{aligned}$$

Geht dies nicht direkt, muss man die quadratische Ergänzung durchführen.

$$\begin{aligned} &T(x) = 3x^2 + 12x + 4 \\ &T(x) = 3 \cdot (x^2 + 4x \underbrace{+ 2^2 - 2^2}_{= 0}) + 4 \\ &T(x) = 3 \cdot [(x + 2)^2 - 4] + 4 \\ &T(x) = 3 \cdot (x + 2)^2 - 8 \end{aligned}$$

4.11 Mehr zum Thema: Kopfrechentricks

Besondere Produkte lassen sich mit der 3. binomischen Formeln sehr einfach berechnen:

$29 \cdot 31$
$= (30 - 1) \cdot (30 + 1)$
$= 30^2 - 1^2$
$= 900 - 1$
$= 899$

$23 \cdot 27$
$= (25 - 2) \cdot (25 + 2)$
$= 25^2 - 2^2$
$= 625 - 4$
$= 621$

Auch das Quadrieren zweistelliger Zahlen gelingt mit der 1. und 2. binomischen Formel ganz einfach im Kopf.

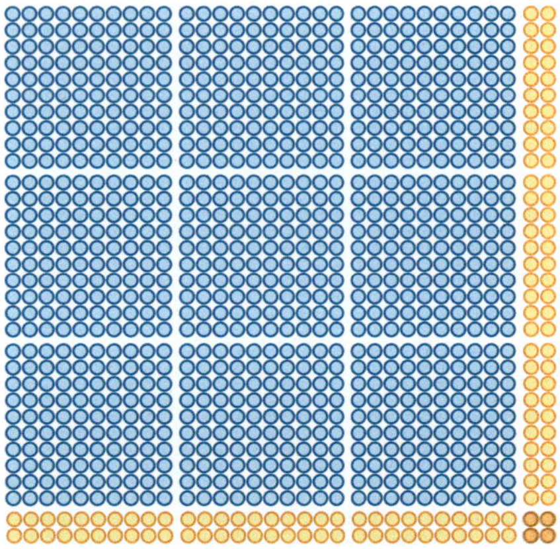

32^2
$= (30 + 2)^2$
$= 30^2 + 2 \cdot 30 \cdot 2 + 2^2$
$= 900 + 120 + 4$
$= 1024$

29^2
$= (30 - 1)^2$
$= 30^2 - 2 \cdot 30 \cdot 1 + 1^2$
$= 900 - 60 + 1$
$= 841$

Probiere es selbst: $99 \cdot 101$; $98 \cdot 102$; $55 \cdot 65$; 71^2; 72^2; 99^2; 98^2; 55^2
Teste es mit eigenen Zahlen. Tausche dich mit deinem Sitznachbarn aus!

5

Gleichungen

5.1 Äquivalenzumformungen in Gleichungen

1 Beim Tauziehen am Sportfest sind beide Seiten gleich stark. Es herrscht ein *Gleichgewicht*. Dieses Gleichgewicht kann man mit einer Gleichung ausdrücken.

$6m + 2j \quad = \quad 3j + 4m$

Bestimme das Kräfteverhältnis zwischen Mädchen und Jungen, indem du schrittweise auf beiden Seiten die gleiche Zahl an Mädchen und Jungen wegnimmst.

2 Ordne den Gleichungen jeweils eine passende Aussage zu.

① $2m = 2j$	Ⓐ Ein Junge ist dreimal so stark wie ein Mädchen.
② $4m + j = 3j$	Ⓑ Ein Junge ist doppelt so stark wie ein Mädchen.
③ $2j = 2m + j$	Ⓒ Ein Mädchen ist halb so stark wie ein Junge.
④ $2j = 3m + j$	Ⓓ Ein Mädchen ist genauso stark wie ein Junge.

M Bei **Äquivalenzumformungen** wird immer auf *beiden* Seiten einer Gleichung *dieselbe Zahl* oder *der gleiche Term* addiert, subtrahiert, multipliziert oder dividiert.
Mit Hilfe von Äquivalenzumformungen lassen sich Gleichungen Schritt für Schritt vereinfachen, bis man den Wert der Variablen erhält.
Alle Zahlen aus der **Grundmenge G**, die beim Einsetzen in die Gleichung zu einer wahren Aussage führen, fasst man zur **Lösungsmenge L** zusammen.

Beispiel
Äquivalenzumformungen einer Gleichung

$G = \mathbb{Q}$ „auf beiden Seiten"

	$31 - 3x + 4 = 27 - x$	(zusammenfassen)
$\Leftrightarrow$	$35 - 3x = 27 - x$	$\mid + 3x$
$\Leftrightarrow$	$35 = 27 + 2x$	$\mid - 27$
$\Leftrightarrow$	$8 = 2x$	$\mid : 2$
$\Leftrightarrow$	$4 = x$	
$\Leftrightarrow$	$x = 4 \Rightarrow L = \{4\}$	

Übungsaufgaben

Ist keine andere Grundmenge angegeben, so gilt immer $G = \mathbb{Q}$.

1 Löse die Gleichung im Kopf.

a $2x + 10 = 20$
b $5x - 7 = 23$
c $4x + 12 = 7x$
d $55 - 3x = 19$
e $12x + 6 + 2x = 34$
f $-8x - 5 = -12x + 7$

2 Ergänze im Heft die Beschreibung der Umformungsschritte.

a
$$\begin{aligned} & 26x + 24 - 17x - 69 = 0 && | \dots \\ \Leftrightarrow\ & -45 + 9x = 0 && | \dots \\ \Leftrightarrow\ & 9x = 45 && | \dots \\ \Leftrightarrow\ & x = 5 \end{aligned}$$

b
$$\begin{aligned} & 70x - 6 - 5x = 50x + 7x && | \dots \\ \Leftrightarrow\ & 65x - 6 = 57x && | \dots \\ \Leftrightarrow\ & 8x = 6 && | \dots \\ \Leftrightarrow\ & x = \tfrac{3}{4} \end{aligned}$$

3 Gib die Lösungsmenge an. Ein Ergebnis bleibt übrig!

a $0{,}3x = -0{,}4x - 2{,}1$
b $10x + 40 - 8x = -2 + 7x + 11 - 4x - 10$
c $12x + 5 + 4x = 7x - 10 + 4x + 3x + 20$
d $10x - 3 = -(-24 - 8x + 7)$
e $12x = 4 \cdot (2x - 5)$

{41}	{2,5}	{−0,3}	{−5}	{−3}	{10}

4 Löse mit Hilfe von Äquivalenzumformungen. Kürze, wenn möglich.

a $12x - 5 + 9x - 4 = -18x + 7 - 6x - 1$
b $192x + 120 = 8x + 20 + 4x + 10$
c $3{,}7 + 1{,}6x = 7{,}2x - 4{,}7$
d $18 + \frac{1}{4}x - 12\frac{1}{4} = 6{,}5 + 10{,}25x - 2{,}75$

Wie lautet das Lösungswort? □ □ □ □ H

$-0{,}5$	R	$\frac{3}{2}$	U	$\frac{1}{3}$	B	$\frac{1}{5}$	C

5 Gib die Lösungsmenge an.

a $15{,}5x + 17 = 5{,}5x + 18$
b $14 + 5x + 56 = x + 73$
c $0{,}5x - 22 + 3x - 45 = 8 - 2{,}5x - 12$
d $-22x + 36 + 18x - 6 = 16x + 55 + 12x - 33$

6 Wie heißt die Zahl?

Das 7-Fache einer Zahl mit 10 addiert ergibt dasselbe, wie wenn man 20 von dem 9-Fachen einer Zahl subtrahiert und 10 addiert.

a Die Summe zweier aufeinanderfolgender Zahlen beträgt 79.
b Die Summe dreier aufeinanderfolgender Zahlen beträgt 138.

7 Löse wie im Beispiel. Multiplizierst du jeden Term mit dem gemeinsamen Nenner, lösen sich die Brüche auf.

$$\begin{aligned} & \tfrac{3}{4}x + \tfrac{1}{2} = \tfrac{5}{8} && | \cdot 8 \\ \Leftrightarrow\ & 6x + 4 = 5 && | -4 \\ \Leftrightarrow\ & 6x = 1 && | :6 \\ \Leftrightarrow\ & x = \tfrac{1}{6} && \Rightarrow\ L = \{\tfrac{1}{6}\} \end{aligned}$$

a $x - \frac{1}{4} = \frac{1}{3}$
b $\frac{1}{2} + \frac{1}{4}x = \frac{7}{10}$
c $\frac{2}{5} + \frac{3}{10}x = \frac{7}{15}$
d $\frac{x}{3} - \frac{5}{12} = \frac{1}{6}$

8 Stelle jeweils eine Gleichung auf und berechne die gesuchten Winkelmaße.

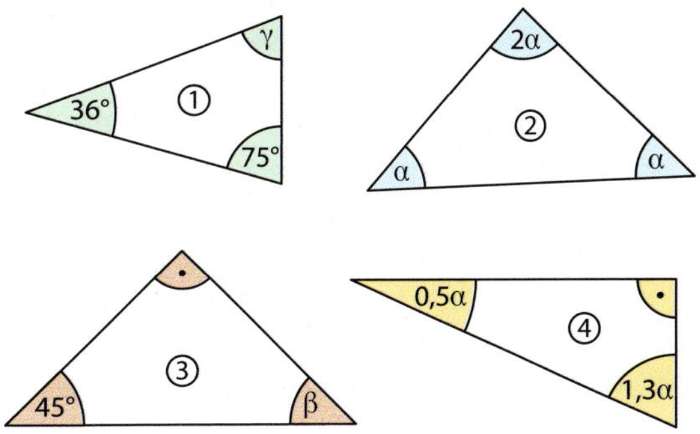

5.2 Sonderfälle beim Lösen von Gleichungen

1

2 Beschreibe die Besonderheiten, die du beim Lösen dieser Gleichungen findest.

a $3x + 1 = 3x + 4$ **b** $6x + 5 = 8x - 2x + 5$

Nicht alle Gleichungen haben eine eindeutige Lösung, wie man an den beiden Beispielen erkennt:

$5x - 4 = 5x + 3 \quad | -5x$

$\Leftrightarrow -4 = 3 \quad \Rightarrow \quad L = \{\}$

Man kann für x keine Zahl einsetzen; **die Gleichung stimmt nie.**

$4x + 9 = 9x - 5x + 9$

$\Leftrightarrow 4x + 9 = 4x + 9 \quad \Rightarrow \quad L = \mathbb{Q}$

Man kann für x jede beliebige Zahl aus der Grundmenge einsetzen; **die Gleichung stimmt immer.**

M **Gleichungen haben nicht immer eine Zahl als Lösung!**

Man unterscheidet drei Arten von Lösungen:

① eindeutige Lösung

$3x - 2 = 2x + 3$

$\Leftrightarrow x = 5 \quad \Rightarrow \quad L = \{5\}$

Es gibt eine eindeutige Lösung. Das Ergebnis schreibt man in die Lösungsmenge.

② keine Lösung

$2x = 2x + 8$

$\Leftrightarrow x = x + 4 \quad \Rightarrow \quad L = \{\}$

Es gibt keine Zahlen, die man für x einsetzen kann. Die Gleichung ist **unlösbar**. Die Lösungsmenge ist die **leere Menge** { } oder ∅.

③ unendlich viele Lösungen

$x + 6 = x + 13 - 7$

$\Leftrightarrow x = x \quad \Rightarrow \quad L = \mathbb{Q}$

Man kann für x jede beliebige Zahl einsetzen. Die Lösungsmenge enthält alle rationalen Zahlen.

Übungsaufgaben

1 Gib die Lösungsmenge an.

a $4x + 5 = 14 - 9 + 3x + x$

b $x + 6x - 5 = 7x + 3$

c $6 + 2y + 2 = 8y + 2$

d $3 + 3x + 2 = 2x + 4 + 5x + 1$

2 Erstelle eine Gleichung zur Lösungsmenge.

a $L = \{1\}$ **b** $L = \{\}$ **c** $L = \mathbb{Q}$

3 Welchen Fehler hat Jannis gemacht? Zeige ihm, wie man hier richtig rechnet!

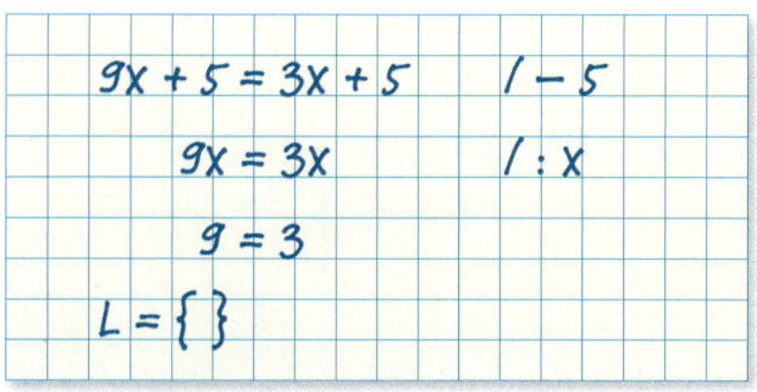

5.3 Gleichungen mit Klammern

1 Die Klasse 8b hat in Partnerarbeit gleich große Terme zu gleich aussehenden *Termpäckchen* geschnürt und Yvonne muss jetzt die Paare finden, die eine Gleichung ergeben.
Notiere alle gleichwertigen Terme in Form einer Gleichung.
Mit welchem mathematischem Gesetz kann Yvonne nachprüfen, ob zwei Terme wirklich gleich sind?

- ① $2x + (25 + 2x)$
- ④ $25 \cdot (2x + 2)$
- ⑤ $-15x - 125$
- ⑨ $50x + 50$
- ⑧ $-(5) \cdot (3x + 25)$
- ③ $3{,}5 + 5x$
- ⑩ $5{,}5 - (2 - 5x)$
- ⑥ $4x + 25$
- ⑦ $(55 + 22x) : 11$
- ② $5 + 2x$

2

$$
\begin{aligned}
& 3(x+2) - 1 = 10 + 4x && \mid +1 \\
\Leftrightarrow\ & 3(x+2) = 11 + 4x && \mid :3 \\
\Leftrightarrow\ & x + 2 = \tfrac{11}{3} + \tfrac{4}{3}x && \mid -2 \\
\Leftrightarrow\ & x = \tfrac{11}{3} + \tfrac{4}{3}x - 2 && \\
\Leftrightarrow\ & x = \tfrac{5}{3} + \tfrac{4}{3}x && \mid \cdot 3 \\
\Leftrightarrow\ & 3x = 5 + 4x && \mid -3x \\
\Leftrightarrow\ & 0 = 5 + x && \mid -5 \\
\Leftrightarrow\ & -5 = x && \\
& L = \{-5\}
\end{aligned}
$$

$$
\begin{aligned}
& 3(x+2) - 1 = 10 + 4x && \\
\Leftrightarrow\ & 3x + 6 - 1 = 10 + 4x && \\
\Leftrightarrow\ & 3x + 5 = 10 + 4x && \mid -3x \\
\Leftrightarrow\ & 5 = 10 + x && \mid -10 \\
\Leftrightarrow\ & -5 = x && \\
& L = \{-5\}
\end{aligned}
$$

An welcher Stelle hat sich Priya das Lösen der Gleichung schwer gemacht?
Wie ist Ida an dieser Stelle vorgegangen?

3 Für welchen Lösungsweg würdest du dich hier entscheiden? Begründe deine Entscheidung! Worin liegt der Unterschied zu Priyas Aufgabenlösung?

$$
\begin{aligned}
& 4(x-3) + 6 = 30 \\
\Leftrightarrow\ & 4x - 12 + 6 = 30 \\
\Leftrightarrow\ & 4x - 6 = 30 \\
\Leftrightarrow\ & 4x = 36 \\
\Leftrightarrow\ & x = 9 \\
& L = \{9\}
\end{aligned}
$$

$$
\begin{aligned}
& 4(x-3) + 6 = 30 \\
\Leftrightarrow\ & 4(x-3) = 24 \\
\Leftrightarrow\ & x - 3 = 6 \\
\Leftrightarrow\ & x = 9 \\
& L = \{9\}
\end{aligned}
$$

Gleichungen mit Klammern lösen

Diese Strategie hilft dir, Schritt für Schritt eine Gleichung mit Klammern zu lösen.

$3 \cdot (2x - 2)(2 + 5x) - 30x^2 = 2x - (6x - 2)$

① Klammern auflösen.

$3(4x + 10x^2 - 4 - 10x) - 30x^2 = 2x - 6x + 2$

$\Leftrightarrow \; 12x + 30x^2 - 12 - 30x - 30x^2 = 2x - 6x + 2$

Ausmultiplizieren und alle Klammern auflösen.

② Zusammenfassen.

$-18x + \cancel{30x^2} - 12 - \cancel{30x^2} = -4x + 2$

$\Leftrightarrow \; -18x - 12 = -4x + 2$

So addieren oder subtrahieren, dass die Variable auf einer Seite wegfällt.

③ Variable auf eine Seite bringen.

$-18x - 12 = -4x + 2 \quad | + 4x$

$\Leftrightarrow \; -14x - 12 = 2$

④ Zahlen auf die andere Seite bringen.

$-14x - 12 = 2 \quad | + 12$

$\Leftrightarrow \; -14x = 14$

⑤ Durch den Faktor vor der Variablen dividieren.

$-14x = 14 \quad | : (-14)$

$\Leftrightarrow \; x = -1$

Lösungsmenge angeben: $L = \{-1\}$

Übungsaufgaben

1 Gib die Lösungsmenge an.
a $4x + 20 = 4x + (-10 - 2x)$
b $-6x - (6x + 10) = 30x + 11$
c $12 - (2x + 3) = 10 - (x - 1)$

2 Multipliziere aus und löse.
a $6 \cdot (10x + 5) = 80 + 10x$
b $3(6x - 7) = (13x - 6)$
c $4(y + 1) - 3(8 - 2y) = 180$
d $-7(y + 2) + 12y = 6(y - 3) + 1$
e $(5y - 2)(8y - 2) = 40y^2 - 2y + 52$

Lösungen: 1; 20; 3; −2; 3

3 Jedes Kästchen steht für ein Vorzeichen, ein Rechenzeichen oder eine Zahl. Ergänze im Heft und löse die Gleichung. Beschreibe, wie du vorgehst.
a $7x + 4 = -2(2x - 13)$
$7x + 4 = \square\square x \square\square$
b $4x - (26 - 9x) = 2(6x + 7)$
$\square x - 26 \square\square x = 14 + \square x$
c $-3 - 2(-9x - 5) = 1$
$\square\square + 18x \square\square = 1$

4 Löse die Gleichung.
a $-(-16x + 53) + 4x = -5 + (-5x + 2)$
b $(3x + 5)(3x - 5{,}5) = 9x^2 - 0{,}5$
c $(4a^2 + 16) - 20a^2 = -(16a^2 - 16a + 16)$
d $112 - (5x + 3)(2x - 3) = 10(-x^2 - 11{,}2x)$
e $(\frac{1}{2}x + 4) = (\frac{1}{4}x + 2)(4 + \frac{1}{4}x)$

5 Die Klasse 8a mit 25 Schülern ist unterwegs! Jeder Schüler muss 3,90 € für die Fahrkarte und 4,10 € für den Eintritt bezahlen. Die Klassenlehrerin sammelt 300,00 € ein.
Wie viel Geld pro Schüler hat sie für die Verpflegung zur Verfügung?
Stelle eine Gleichung mit Klammern auf.

6 Welche Fehler haben Tim und Anna jeweils gemacht? Worauf sollten sie achten?
Löse die Gleichungen richtig.

Tim

$7x - 18 + 11x = 5(3x + 6)$
$\Leftrightarrow\ 7x - 18 + 11x = 8x + 30 \quad | -8x$
$\Leftrightarrow\ -x - 18 + 11x = 30 \quad | -18$
$\Leftrightarrow\ 10x = 12 \quad | :10$
$\Leftrightarrow\ x = 1{,}2 \rightarrow L = \{1{,}2\}$

Anna

$2(2x + 4) = \frac{1}{2}(24 - 4x)$
$\Leftrightarrow\ 4x + 8 = 48 - 2x \quad | :2$
$\Leftrightarrow\ 4x + 8 = 24 - x \quad | +x$
$\Leftrightarrow\ 5x + 8 = 24 \quad | -8$
$\Leftrightarrow\ 5x = 15 \quad | :5$
$\Leftrightarrow\ x = \frac{1}{3} \rightarrow L = \{\frac{1}{3}\}$

7 Lukas kauft neue Rollen für sein Skateboard. Im Angebot gibt es einen Satz um 7 € reduziert. Deshalb kauft er gleich vier Sätze und bezahlt 32 €. Zu Hause berechnet er den ursprünglichen Preis für einen Rollensatz.

8 Stelle für die Berechnung des Volumens eine Gleichung auf und berechne a.

5.4 Gleichungen mit Binomen

Sandra hat sich für Tim ein Zahlenrätsel ausgedacht:
„Zwei Zahlen unterscheiden sich um 10. Wenn ich vom Quadrat der größeren Zahl das Quadrat der kleineren Zahl abziehe, erhalte ich 400."

Tim geht strategisch vor:		
	Die kleinere Zahl heißt:	x
	Die größere Zahl heißt:	$x + 10$
	Das Quadrat der kleineren Zahl:	x^2
	Das Quadrat der größeren Zahl:	$(x + 10)^2$

Daraus ergibt sich die Gleichung:

	$(x + 10)^2 - x^2$	$= 400$	(1. binomische Formel anwenden)
$\Leftrightarrow$	$x^2 + 20x + 100 - x^2$	$= 400$	(zusammenfassen)
$\Leftrightarrow$	$20x + 100$	$= 400$	$\vert - 100$
$\Leftrightarrow$	$20x$	$= 300$	$\vert : 20$
$\Leftrightarrow$	x	$= 15$	

Die erste Zahl heißt 15, die zweite 25! Um sicherzugehen, macht Tim die Probe:
Setze für x die gefundene Zahl 15 in die Gleichung ein: $(15 + 10)^2 - 15^2 = 400$
$625 - 225 = 400$ ✓
Die Gleichung stimmt und damit auch die Lösung $x = 15$!
Daraus folgt $L = \{15\}$.

Übungsaufgaben

1 Schreibe zur Wiederholung die binomischen Formeln in dein Heft.

2 Forme um und löse die Gleichung.
a $(x - 7)^2 = x^2 + 7$
b $(x + 2)^2 = x^2 + 10x + 25$
c $(x - 4)^2 = x^2 - 4x - 12$
d $(x + 11)(x - 11) = x^2 - 7x - 30$
e $(x + 9)^2 = x(x - 3) - 3$
f $(x - 8)(x + 8) = (x - 2)^2 - 4(x - 1)$

3 Die Variable muss nicht immer x sein!
a $(s + 4)(s - 4) + (s - 4)^2 = 2(s - 4)^2$
b $(4 - 2t)^2 = (t + 2)^2 + 3(t + 1)(t - 1)$
c $(a + 7)^2 - (a - 5)^2 = (a - 6)^2 - (a + 8)^2$
d $(5y - 3)(5y + 3) + 29 - (4y - 2)^2 = (3y + 2)^2$
e $(b + 5)^2 - (b + 4)^2 = (b - 7)^2 - (b - 3)^2 - 11$

Lösungen
2 | −1 | $\frac{3}{4}$ | −3 | 4

4 Löse im Kopf. Es gibt zwei Lösungen!
Beispiel $(x + 1)^2 = 36$
$6^2 = 36$ $(-6)^2 = 36$
$(5 + 1)^2 = (-7 + 1)^2 = 36 \Rightarrow L = \{-7; 5\}$

a $(x + 3)^2 = 100$
b $(x + 1)^2 = 49$
c $(x + 9)^2 = 64$
d $(x - 2)^2 = 81$
e $(x - 5)^2 = 16$
f $(7 - x)^2 = 4$

5 Führe die Reihen um drei Schritte fort und bestimme jeweils beide Lösungen.

$(x + 7)^2 = 25$	$(x - 6)^2 = 49$
$(x + 5)^2 = 25$	$(x - 4)^2 = 49$
$(x + 3)^2 = 25$	$(x - 2)^2 = 49$
…	…

6 Kannst du die nächsten drei Lösungen bereits voraussagen?
Was stellst du fest, wenn du die Probe machst?

a

$(x+3)^2 = (x-6)^2$
$(x+3)^2 = (x-5)^2$
$(x+3)^2 = (x-4)^2$
…

b

$(x+1)^2 = (x-1)(x+1)$
$(x+2)^2 = (x-2)(x+2)$
$(x+3)^2 = (x-3)(x+3)$
…

7 Erstelle selbst eine Gleichung, in der binomische Formeln enthalten sind. Sie soll folgende Lösung haben:
a -10
b 10
c Findest du zu beiden Lösungen jeweils zwei weitere Gleichungen?

T Steht ein Faktor vor oder nach einem binomischen Ausdruck, gehst du so vor: Wende zuerst die binomische Formel an und multipliziere dann.
Beispiel $4(x-3)^2$
$= 4(x^2 - 6x + 9)$
$= 4x^2 - 24x + 36$

8 Löse die Gleichung.
a $5(x-2)^2 = 2(2{,}5x^2 - 40)$
b $-4(x+5)^2 + 2x^2 = -2(x^2 + 10)$
c $2(2+4x)(2x-3) = (4x-2)(4x+2)$
d $(x-6)^2 - 4(x-9)^2 = -3(x+5)^2 + 3$

9 Ganz normal: Gleichungen mit Dezimalzahlen!
a $(x-3{,}5)^2 = (x+6{,}5)^2$
b $(x+2{,}5)^2 = -0{,}5(7{,}5 - 2x^2)$
c $x(x+1{,}5) = (x+1{,}5)^2$
d $3(x+0{,}1)^2 - 19{,}41 = 2(x-0{,}9)^2 + x^2$

10 Brüchige Zahlen – glatte Lösungen
a $\left(x+\frac{1}{2}\right)^2 = x^2 + \frac{1}{2}\left(x-\frac{1}{2}\right)$
b $\left(\frac{1}{2}x+\frac{1}{2}\right)\left(\frac{1}{2}x-\frac{1}{2}\right) = \frac{1}{4}(x-1)^2$
c $\left(\frac{1}{4}x+4\right)^2 = \left(\frac{1}{4}x+2\right)\left(\frac{1}{4}x-2\right)$
d $\left(\frac{1}{2}x+\frac{1}{2}\right)^2 = \frac{1}{4}(x-21)^2$

11 Faktorisiere zuerst den Term auf der linken Seite und ermittle dann die Lösungsmenge.
Es kann auch zwei Lösungen geben!
Beispiel $x^2 + 12x + 36 = 0$
$(x+6)^2 = 0$
$x = -6$, weil $-6 + 6 = 0$!
a $x^2 - 4x + 4 = 0$
b $x^2 + 10x + 25 = 0$
c $9x^2 - 18x + 9 = 0$
d $25a^2 + 20a + 4 = 0$
e $x^2 - 49 = 0$
f $4z^2 + 12z + 9 = 0$

M Ein Produkt ist null, wenn ein Faktor null ist.
$(x+2)(x-2) = 0$
$\Rightarrow$ entweder $(x+2) = 0$ oder $(x-2) = 0$
$\Rightarrow$ $x_1 = 2$ oder $x_2 = -2$

12 Subtrahiere vom Quadrat einer Zahl das Quadrat der Vorgängerzahl und du erhältst 97.

13 Beide blauen Flächen haben den gleichen Flächeninhalt. Erstelle eine Gleichung und berechne die gesuchte Größe und den Flächeninhalt.

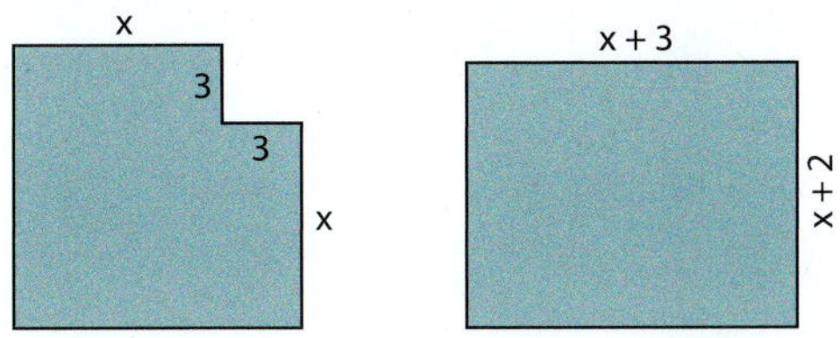

14 Welche Fehler hat Ole hier gemacht? Worauf sollte er in Zukunft achten?
Gib den korrekten Lösungsweg an:

$(x+7)^2 - (x-8)^2 = 45$
$x^2 + 14x + 49 - x^2 - 16x + 64 = 45$
$-2x + 113 = 45$
$-2x = 68$
$x = -34$

15 Jede Kante eines Würfels wird um 3 cm verlängert. Dadurch vergrößert sich die Oberfläche um $414\,cm^2$.
Mach dir eine Skizze, stelle eine Gleichung auf und berechne die ursprüngliche Kantenlänge.

5.5 Textaufgaben mit Hilfe von Gleichungen lösen

1 Auf der Geburtstagsparty ihrer älteren Schwester wollte Sibylle mit ihrem Alter nicht so recht herausrücken. Sie sagte nur: „Wenn du zu meinem Alter 28 Jahre addierst und das Ergebnis mit vier multiplizierst, dann erhältst du mein zwölffaches Alter."

2 Addiere 40 zum Quadrat einer um drei verminderten Zahl. Dann erhältst du das Quadrat der um eins vergrößerten Zahl.

Textgleichungen systematisch lösen

① Markiere die Textstellen mit unterschiedlichen Farben.

Subtrahiere vom Sechsfachen einer Zahl die um 4 vergrößerte Zahl und du erhältst das Siebenfache der um 2 verkleinerten Zahl. Wie heißt die Zahl?

② Werde Dolmetscher und übersetze den Text in mathematische Sprache:

Subtrahiere	$-$
vom Sechsfachen einer Zahl	$6x$
die um 4 vergrößerte Zahl	$x + 4$
und du erhältst	$=$
das Siebenfache der um …	$7 \cdot ()$
… 2 verkleinerten Zahl	$x - 2$

③ Stelle die Gleichung auf.

$6x - (x + 4) = 7(x - 2)$

④ Löse die Gleichung.

$x = 5$

⑤ Vergleiche das Ergebnis mit dem Text.

⑥ Beantworte die Frage in einem Satz.

Die Zahl heißt 5.

Übungsaufgaben

1 Bilde zu jedem Text einen passenden Term.

Addiere	+
Dividiere	…
Die Summe der Zahl und 5	…
Das Produkt der Zahl und 7	…
Der dritte Teil der Zahl	…
Das Zehnfache der Zahl	…
Der Quotient aus der Zahl und 4	…
Das Quadrat der Summe aus Zahl und 2	…

2 Welche dieser Gleichungen passt zum Text darunter?

① $49 + 7x \cdot 2 = 19 - 9x \cdot 3$
② $2 \cdot 49 + 7x = 3(19 - 9x)$
③ $2(49 + 7x) = 3(19 - 9x)$
④ $(49 + 7x) \cdot 2 = 3(9x - 19)$

> Verdopple die Summe aus 49 und dem Siebenfachen einer Zahl. Du erhältst das Gleiche, wenn du von 19 das Neunfache der Zahl abziehst und das Ergebnis verdreifachst.

Zahlenrätsel

3 Das Achtfache einer Zahl, vermindert um das Dreifache der um 5 vergrößerten Zahl, ergibt 20.

4 Wie heißen die drei aufeinanderfolgenden Zahlen, deren Summe 669 ist?

5 Fünf aufeinanderfolgende gerade Zahlen haben eine Summe von 180.
Wie heißen die fünf Zahlen?

6 Subtrahiert man vom 17-Fachen einer Zahl das um 15 verminderte Dreifache der Zahl, erhält man 183.

7 Addiert man zum Vierfachen einer Zahl das Doppelte der um 6 vergrößerten Zahl, so erhält man das Dreifache der um 8 vergrößerten Zahl.

8 Erfinde ein Zahlenrätsel, dessen Lösung …
a … die Zahl 25 ist. **c** … die Zahl 12 ist.
b … die Zahl 5 ist. **d** … die Zahl −8 ist.

9 Indische Mathematiker versteckten zu früherer Zeit gerne die trockene Mathematik in Poesie und Metaphern. Hier ein Rätsel des Gelehrten Bhaskara um 1150 n. Chr.

Eine Kette zersprang im Verlauf
verliebten Getümmels.
Eine Reihe Perlen löste sich darauf.
Ein Sechstel von ihnen fiel auf den Boden.
Ein Fünftel blieb auf dem Lager.
Ein Drittel ward von der jungen Frau gerettet.
Ein Zehntel behielt der Geliebte zurück.
Und sechs Perlen blieben an der Schnur befestigt.
Nun sag mir, wie viele Perlen an der Kette
der Liebenden hingen.

T Die **Quersumme** einer Zahl ergibt sich, indem man alle Ziffern der Zahl addiert.

		Beispiel
Zahl:	$10y + x$	38
Einerziffer:	x	8
Zehnerziffer:	y	3
Quersumme:	$x + y$	11

10 Die Quersumme einer Zahl ist 13. Vertauscht man ihre beiden Ziffern, so ist die neue Zahl um 45 größer als die ursprüngliche.
alte Zahl: $10x + (13 - x)$
neue Zahl: $10(13 - x) + x$

11 In einer zweistelligen Zahl ist die erste Ziffer um drei größer als die zweite. Stellt man die Ziffern um und bildet die Summe der beiden Zahlen, so erhält man 77.

Altersrätsel

12 Nina und ihr Vater sind zusammen 60 Jahre alt. Der Vater ist dreimal so alt wie Nina. Wie alt sind die beiden?

13 

Judith Boll ist 4 Jahre älter als ihr Bruder Kevin. Ihre Mutter ist viermal so alt wie Kevin, der Vater dreimal so alt wie Judith. Zusammen ist Familie Boll so alt wie der 97-jährige Uropa.

14 Frau Hahn ist sechsmal so alt wie ihr Sohn Nico. Die beiden Zwillinge Mira und Jasmin sind 4 Jahre älter als der kleine Bruder und 28 Jahre jünger als Herr Hahn. Alle zusammen sind 100 Jahre alt.

15 Viktor ist 26 Jahre jünger als seine Mutter. Wäre er ein Jahr älter, dann wäre sein Vater genau dreimal so alt wie er. Die Familie ist zusammen 99 Jahre alt.

Bei Veränderungen gegebener Größen ist es oft hilfreich, wenn man zur Vorbereitung der Gleichung eine Tabelle zu Hilfe nimmt.

Verkürzt man die 9 cm lange Seite eines Rechtecks um 3 cm und verlängert gleichzeitig die andere Seite um 4 cm, so verdoppelt sich der Flächeninhalt.

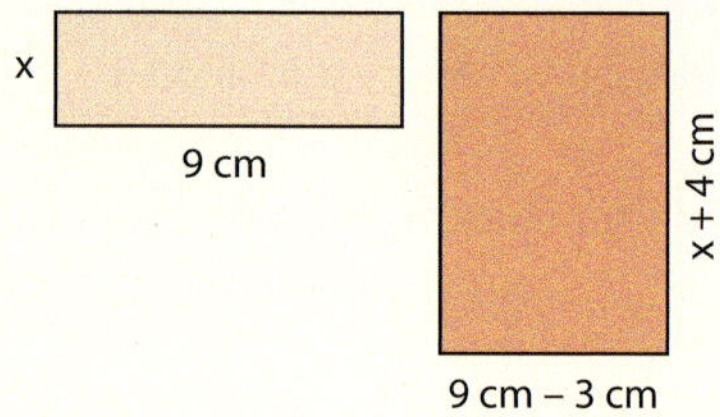

	vorher	nachher
1. Seite	9 cm	9 cm – 3 cm = 6 cm
2. Seite	x cm	x + 4 cm
Flächeninhalt	$9 \cdot x\,cm^2$	$6 \cdot (x + 4)\,cm^2$ bzw. $2 \cdot (9 \cdot x)\,cm^2$

Gleichung: $6 \cdot (x + 4) = 2 \cdot (9 \cdot x)$
$2 = x$

Die ursprünglichen Seitenlängen des Rechtecks betrugen 9 cm und 2 cm. Die neuen sind 6 cm und 6 cm lang.

Aus der Geometrie

16 In einem gleichschenkligen Dreieck betragen die Maße der beiden Basiswinkel 23,5°.

17 Welche Seitenlängen haben die abgebildeten Figuren, deren Umfang je 59,4 cm beträgt?

a 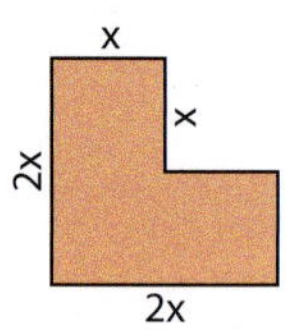

b 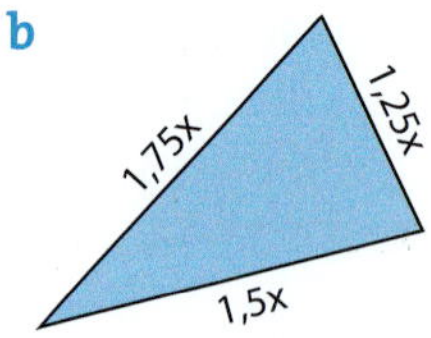

18 In einem Dreieck ist das zweite Winkelmaß 50 % größer als das erste. Das Maß des dritten Winkels beträgt das Doppelte des ersten Winkels.

19 Ein Rechteck ist um 12 cm länger als breit. Verkürzt man die längere Seite um 4 cm und verlängert die kürzere Seite um 3 cm, so hat das neue Rechteck den gleichen Flächeninhalt wie das alte. Welche Längen haben die Seiten?

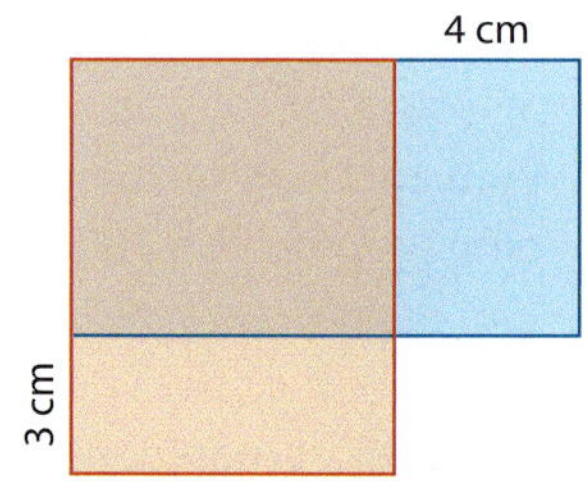

20 Die Parallelogrammseite a ist 8 cm länger als die Höhe h_a. Verlängert man die Höhe um 5 cm und verkürzt die Seite a um 4 cm, so vergrößert sich der Flächeninhalt um 26 cm².

5.6 Mach dich fit!

Einfache Gleichungen

1 Löse die Gleichung.

a $6x + 13 = 31$
b $13x - 122 = 34$
c $19x - 122x = -18x$
d $5x + 8 = 1 + 47x$
e $119 + x = -x + 3$
f $16x + 5 - 8x = 3 - 2x$

2 Welche Gleichungen haben dieselbe Lösung?

① $6x - 3 = 5 + 2x$
② $3y + 1 = 13$
③ $23b + 12 = -b$
④ $22 - 3x = 19$
⑤ $4a - 6 = 2a$
⑥ $14x - 2 = 2x + 10$
⑦ $2x - 3 = 1 + x$
⑧ $4x + 14 = 11x$
⑨ $12 + 3a = 21$

3 Gib die Lösungsmenge an.

a $16x + 5 - 8x = 35 - 4x + 6$
b $-5x + 32 - 3x = -20 - 7x + 30$
c $0{,}5x + 12 = 18 - 0{,}25x$
d $8 - 4x + (16 + 2x) = 4x - 6$
e $-(-18b - 7) - 12b = -2(-3{,}5b + 3{,}5)$
f $3 \cdot (2x - 5) - 7 = 4x + (13 - 3x)$
g $(3x + 6) \cdot (-2) = (-3x - 6) \cdot 2$
h $16x - 7 + 5x + 8 = 5x + 11 + 12x - 16$
i $-52x + (6x - 23) = 4(-12x + 7)$
j $(1{,}5x + 4)(-2) = 6x - 4{,}5 - 9x - 3{,}5$
k $0{,}5(14x + 9) = 5 - (2x - 4)$
l $-12 - (3{,}5x - 3 - 8x) = (-3)(-2x + 3)$

4 Viele Klammern – einfache Lösungen

a $(s + 5)(s - 5) + 3 = s^2 + s - 22$
b $(8 + t)^2 - (8 - t)^2 = 8(t + 3)$
c $(u + 7)^2 - (u + 3)^2 = 4(u + 6)$
d $(2v - 8)^2 + 4(2v - 10) = (2v + 2)(2v - 2) - 20$
e $(3w - 11)^2 - 5(7 - 3w) = 9(w + 5)^2 + 2$

Lösungen: -4 | -1 | 0 | 1 | 2

5 Welchen Vorteil bringt es, in der ersten Zeile mit 4 zu multiplizieren? Worauf muss man dabei achten?

$\frac{1}{2}(x + 9) = \frac{1}{4}(5x - 11) + 2 \quad | \cdot 4$

.... = ...

$\Leftrightarrow \quad 2x + 18 = 5x - 3 \quad | -2x$

$\Leftrightarrow \quad 18 = 3x - 3 \quad | +3$

$\Leftrightarrow \quad 21 = 3x \quad | :3$

$\Leftrightarrow \quad 7 = x \rightarrow L = \{7\}$

Notiere im Heft diesen ersten Umformungsschritt ausführlich in der 2. Zeile und überprüfe anschließend den weiteren Rechenweg.

6 Die Summe aller Lösungen ist 6.

a $6(x - 4) = 3(2x + 1) - 3x - 25$
b $\frac{3}{4}(3x + 2) - 11 = \frac{1}{2}\left(\frac{3}{4}x - 5\right) + x$
c $1{,}2(4 - 2x) + 1 = -0{,}8(4x - 8) - 3$
d $-\frac{3}{5}(5x + 10) + 2{,}5 = \frac{1}{2}(4x + 5) + x$
e $\frac{2}{3}\left(x - \frac{1}{3}\right) - 8x - 4 = -6(3x + 1) + 12x$

7 Löse die Gleichungen. Die Ergebnisse findest du in der Lösungsspirale.

a $24 + 6x = 126$
b $24 + 6x = 87 - 15x$
c $24 + 6x = 60 - 12x$
d $24 + 6x = -6 + 12x$
e $24 + 6x = 3x + 63$
f $24 + 6x = 5x + 43$
g $24 + 6x = 8x + 2$
h $24 + 6x = 3x + 45$

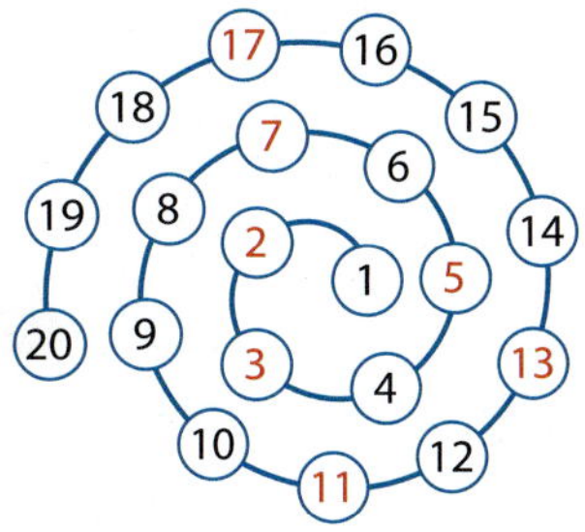

Welche Zahl wurde beim Färben übersehen?

8 Brüche und Dezimalzahlen!

a $(x - 3{,}5)^2 = (x + 6{,}5)^2$

b $(x + 2{,}5)^2 = -0{,}5(7{,}5 - 2x^2)$

c $\left(\frac{1}{2}x + \frac{1}{2}\right)\left(\frac{1}{2}x - \frac{1}{2}\right) = \frac{1}{4}(x - 1)^2$

d $\left(\frac{1}{4}x + 4\right)^2 = \left(\frac{1}{4}x + 2\right)\left(\frac{1}{4}x - 2\right)$

9 Anjas Bruder Jo erhält ein Angebot für einen Handyvertrag mit 24 Monaten Laufzeit. Im ersten Jahr bezahlt er 25 € pro Monat. Im Laufe der zwei Jahre muss er 660 Euro bezahlen.
Stelle eine Gleichung auf und berechne, welchen Betrag Jo im 2. Jahr monatlich bezahlen muss.

10 Der Flächeninhalt des Rechtecks ist um 32 Flächeneinheiten größer als der der roten Figur. Erstelle eine Gleichung und berechne die Seitenlängen und die beiden Flächeninhalte.

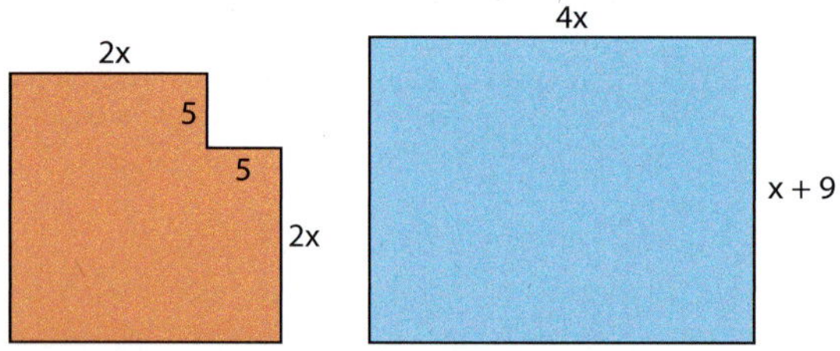

Textgleichungen

11 Welche Gleichung passt zu diesem Text?

Dividiere die Differenz einer Zahl und 8 durch 10. Du erhältst genau so viel, wenn du die Zahl verdoppelst und 54 subtrahierst.

① $x - 8 : 10 = 2x - 54$
② $(x - 8) : 10 = 2x - 54$
③ $(x + 8) : 10 = 2x - 54$
④ $(x - 8) : 10 = 2(x - 54)$

12 Charlotte und ihre Mutter sind zusammen 65 Jahre alt. Die Mutter ist viermal so alt wie Charlotte.
Wie alt sind die beiden?

13 Die Summe des Fünffachen einer Zahl und 3 ergibt das gleiche wie das Siebenfache der Zahl vermindert um 15.

14 In einem Viereck sind drei Seiten gleich lang. Die vierte Seite ist 4 cm länger als die anderen Seiten.

Das Viereck hat einen Umfang von 34 cm.

15 Verdoppelt man die Differenz aus der gesuchten Zahl und 3, so erhält man das Fünffache der um 6 verminderten Zahl.

16 Familie Klos ist zusammen 111 Jahre alt. Bastian ist 3 Jahre älter als seine Schwester Tabita. Frau Klos ist dreimal so alt wie ihr Sohn, Herr Klos ist viermal so alt wie seine Tochter.

17 Von zwei Aquarien fasst das größere 56 Liter Wasser mehr als das kleinere.
Welche Höhe haben die beiden Aquarien?

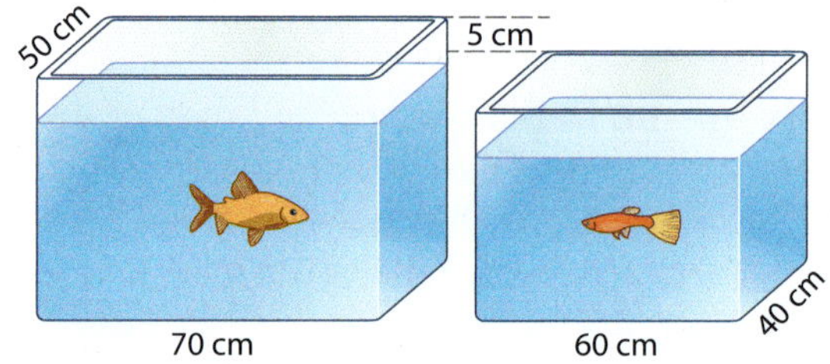

18 In einer zweistelligen Zahl ist die zweite Ziffer dreimal so groß wie die erste. Stellt man die Ziffern um und subtrahiert 30, so erhält man die Summe aus der ursprünglichen Zahl und 6.

19

Gleichungen umformen

Gleichungen kann man durch mehrfache **Äquivalenzumformungen** lösen, indem man nacheinander …
- … auf beiden Seiten die gleiche Zahl bzw. den gleichen Term addiert oder subtrahiert;
- … auf beiden Seiten mit der gleichen Zahl (außer Null) multipliziert oder durch die gleiche Zahl (außer Null) dividiert.

$$\begin{aligned} & 3x = 22 - 8x && \mid +8x \\ \Leftrightarrow\ & 3x + 8x = 22 - 8x + 8x && \\ \Leftrightarrow\ & 11x = 22 && \mid :11 \\ \Leftrightarrow\ & 11x : 11 = 22 : 11 && \\ \Leftrightarrow\ & x = 2 && \end{aligned}$$

Gleichungen lösen

Gehe schrittweise so vor:
- Klammern auflösen.
- Terme links und rechts zusammenfassen.
- Variable auf eine Seite bringen.
- Zahlen auf die andere Seite bringen.
- Durch den Faktor vor der Variablen dividieren.

$$\begin{aligned} & 3(x+1) = x + 11 && \\ \Leftrightarrow\ & 3x + 3 = x + 11 && \mid -x \\ \Leftrightarrow\ & 2x + 3 = 11 && \mid -3 \\ \Leftrightarrow\ & 2x = 8 && \mid :2 \\ \Leftrightarrow\ & x = 4 \quad \Rightarrow && L = \{4\} \end{aligned}$$

Sonderfälle bei Lösungen von Gleichungen

Gleichungen haben nicht immer eine Zahl als Lösung!

Gleichungen können drei Arten von Lösungen haben:
① eindeutige Lösung
② keine Lösung
③ unendlich viele Lösungen

① eindeutige Lösung

$$\begin{aligned} & 3x - 2 = 2x + 3 \\ \Leftrightarrow\ & x = 5 \\ \Rightarrow\ & L = \{5\} \end{aligned}$$

Es gibt eine eindeutige Lösung.

② keine Lösung

$$\begin{aligned} & 2x = 2x + 8 \\ \Leftrightarrow\ & x = x + 4 \\ \Rightarrow\ & L = \{\,\} \end{aligned}$$

Es gibt keine Zahl, die eine wahre Aussage ergibt, wenn man sie für x einsetzt.

③ unendlich viele Lösungen

$$\begin{aligned} & x + 6 = x + 13 - 7 \\ \Leftrightarrow\ & x = x \\ \Rightarrow\ & L = \mathbb{Q} \end{aligned}$$

Man kann für x jede beliebige Zahl einsetzen.

Mehr zum Thema: Das Königsberger Brückenproblem

Leonhard Euler wurde 1707 als Sohn eines Pastors geboren. Sein Vater wollte, dass der Sohn ebenfalls eine theologische Laufbahn einschlägt. Im Studium lernte Euler dann die Mathematikerfamilie Bernoulli kennen. Johann Bernoulli erkannte, dass man auf dem besten Wege war, aus einem begnadeten Mathematiker einen mittelmäßigen Theologen zu machen, und trat an Leonhards Vater heran. Dieser freundete sich schließlich widerstrebend damit an, dass sein Sohn zum Rechnen und nicht zum Predigen geboren war.

Euler lieferte enorm viele wichtige Beiträge zur Mathematik und ließ sich davon auch nicht abhalten, als er 1735 wegen Überarbeitung auf dem rechten Auge erblindete.
Er erwarb sich den Ruf, jedes ihm gestellte Problem lösen zu können. Eines dieser Probleme betraf Königsberg, heute Kaliningrad. Der Pregel teilt die Stadt in vier Stadtteile, die durch insgesamt sieben Brücken miteinander verbunden sind. Königsberger Bürger fragten sich, ob es möglich wäre, einen Spaziergang über die sieben Brücken der Stadt so durchzuführen, dass keine der Brücken zweimal überquert werden muss.

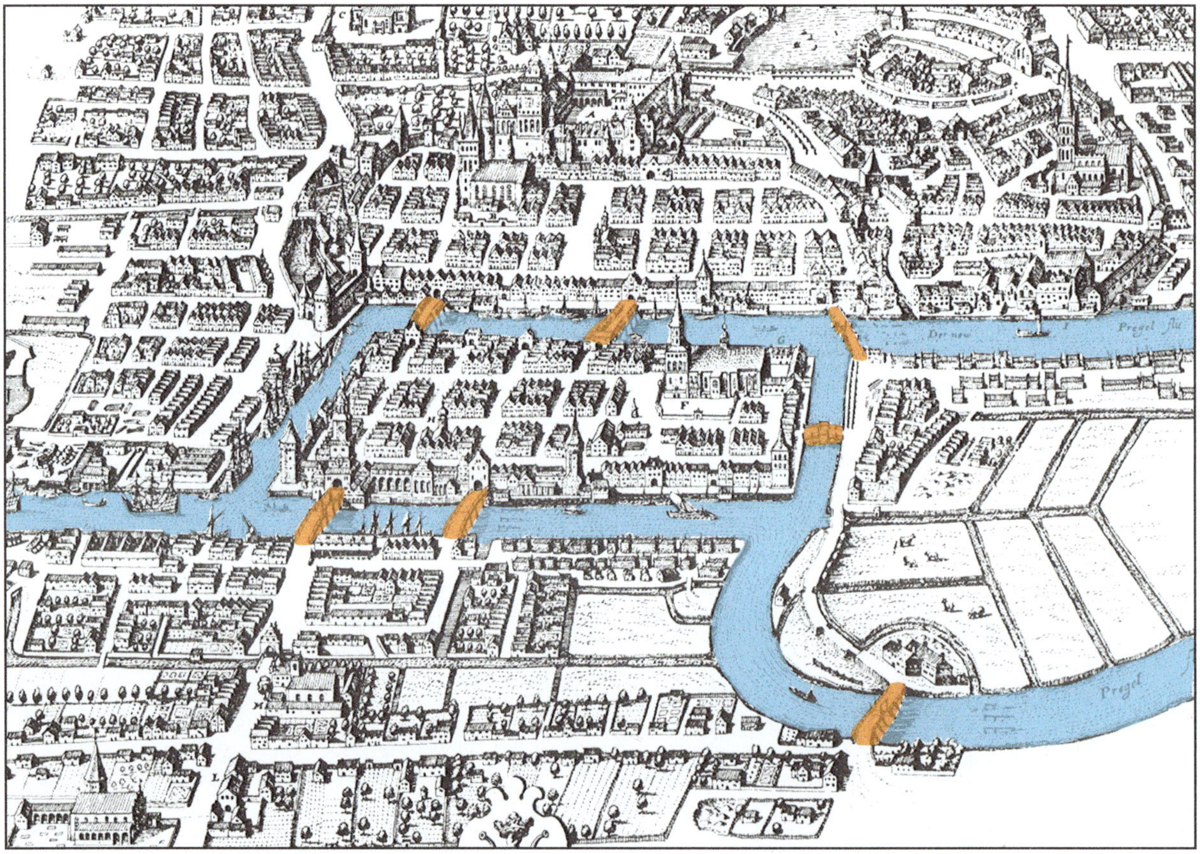

Die Einwohner von Königsberg versuchten es mit verschiedenen Routen, veränderten die Startposition, hatten jedoch keinen Erfolg. Euler entwickelte aus diesem Problem eine allgemeine mathematische Theorie für beliebig viele Stadtteile und Brücken, die aufzeigt, wann ein solcher Spaziergang möglich ist.

Zu welchem Schluss gelangte Euler für Königsberg?

6

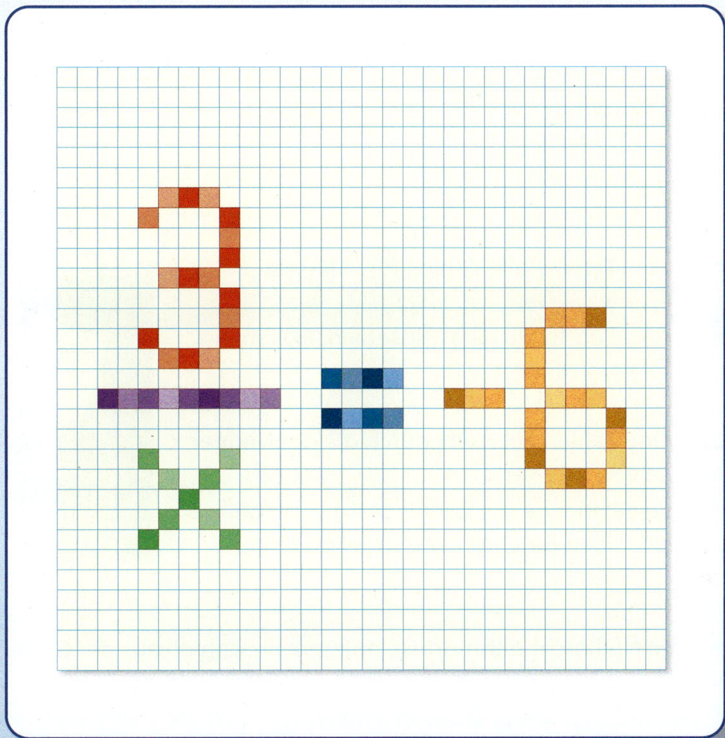

Bruchterme und Bruchgleichungen

6.1 Bruchterme und Definitionsmenge

1 Gegeben sind die Terme 7, 3x und $x \cdot (x - 2)$ mit $x \in \mathbb{Q}$.

a Wann besitzen die Terme den Wert 0?

b Aus den gegebenen Termen lassen sich Brüche bilden, z. B. $\frac{7}{3x}$, $\frac{x \cdot (x-2)}{3x}$ oder $\frac{3x}{7}$.

Diese Brüche sind ebenfalls Terme.
Bestimme alle möglichen Terme, die so gebildet werden können und ermittle ihre Werte für $x = -1$ und für $x = 0$.
(Dabei sollen Zähler- und Nennerterm unterschiedlich sein.)

M Terme, die im **Nenner** mindestens eine Variable enthalten, nennt man **Bruchterme**.

Bruchterm $T(x) = \frac{Z(x)}{N(x)}$ ← Zählerterm ← Nennerterm

Beispiele: $\frac{3}{x}$, $\frac{x}{x-1}$, $\frac{5x}{7x^2}$

Britta überlegt: „Darf ich in den Term $\frac{10}{x}$ alle Zahlen für x einsetzen?"

Laura meint: „Nein, die Zahl Null darfst du nicht einsetzen, weil man durch die Zahl Null nicht dividieren kann."

Man darf für die Variable keine Zahlen zulassen, durch die der Nenner null wird. Dabei geht man so vor:
Mit der **Grundmenge G** wird die Menge der Zahlen festgelegt, die grundsätzlich für die Variable in den Bruchterm eingesetzt werden könnten.

Da die **Division mit der Zahl Null nicht definiert** ist, müssen alle Zahlen aus der **Grundmenge** des Bruchterms ausgeschlossen werden, für die der **Nennerterm des Bruchterms** den Wert 0 besitzt. Diese Restmenge heißt **Definitionsmenge D des Bruchterms**. Sie ist stets eine Teilmenge der Grundmenge des Terms.

M Bei Aufgaben mit Bruchtermen muss man eine **Definitionsmenge D** festlegen. Sie gibt an, welche Zahlen aus der **Grundmenge G** in einen Term eingesetzt werden dürfen.

Beispiele mit der Grundmenge $G = \mathbb{Q}$:

a $T(x) = \frac{3}{x}$ $D = \mathbb{Q} \setminus \{0\}$, da für $x = 0$ der Nenner null wird.

b $T(x) = \frac{x}{x-1}$ $D = \mathbb{Q} \setminus \{1\}$, da für $x = 1$ der Nenner null wird.

c $T(x) = \frac{4x}{x^2-1}$ $D = \mathbb{Q} \setminus \{-1; 1\}$, da für $x = 1$ oder $x = -1$ der Nenner null wird, denn

$$N(x) = x^2 - 1 = \underbrace{(x + 1)}_{0,\text{ wenn } x = -1} \cdot \underbrace{(x - 1)}_{0,\text{ wenn } x = 1}.$$

Übungsaufgaben

1 Entscheide, welche der folgenden Terme Bruchterme darstellen.

a $\frac{2x}{2-x}$ e $\frac{y^2}{2}$ i $\frac{x}{x}$

b $\frac{x^2}{4x}$ f $\frac{3}{2}a^2$ j y^{-3}

c $\frac{4x-2}{8}$ g $\left(\frac{1}{x}\right)^2$ k $\frac{2{,}5-3x}{0{,}5}$

d $\frac{y+2{,}5}{2{,}5-y}$ h $\frac{2x}{x^3}$ l $x^{-1}\cdot x^2$

2 Gib zu den folgenden Termen jeweils die Definitionsmenge D bezüglich der Grundmenge $\mathbb{Q}$ an.

a $\frac{1}{x+4{,}5}$ e $\frac{x^4}{x^5}$ i $\frac{2}{x}+5$

b $\frac{4}{3-2y}$ f $\frac{5-3x}{15+7{,}5x}$ j $\frac{5}{x-2}-\frac{3}{x}$

c $\frac{9a}{a+1}$ g $\frac{3b-2}{3a-4}$ k $\frac{17a-17}{7a-70}$

d $\frac{3(x+1)}{6(x-1)}$ h $\frac{b}{7}-\frac{7}{b}$ l $\frac{0}{3x}$

3 Finde jeweils drei Bruchterme zu den angegebenen Definitionsmengen.

a $D=\mathbb{Q}\setminus\{-3\}$ c $D=\mathbb{Q}\setminus\{1{,}5\}$

b $D=\mathbb{Q}\setminus\{0\}$ d $D=\mathbb{Q}\setminus\{-0{,}5;\,0{,}5\}$

4 Forme den Nennerterm in ein Produkt um und kürze den Bruchterm wenn möglich. Bestimme die Definitionsmenge vor und nach dem Kürzen.

a $\frac{-2x}{2x^2-x}$ d $\frac{1}{a^2+2a}$ g $\frac{7}{7y^3-7y^2}$

b $\frac{1}{4a^2-2a}$ e $\frac{a}{a^2-4a+4}$ h $\frac{1}{x^3-25x}$

c $\frac{x^2+1}{x^2-1}$ f $\frac{y^2+1}{y^2-1}$ i $(0{,}5x-6x)^{-1}$

5 Gegeben ist der Bruchterm $T(x)=\frac{2}{2+(x-1)^2}$ mit $G=\mathbb{Q}$.

a Übertrage die nachfolgende Tabelle in dein Heft und vervollständige sie.

x	−3	−2	−1	0	1	2	3
$\frac{2}{2+(x-1)^2}$	…	…	…	…	…	…	…

b Ist die Definitionsmenge des Bruchterms die gesamte Grundmenge G? Begründe deine Entscheidung.

c Der Nennerterm $N(x)=2+(x-1)^2$ besitzt einen Extremwert. Bestimme diesen Extremwert und den zugehörigen Termwert des Bruchterms.

6 Für welche Teilmengen von $\mathbb{N}$ sind die nachfolgenden Terme definiert?

a $\frac{1-x}{x}$ c $\frac{2x}{x-2}$ e $\frac{3}{1-y^3}$

b $\frac{x}{1-x}$ d $\frac{(y-3)^2}{y^2}$

7 Für welche Zahlen aus $\mathbb{Q}$ sind die folgenden Terme nicht zugelassen?

a $\frac{1}{y}-\frac{y}{y+1}$ c $\frac{3b}{2b-3}$

b $\left(\frac{1}{y}+y\right)\left(\frac{1}{y}-y\right)$ d $\frac{2^4}{y^4}$

8 In $G=\mathbb{Q}$ sollen aus den vier „Bausteinen" x, $3x^2-48$, x^2+1 und 7 Bruchterme gebildet werden. In den gebildeten Bruchtermen darf jeder verwendete Baustein nur einmal vorkommen. Die Bausteine können mit allen dir bekannten Rechenzeichen verknüpft werden. Finde Bruchterme, die den folgenden Bedingungen genügen:

a In der Definitionsmenge fehlen zwei rationale Zahlen.

b Drei rationale Zahlen müssen aus der Definitionsmenge ausgeschlossen werden.

c Es ist genau eine rationale Zahl nicht erlaubt. Finde alle passenden Bruchterme, die aus genau zwei Bausteinen bestehen.

d Alle rationalen Zahlen dürfen eingesetzt werden. Wie viele Bruchterme findest du?

9 Gib drei verschiedene Bruchterme mit der Variablen x an, die für alle $x\in\mathbb{Q}$ definiert sind.

10 Bestimme die Definitionsmenge von folgenden Bruchtermen.

a $\frac{3}{x^2-8x+16}$ c $\frac{x^2+1}{x^2-1}$ e $(36+36y+9y^2)^{-2}$

b $\frac{2x^2}{4x^2+12x+9}$ d $(y^2-6y+9)^{-1}$

6.2 Bruchgleichungen

Ella hat so gerechnet:

Die Muffins werden durch die Anzahl der Personen geteilt; $48 : x$

das Ergebnis der Division ist die Anzahl der Muffins, die jeder bekommt: $48 : x = 6$

Diese Gleichung kann man auch als Bruch schreiben: $\frac{48}{x} = 6 \quad | \cdot x$

Multipliziere beide Seiten mit x: $\frac{48}{x} \cdot x = 6 \cdot x$

$48 = 6x \quad | : 6$

Dividiere beide Seiten durch 6: $48 : 6 = 6x : 6$

$8 = x$

Bringe die Variable nach links: $x = 8$

M Gleichungen, bei denen Variablen im Nenner eines Bruches stehen, nennt man **Bruchgleichungen**. Durch Multiplikation mit dem Nenner kann man den Bruch auflösen.

Beim Lösen von Bruchgleichungen muss man eine **Definitionsmenge** D festlegen. Sie gibt an, welche Zahlen aus der **Grundmenge** G in einen Term eingesetzt werden dürfen.

Beispiel mit der **Grundmenge** $G = \mathbb{Q}$

Bruchgleichung — $\frac{10}{x} = 2 \quad | \cdot x \qquad D = \mathbb{Q} \setminus \{0\}$ — Definitionsmenge

Bruchterm — $\frac{10}{x} \cdot x = 2 \cdot x$

$10 = 2x \quad | : 2$

$5 = x$

$x = 5 \Rightarrow L = \{5\}$ — Lösungsmenge

M Man schreibt zum Beispiel: $\frac{48}{x} = 8$; $G = \mathbb{Q}$; $D = G \setminus \{0\}$

Das wird so gelesen: In der Grundmenge sind alle rationalen Zahlen enthalten. In der Definitionsmenge sind alle Zahlen aus der Grundmenge enthalten, **ohne** die Zahl Null.

Beispiele mit der Grundmenge $G = \mathbb{Q}$

a $\frac{6}{x} = 3$ $\quad D = \mathbb{Q} \setminus \{0\}$

$\frac{6}{x} = 3 \quad | \cdot x$

$\frac{6}{x} \cdot x = 3 \cdot x$

$6 = 3x \quad | : 3$

$2 = x$

$x = 2 \quad \Rightarrow L = \{2\}$

b $\frac{0}{x} = 1$ $\quad D = \mathbb{Q} \setminus \{0\}$

$\frac{0}{x} = 1 \quad | \cdot x$

$\frac{0}{x} \cdot x = 1 \cdot x$

$0 = 1 \cdot x$

$0 = x$

$x = 0 \quad \Rightarrow L = \{\,\} = \emptyset$

Keine Lösung, da 0 nicht zu D gehört.
Wir sprechen von der **leeren Menge**.

c $\frac{3}{x-2} = 3$ $\quad D = \mathbb{Q} \setminus \{2\}$

$\frac{3}{x-2} = 3 \quad | \cdot (x-2)$

$3 = 3 \cdot (x-2)$

$3 = 3x - 6 \quad | + 6$

$9 = 3x \quad | : 3$

$3 = x$

$x = 3 \quad \Rightarrow L = \{3\}$

Übungsaufgaben

1 Erstelle zu jeder Situation eine Bruchgleichung. Löse sie, nachdem du die Definitionsmenge angegeben hast.

a Jans Mutter verteilt ein Päckchen mit 105 Schokokugeln gleichmäßig an ihre Kinder. Jeder erhält 35 Kugeln. Wie viele Kinder hat sie?

b Für eine Spendenaktion zugunsten von Flüchtlingskindern sollen alle aus der Klasse 8a vier von ihren alten Spielsachen mitbringen. 104 Spielsachen kommen zusammen.

2 Übertrage die Tabelle in dein Heft. Berechne den Wert des Bruchterms und bestimme die Definitionsmenge. Trage *nd* für „nicht definiert" ein, wenn der Wert nicht in der Definitionsmenge enthalten ist.

	x	−2	−1	0	1	2
a	$\frac{2x}{x-1}$	…	…	…	…	…
b	$\frac{1+x}{2+x}$	…	…	…	…	…
c	$\frac{4}{2x-4}$	…	…	…	…	…

3 Löse die Gleichungen und gib jeweils die Definitionsmenge an. $G = \mathbb{Q}$

a $\frac{40}{x} = 4$ **f** $\frac{20}{x} = 20$ **k** $\frac{12}{x} = 24$

b $\frac{21}{x} = 3$ **g** $\frac{32}{x} = -16$ **l** $\frac{-8}{x} = 4$

c $\frac{12}{x} = 6$ **h** $\frac{32}{x} = 6$ **m** $\frac{30}{x} = -10$

d $\frac{66}{x} = 2$ **i** $\frac{-9}{x} = 6$ **n** $\frac{21}{x} = 7$

e $\frac{48}{x} = 36$ **j** $\frac{-20}{x} = 5$ **o** $\frac{-56}{x} = -8$

4 Finde das Lösungswort!

a $\frac{18}{x} = -9$ **d** $\frac{-4}{x} = -16$ **g** $\frac{-63}{3x} = 7$

b $\frac{35}{x} = 14$ **e** $\frac{25}{x} = 2$ **h** $-\left(\frac{187}{x}\right) = 17$

c $\frac{-33}{x} = -11$ **f** $\frac{-28}{x} = 32$ **i** $\frac{18}{4x} = -9$

-3	E	-2	B	$-\frac{1}{2}$	M
$12\frac{1}{2}$	H	$-\frac{7}{8}$	T	-11	R
$2\frac{1}{2}$	R	$\frac{1}{4}$	C	3	U

5 Löse wie im Beispiel. Forme ggf. vorher um.

$\frac{3}{x-1} = \frac{2}{x+2}$ $|\cdot(x+2)(x-1)$ $D = \mathbb{Q}\setminus\{-2; 1\}$

$3(x+2) = 2(x-1)$

$3x + 6 = 2x - 2$ $|-2x-6$

$x = -8 \in D \Rightarrow L = \{-8\}$

a $\frac{5}{x-3} = -\frac{1}{2}$ **d** $\frac{3}{x-4} = \frac{5}{x}$ **g** $\frac{3}{x-2} - 2 = 8$

b $\frac{2}{x} = \frac{3}{4x-1}$ **e** $\frac{3}{x+3} = -\frac{4}{x-1}$ **h** $15 : (2 + 3x) = 6$

c $\frac{4}{x+1} = \frac{3}{x+3}$ **f** $\frac{3x-9}{x-2} = 1{,}5$ **i** $\frac{4}{x} - \frac{5}{3x+6} = 0$

6 Gib die Definitionsmenge der Bruchgleichung an. Löse anschließend wie im Beispiel.

$\frac{3x+2}{x-1} = \frac{9x+4}{3x-1}$ $|\cdot(3x-1)(x-1);$ $D = \mathbb{Q}\setminus\left\{\frac{1}{3}; 1\right\}$

$(3x+2)(3x-1) = (9x+4)(x-1)$

$9x^2 - 3x + 6x - 2 = 9x^2 - 9x + 4x - 4$ $|-9x^2$

$3x - 2 = -5x - 4$ $|+5x+2$

$8x = -2$ $|:8$

$x = -\frac{1}{4} \in D \Rightarrow L = \left\{-\frac{1}{4}\right\}$

a $\frac{2x+6}{\frac{1}{2}x} = \frac{4x-4}{x+6}$ **c** $\frac{2x}{x-3} = \frac{2x-4}{x+2}$ **e** $\frac{x-3}{x} = \frac{x}{x+1}$

b $\frac{x+1}{x-2} = \frac{x-2}{x+1}$ **d** $\frac{2x-4}{x-1} = \frac{2x-2}{x-2}$ **f** $\frac{x}{2x+4} = \frac{4x-3}{8x+6}$

Formeln umstellen

7 Nutze die Formel $P = G \cdot p\,\%$ zur Berechnung der Werte, die in der Tabelle fehlen.

p %	5 %	2,5 %	40 %	…
G	330 €	…	…	480 kg
P	…	17 cm	450 m²	72 kg

T **Formeln nach Variablen auflösen**

Um eine bestimmte Variable in einer Formel leicht berechnen zu können, stellt man die Formel so um, dass die gesuchte Variable allein auf einer Seite steht.

Beispiel

Die Formel für den Flächeninhalt eines rechtwinkligen Dreiecks umstellen:

$A = \frac{1}{2}a \cdot b$ $|:b$

$\frac{A}{b} = \frac{1}{2}a$ $|\cdot 2$

$a = 2 \cdot \frac{A}{b}$

8 Stelle die folgenden Formeln zur Flächenberechnung jeweils so um, dass du die gesuchten Größen berechnen kannst:

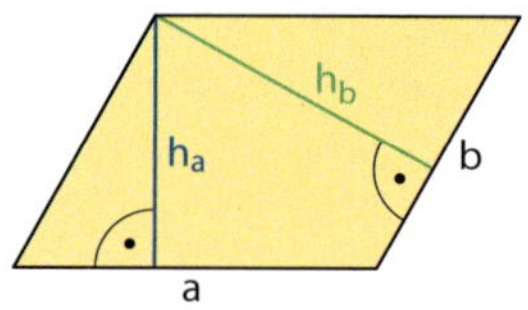

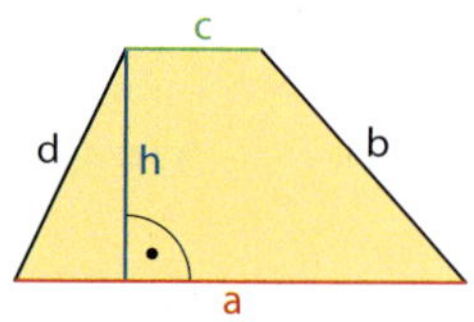

$A_{Parallelogramm} = a \cdot h_a$

$A_{Drache} = \frac{e \cdot f}{2}$

$A_{Trapez} = \frac{1}{2} \cdot (a + c) \cdot h$

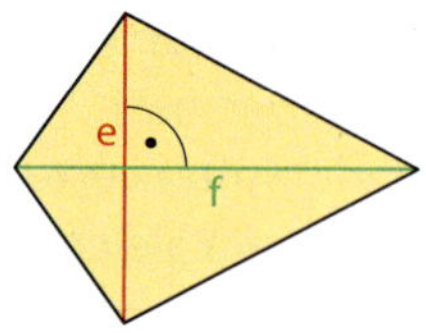

a $A_P = 15{,}75\,cm^2$; $h_a = 3{,}5\,cm$; $a = ?$

b $A_D = 7{,}98\,cm^2$; $e = 4{,}2\,cm$; $f = ?$

c $A_T = 9\,cm^2$; $a = 4\,cm$; $c = 3{,}2\,cm$; $h = ?$

d $A_T = 31{,}2\,cm^2$; $a = 5{,}5\,cm$; $h = 4{,}8\,cm$; $c = ?$

9 Der Hockenheimring hat eine Länge von 4,6 km. Ein sehr schneller Läufer benötigt für diese Strecke 15 min.

a Berechne mit Hilfe der Formel $v = \frac{s}{t}$ seine Durchschnittsgeschwindigkeit.

b Ein Formel-1-Rennwagen fährt die Strecke mit einer Durchschnittsgeschwindigkeit von 276 km/h. Löse die Geschwindigkeitsformel nach t auf und berechne, wie lange der Rennwagen für eine Runde benötigt.

6.3 Verhältnisgleichungen

1 Pauls Computerbildschirm hat das Format 16 : 9. Damit wird das Verhältnis von Breite zu Höhe des Bildschirms angegeben.

a Pauls Bildschirm ist 48 cm breit. Welche Höhe hat er?

b Linas Bildschirm hat das gleiche Format. Ihr Bildschirm ist 30 cm hoch. Wie breit ist ihr Bildschirm?

2 Luise und Erna mischen sich ein Fruchtsaftmixgetränk. Laut Rezept sollen Apfelsaft und Kirschsaft im Verhältnis 5 : 2 gemischt werden. Wie viel Apfelsaft müssen die beiden zu 200 ml Kirschsaft hinzufügen, wenn sie nach Rezept vorgehen?

Zum Vergleich zweier Zahlen oder Größen kann man sie zueinander ins Verhältnis setzen, indem man einen Quotienten bildet. Das Beispiel zeigt, wie man die Menge an Apfelsaft bestimmen kann, die Luise und Erna zu 100 ml Kirschsaft hinzufügen müssen.

Menge Apfelsaft zu Menge Kirschsaft verhält sich wie 5 zu 2 (5 : 2).

kurz: $\frac{\text{Apfelsaft}}{\text{Kirschsaft}} = \frac{a}{k} = \frac{5}{2}$

Um die für 100 ml Kirschsaft benötigte Menge an Apfelsaft zu berechnen, setzt man für k die Zahl 100 ein und erhält folgende Verhältnisgleichung:

$$\frac{a}{100} = \frac{5}{2} \qquad | \cdot 100$$

$$a = \frac{5}{2} \cdot 100 \mathrel{\hat{=}} 250\,\text{ml}$$

Bei einem Verhältnis von 5 : 2 muss man also 250 ml Apfelsaft zu den 100 ml Kirschsaft mischen.

M Man vergleicht zwei Größen a und b mit Hilfe ihres Quotienten $\frac{a}{b}$.

Diesen Quotienten bezeichnet man als **Verhältnis** a : b.

$\frac{a}{b} = a : b$ lies: „a zu b"

Setzt man zwei Verhältnisse gleich, so erhält man eine Gleichung der Form: $\frac{a}{b} = \frac{c}{d}$ oder $a : b = c : d$

Solche Gleichungen heißen **Verhältnisgleichungen**.

Beispiele

Monitorbreite zu -höhe:

$16 : 9 = \frac{16}{9}$

Verhältnis Jungen zu Mädchen in der 8c:

$21 : 7 = \frac{21}{7} = \frac{3}{1}$

Übungsaufgaben

1 Stelle jeweils eine Verhältnisgleichung auf.

a Für ein *Skiwasser* mischt man einen Teil Sirup mit neun Teilen Wasser.

b Für den Cocktail *Schnelle Melle* mischt man 80 ml Melonensaft mit 120 ml Orangensaft.

c In der Klasse 8b gibt es nur halb so viele Jungen wie Mädchen.

d Auf eine süße Crêpe kommt eine Mischung, die aus viermal so viel Zucker wie Zimt besteht.

2 Gib zu jedem Verhältnis ein praktisches Beispiel an:

a 4 : 3 **b** 1 : 1 **c** 1 : 20 000 **d** 2 : 1

3 Überprüfe die Verhältnisgleichungen. Welche (!) davon sind nicht richtig aufgestellt?

a 25 m : 100 m = 1 : 4

b 32 cm : 24 cm = 4 : 3

c 84 t : 70 t = 5 : 6

d $\frac{110\,m^2}{33\,m^2} = \frac{11}{3}$

e $\frac{150\,€}{350\,€} = \frac{3}{7}$

f $\frac{500\,ml}{25\,ml} = \frac{20}{1}$

4 Löse die Verhältnisgleichungen.

a $\frac{x}{10} = \frac{2}{5}$ **d** $\frac{8}{9} = \frac{y}{99}$ **g** $\frac{z}{60} = \frac{2}{3}$

b $\frac{5}{8} = \frac{x}{40}$ **e** $\frac{y}{50} = \frac{3}{5}$ **h** $\frac{3}{150} = \frac{z}{100}$

c $\frac{x}{30} = \frac{200}{600}$ **f** $\frac{7}{11} = \frac{y}{165}$ **i** $\frac{3}{4} = \frac{30}{z}$

5 Berechne die Variable.

a $\frac{1}{4} = \frac{x}{100}$ **d** $\frac{5}{6} = \frac{y}{60}$ **g** $\frac{z}{500} = \frac{1}{5}$

b $\frac{2}{4} = \frac{x}{100}$ **e** $\frac{5}{6} = \frac{y}{120}$ **h** $\frac{z}{500} = \frac{1}{10}$

c $\frac{3}{4} = \frac{x}{100}$ **f** $\frac{5}{6} = \frac{y}{660}$ **i** $\frac{z}{500} = \frac{1}{50}$

6 Herr Moll möchte einige Wände im Zimmer seines Sohnes neu streichen. Dazu mischt er orangene Farbe in die weiße Farbe im Verhältnis 1 : 20.
Welche Menge orangene Farbe benötigt er bei folgenden Mengen weißer Farbe? Löse mit einer Verhältnisgleichung:

a 1 l **b** 5 l **c** 4 l **d** 2,5 l

7 Jana behauptet, dass beide Verhältnisgleichungen das Gleiche über die Farbmischung aussagen. Hat sie Recht?

$\frac{\text{rot}}{\text{weiß}} = \frac{2}{15}$ $\frac{\text{weiß}}{\text{rot}} = \frac{15}{2}$

M Kehrbruch verwenden

Befindet sich in einer Verhältnisgleichung die Variable im Nenner, dann ist es vorteilhaft, wenn man die Verhältnisgleichung umkehrt.

Beispiel $\frac{1}{5} = \frac{8}{x}$

Wir drehen beide Brüche um: $\frac{5}{1} = \frac{x}{8}$

8 Löse die Verhältnisgleichungen mit der Variablen im Nenner.

a 1 : x = 7 : 35 **c** 2 : 3 = 10 : x

b $\frac{50}{y} = \frac{450}{9}$ **d** $\frac{12}{y} = \frac{3}{8}$

9 Maßstabsberechnungen

a Der Triebkopf des ICE 3 hat in der Modellbahngröße H0 eine Länge von 270 mm. Der Maßstab von H0-Modellbahnen ist 1 : 87.

b Kai und Jochen organisieren den Jahresausflug ihrer Klasse zum Uracher Wasserfall. Ihre Klassenkameraden möchten wissen, wie weit der Weg bis zu ihrem Ausflugsziel ist. Auf einer Wanderkarte mit dem Maßstab 1 : 25 000 ist die Strecke 10,5 cm lang.

6.4 Mach dich fit!

Bruchterme

1 Welchen Wert darf x nicht haben? G = ℚ; gib die Definitionsmenge an.

a $\frac{4}{x}$ c $\frac{7}{2x}$ e $\frac{1}{x+1}$

b $\frac{12}{x-5}$ d $\frac{2}{8-x}$ f $\frac{9}{10-2x}$

Bruchgleichungen

2 Löse die Gleichungen und gib jeweils die Definitionsmenge an. G = ℚ

a $\frac{50}{x} = 5$ c $\frac{84}{x} = 7$ e $\frac{72}{x} = 4$

b $\frac{39}{x} = 3$ d $\frac{102}{x} = 3$ f $\frac{36}{x} = 8$

3 Die Ergebnisse sind Brüche. Gib sie in gekürzter Schreibweise an. Es gilt $D = \mathbb{Q} \setminus \{0\}$.

a $\frac{5}{x} = 30$ c $\frac{9}{x} = 30$ e $\frac{-26}{x} = 39$

b $\frac{21}{x} = 28$ d $\frac{20}{x} = 24$ f $\frac{25}{x} = 15$

4 Finde das Lösungswort! Es gilt $D = \mathbb{Q} \setminus \{0\}$.

a $\frac{12}{x} = -15$ d $\frac{-4}{3x} = -32$ g $\frac{-63}{3x} = 7$

b $\frac{63}{x} = 14$ e $\frac{125}{x} = 75$ h $-\left(\frac{19}{10x}\right) = -95$

c $\frac{-55}{x} = -22$ f $\frac{-28}{x} = 32$ i $\frac{180}{4x} = -900$

$-\frac{7}{8}$	B	$\frac{1}{50}$	N	$-\frac{4}{5}$	S
$\frac{5}{3}$	U	$-\frac{1}{20}$	G	-3	I
$4\frac{1}{2}$	T	$\frac{1}{24}$	A	$2\frac{1}{2}$	R

5 Löse durch Multiplikation mit dem gemeinsamen Nenner.

a $\frac{2}{x-3} = \frac{4}{x+2}$ d $\frac{-4}{x-1} = \frac{2}{x-2}$ g $\frac{-2}{x-1} = \frac{4}{x-2}$

b $\frac{1}{x-2} = \frac{-2}{x+1}$ e $\frac{-3}{x} = \frac{7}{x+1}$ h $\frac{2}{\frac{1}{2}x} = \frac{4}{x+6}$

c $\frac{-2}{3x} = \frac{1}{x+1}$ f $\frac{1}{2x-4} = \frac{-3}{4x+2}$ i $\frac{5}{3x-6} = -\frac{1}{2x+1}$

6 Bestimme die Definitionsmenge der Bruchgleichung. Löse diese anschließend und prüfe, ob deine Lösung in der Definitionsmenge enthalten ist. Gib die Lösungsmenge an.

a $\frac{x+1}{3x-6} = \frac{x-2}{3x+3}$ d $\frac{2x-6}{x} = \frac{2x}{x+1}$

b $\frac{x}{x-3} = \frac{x-2}{x+2}$ e $\frac{x}{x-2} = \frac{4x-3}{4x+3}$

c $\frac{x-2}{2x-2} = \frac{x-1}{2x-4}$ f $\frac{4x+12}{x} = \frac{2x-2}{\frac{1}{2}x+3}$

7 Ein Rechteck hat einen Umfang von 35,8 cm. Die Seite a ist 7,5 cm lang.

a Stelle die Formel zur Berechnung des Rechteckumfangs so um, dass du die fehlende Seite b berechnen kannst.

b Berechne die fehlende Seite a eines Rechtecks mit u = 50,4 cm und b = 12,4 cm. Begründe, warum du dafür die umgestellte Formel aus Teil a verwenden kannst.

8

Ein Passagierflugzeug benötigt für die 1 200 km lange Flugstrecke von München nach Palma de Mallorca $1\frac{1}{2}$ Stunden.

a Berechne die Durchschnittsgeschwindigkeit des Flugzeugs mit der Formel $v = \frac{s}{t}$.

b Wie lange ist das Flugzeug nach New York unterwegs, wenn es die 6 400 km mit der gleichen Geschwindigkeit fliegt? Stelle zuerst die Formel entsprechend um!

c Von München nach Tokio würde das Flugzeug 12 Stunden benötigen, wenn es mit der gleichen Durchschnittsgeschwindigkeit fliegen würde. Löse die Formel nach s auf und berechne die Flugstrecke.

9 Erstelle zuerst eine Bruchgleichung und löse sie dann.

a Das Tom-Tatze-Tierheim hat wieder drei ausgesetzte Hunde aufgenommen. Für den dafür notwendigen Umbau des Käfigs fehlt noch ein Restbetrag von 240 €. Wie viele Schüler müssten sich an der SMV-Spendenaktion beteiligen, damit 5 € pro Spender reichen?

b Wie viele Schüler müssen spenden, damit 2 € Spende pro Person ausreichen?

Verhältnisgleichungen

10 Stelle jeweils eine Verhältnisgleichung auf.

a Das Grundstück ist doppelt so lang wie breit.

b Für einen Himbeer-Smoothie mixt man drei Teile Himbeeren mit einem Teil Naturjoghurt.

c Für Zweitakt-Fahrzeuge werden an der Tankstelle Gemische aus 50 Teilen Benzin und einem Teil Zweitakt-Motoröl angeboten.

d Milo ist ein sehr guter Elfmeter-Schütze. Bei zehn Schüssen trifft er neunmal ins Tor.

11 Gib an, in welchem Verhältnis das Rechteck eingefärbt ist.

12 Die Konditorei Piroschky verkauft Pralinenmischungen. In einer dieser Mischungen sind zwei von fünf Pralinen mit Marzipan gefüllt. Wie viele Marzipanpralinen sind in den einzelnen Packungen enthalten? Löse mit einer Verhältnisgleichung!

a 15 Pralinen b 25 Pralinen

13 Überprüfe die Verhältnisgleichungen. Welche davon sind nicht richtig aufgestellt?

a 75 ha : 175 ha = 1 : 2

b 64 cm : 48 cm = 4 : 3

c 250 g : 150 g = 3 : 5

d $\frac{22\,cm^2}{77\,cm^2} = \frac{2}{7}$

e $\frac{390\,€}{260\,€} = \frac{3}{2}$

f $\frac{600\,ml}{48\,ml} = \frac{50}{4}$

14 Berechne die Variable.

a $\frac{4}{5} = \frac{x}{1000}$

b $\frac{3}{50} = \frac{x}{1000}$

c $\frac{33}{500} = \frac{x}{1000}$

d $\frac{5}{6} = \frac{y}{36}$

e $\frac{1}{60} = \frac{y}{360}$

f $\frac{5}{60} = \frac{y}{3600}$

g $\frac{z}{100} = \frac{4}{5}$

h $\frac{z}{100} = \frac{19}{20}$

i $\frac{z}{100} = \frac{24}{25}$

15 Löse die Verhältnisgleichungen.

a $\frac{x}{50} = \frac{2}{25}$

b $\frac{5}{16} = \frac{x}{48}$

c $\frac{x}{35} = \frac{400}{700}$

d $\frac{6}{9} = \frac{y}{33}$

e $\frac{y}{500} = \frac{7}{25}$

f $\frac{7}{11} = \frac{y}{121}$

g $\frac{z}{69} = \frac{12}{23}$

h $\frac{30}{750} = \frac{z}{100}$

i $\frac{7}{8} = \frac{63}{x}$

16 Der Kartenausschnitt hat einen Maßstab von 1 : 1 200 000. Wie weit ist Stuttgart in Luftlinie von Karlsruhe und Pforzheim entfernt?

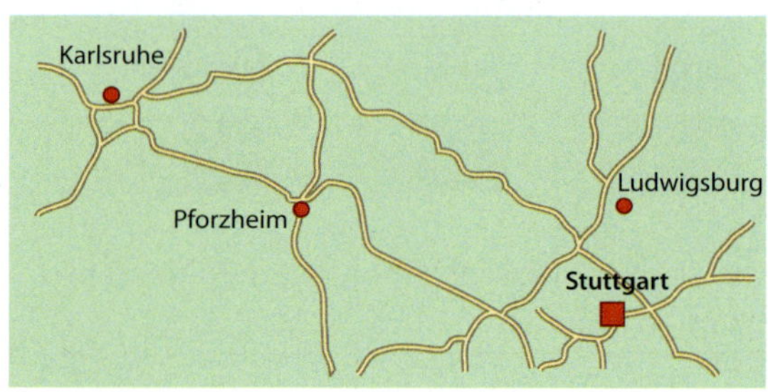

17 Arianes großer Bruder Malte nimmt an einer Sportwette teil. Er setzt 40 € darauf, dass der Verein Brose Bamberg deutscher Basketballmeister wird. Die Gewinnquote beträgt 3,5 : 1.

Bruchgleichungen

Bruchterm
Term, bei dem Variablen im Nenner eines Bruchs stehen.

Grundmenge G
Sie gibt an, welche Zahlen oder Zahlenmengen für die Variable zur Verfügung stehen.

Definitionsmenge D
Sie gibt an, welche Zahlen aus der Grundmenge G eingesetzt werden können, so dass sinnvolle Terme entstehen.

Lösungsmenge L
Die Zahlen aus der Definitionsmenge, für die eine Gleichung lösbar ist.

$\frac{5}{x} = 10;\ D = G \setminus \{0\}$

Lies: In der Definitionsmenge sind alle Zahlen aus der Grundmenge enthalten, außer der Null.
Durch die Null kann man nicht teilen, deswegen darf sie nicht im Nenner stehen.

Formeln umstellen
Mit Hilfe von Äquivalenzumformungen kann man Formeln so umstellen, dass jede darin enthaltene Variable berechnet werden kann. Man „löst nach einer Variablen auf".

Berechnung der unbekannten Seite a aus der Formel für den Flächeninhalt des Rechtecks:

$$A = a \cdot b \qquad |:b$$

$$\Leftrightarrow \quad \frac{A}{b} = a \quad \Rightarrow \quad a = \frac{A}{b}$$

Verhältnisgleichungen

Verhältnis
Man vergleicht zwei Größen a und b mit Hilfe ihres Quotienten a : b.

$\frac{a}{b} = a : b$ lies: „a zu b"

$\frac{\text{Anzahl Lkw}}{\text{Anzahl Pkw}} = \text{Anzahl Lkw} : \text{Anzahl Pkw}$

Verhältnisgleichungen
Setzt man zwei Verhältnisse gleich, so erhält man eine Gleichung der Form:

$\frac{a}{b} = \frac{c}{d}$ oder $a : b = c : d$

Zucker : Zimt = 4 : 1

$\frac{\text{Zucker}}{\text{Zimt}} = \frac{4}{1}$

Verhältnisgleichungen auflösen
Befindet sich in einer Verhältnisgleichung die Variable im Nenner, dann kann man die Verhältnisgleichung umkehren, indem man jeweils den Kehrbruch verwendet.

$\frac{1}{4} = \frac{20}{x}$

Kehrbruch auf beiden Seiten: $\frac{4}{1} = \frac{x}{20}$

$x = 80$

Welche Zahl ist größer?

1 Führe in der Klasse eine Umfrage durch: Welche Zahl ist größer: $0,\overline{9}$ oder 1? Oder sind beide Zahlen doch etwa gleich groß? Werte die Umfrage mit Hilfe einer Tabelle aus. Veranschauliche das Ergebnis mit einem geeigneten Diagramm.

Welche Aussage ist richtig?

$0,\overline{9} < 1$, $0,\overline{9} = 1$ oder $0,\overline{9} > 1$?

Indem wir auf beiden Seiten durch 3 teilen, erhalten wir äquivalente Gleichungen bzw. Ungleichungen:

$0,\overline{3} < \frac{1}{3}$, $0,\overline{3} = \frac{1}{3}$ oder $0,\overline{3} > \frac{1}{3}$?

2 Wiederhole die Umfrage für die Zahlen $0,\overline{3}$ und $\frac{1}{3}$. Vergleiche die Ergebnisse aus beiden Umfragen miteinander. Gibt es Unterschiede?

Bei den Zahlen $0,\overline{3}$ und $\frac{1}{3}$ erkennt man die Gleichheit recht schnell:

$\frac{1}{3} = 1:3 = 0,3333\ldots = 0,\overline{3}$

Denn:

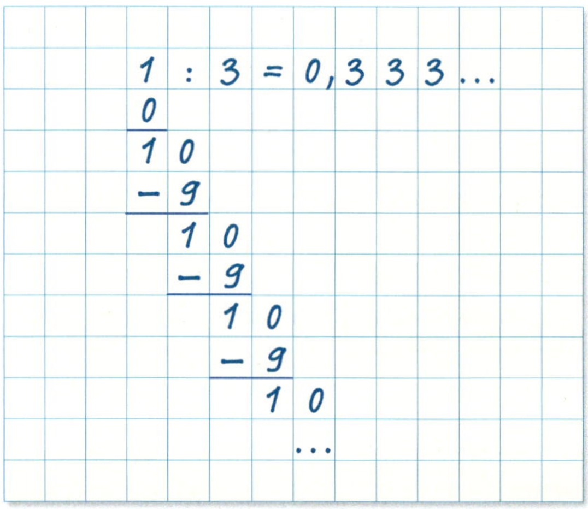

Damit ergibt sich sofort die Gleichheit zwischen den Zahlen $0,\overline{9}$ und 1, da das Teilen durch die Zahl 3 eine Äquivalenzumformung ist.

M $0,\overline{9}$ ist lediglich eine andere Schreibweise für die Zahl 1. Es gibt keine Zahl, die zwischen $0,\overline{9}$ und 1 passt. In Form einer Gleichung lässt sich das so ausdrücken: $1 - 0,\overline{9} = 0$.

$0,\overline{9} = 0,\overline{3} + 0,\overline{3} + 0,\overline{3} = \frac{1}{3} + \frac{1}{3} + \frac{1}{3} = \frac{3}{3} = 1$

7

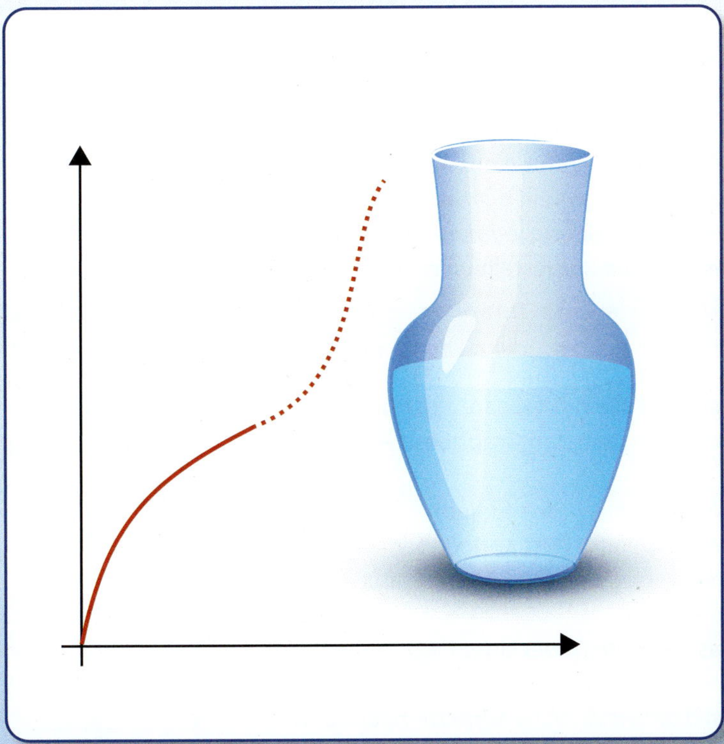

Funktionen

7.1 Funktionale Zusammenhänge

1 Maria schreibt eine Mathearbeit.
Ihr Puls wurde in Abhängigkeit zur Zeit grafisch veranschaulicht.

a Beschreibe Marias Puls während der Klassenarbeit.

b Wann war ihr Puls am höchsten bzw. am niedrigsten?

c Was könnte der Grund für die Pulsschwankungen gewesen sein?

d Erfinde eine passende Geschichte.

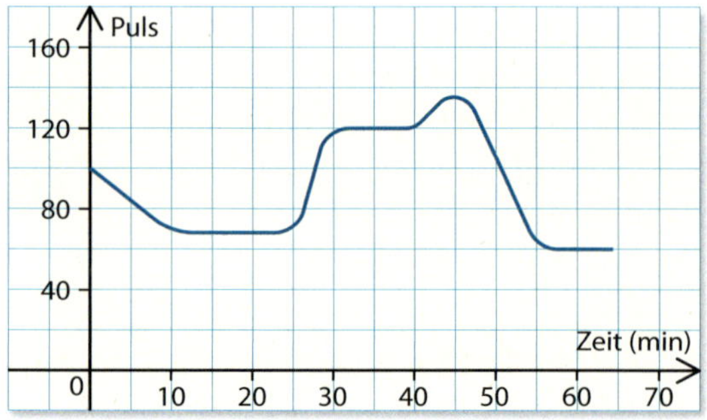

Malaria ist eine Tropenkrankheit, deren Erreger von Stechmücken übertragen werden.
Ihre Symptome sind Fieberschübe, Schüttelfrost und Schweißausbrüche.
Die Veränderung der Körpertemperatur eines Patienten nach Ausbruch der Krankheit kann auf verschiedene Weise dargestellt werden:

- Einzelne Wertepaare der Zuordnung *Zeitpunkt der Messung* ↦ *Körpertemperatur* können in einer **Wertetabelle** dargestellt werden.

Messzeitpunkt (h)	0	6	12	18	24	30	36	42	48	54	60
Körpertemperatur (°C)	36,8	40,3	39,1	38,0	39,1	40,9	38,8	37,5	36,9	39,9	39,5

- Oder man veranschaulicht alle Wertepaare zeichnerisch im Koordinatensystem, indem man den **Graphen** zeichnet.

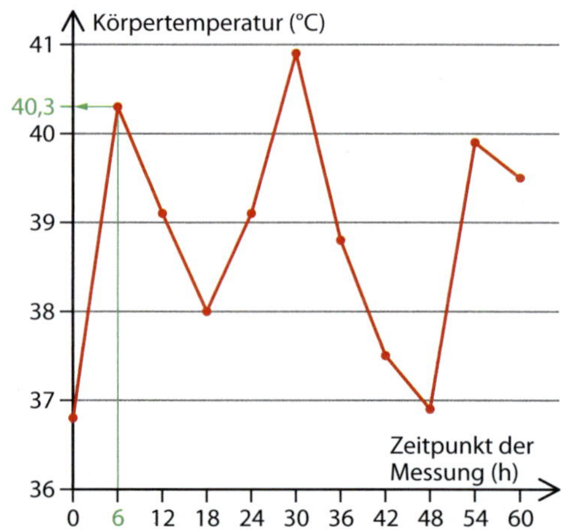

In beiden Darstellungen sieht man, dass für jeden Zeitpunkt der Messung *genau ein* Temperaturwert angegeben wird.
Beispiel: Nach 6 Stunden betrug die Körpertemperatur
40,3 °C.
Es ist nicht möglich, dass ein Patient bei einer Fiebermessung gleichzeitig unterschiedliche Temperaturwerte aufweist.
Die Zuordnung *Zeitpunkt der Messung* ↦ *Körpertemperatur* ist **eindeutig**.
Eine **eindeutige Zuordnung** bezeichnet man als **Funktion**.

Man kann aber nicht jeder gemessenen Körpertemperatur genau einen Messzeitpunkt zuordnen.
Beispiel: Die Körpertemperatur 39,1 °C wurde nach 12 Stunden und nach 24 Stunden gemessen.
Die Zuordnung *Körpertemperatur* ↦ *Zeitpunkt der Messung* ist nicht eindeutig und somit keine Funktion!

M Wird bei einer Zuordnung jedem Wert der ersten Größe **genau ein** Wert der zweiten Größe zugeordnet, so ist die Zuordnung **eindeutig**. Eindeutige Zuordnungen heißen **Funktionen**. Die Darstellung aller Wertepaare im Koordinatensystem heißt **Graph der Funktion**.

Übungsaufgaben

1 Sind diese Zuordnungen Funktionen? Begründe deine Antwort.

a *Anzahl der Getränkeflaschen ↦ Preis*
b *Körpergröße eines Menschen ↦ Lebensalter*
c *Größe eines Autos ↦ Preis*
d *Zahl ↦ Fünffaches der Zahl*

2 In der Tabelle sind die an einem Sommertag in München gemessenen Temperaturwerte notiert.

Uhrzeit	0	2	4	6	8	10
Temperatur (°C)	20,4	18,6	17,0	16,3	18,6	23,6
Uhrzeit	12	14	16	18	20	22
Temperatur (°C)	27,5	31,1	32,9	30,2	29,8	25,3

a Zeichne den Graphen der Funktion *Uhrzeit ↦ Temperatur.*
b Beschreibe mit Hilfe der Tabelle oder der grafischen Darstellung den Temperaturverlauf.
c Zu welcher Uhrzeit wurde der höchste bzw. niedrigste Temperaturwert gemessen?

3 Yannick nimmt Nachhilfeunterricht in Mathematik bei einem Schüler aus der 10. Klasse, der 12 € pro Stunde verlangt. Jonas bezahlt für vier Stunden Unterricht im Nachhilfeinstitut 74 €. Dennis' Mutter überweist dem Nachhilfelehrer für sechs Stunden 87 €.
Stelle den Sachverhalt in einem Koordinatensystem dar. Wessen Nachhilfeunterricht ist am günstigsten?

4 In der Tabelle ist das Abbrennen einer zylinderförmigen Kerze dargestellt.

Brenndauer (h)	1	2	3	4	5	6
Kerzenlänge (cm)	13,8	12,6	11,4	10,2	9	7,8

a Beschreibe den Zusammenhang.
b Wie lang war die Kerze ursprünglich?
c Nach wie vielen Stunden wird sie vollständig abgebrannt sein?

5 Liegt der Graph einer Funktion vor? Begründe deine Antwort.

a
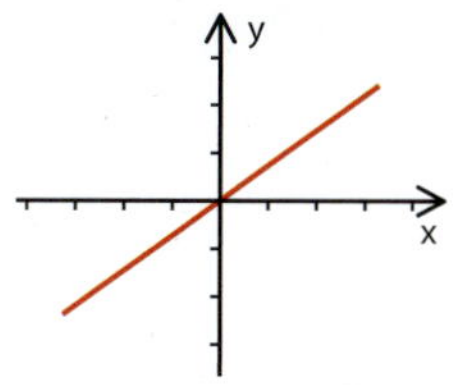

c
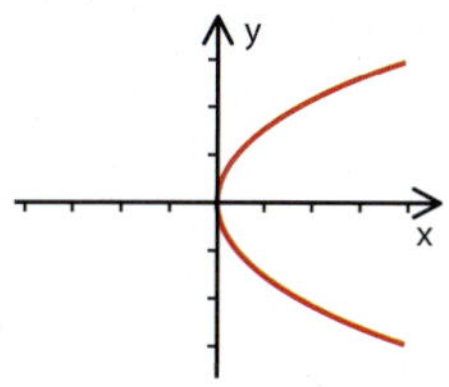

b
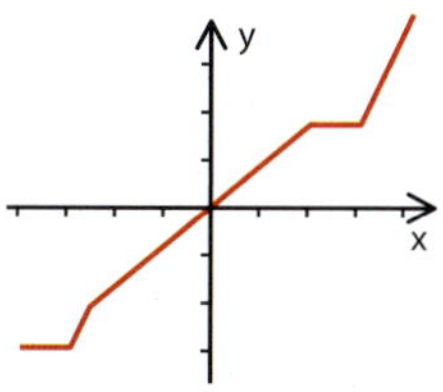

d
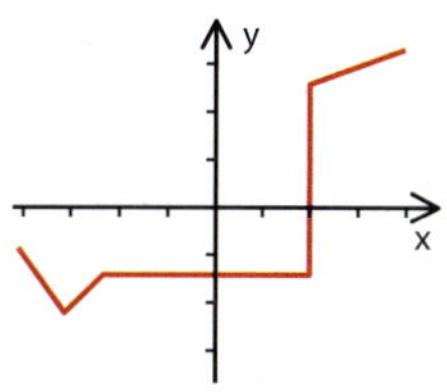

T Bei einer Funktion darf jede Parallele zur y-Achse den Graphen maximal einmal schneiden.

6

a Erstelle eine Wertetabelle zur Funktion *zurückgelegte Strecke (km) ↦ Mietkosten (€)* für Fahrtstrecken bis 500 km.
[$0 \le x \le 500$; $0 \le y \le 200$]
b Zeichne den Graphen.
c Bei der Autovermietung *Schlude* muss man für einen Transporter 75 € pro Tag bezahlen, der Kilometer kostet aber nur 0,20 €.
Zeichne den Graphen dieser Funktion in dasselbe Koordinatensystem ein. Ab welcher Streckenlänge fährt man bei *Schlude* günstiger?

7.2 Grundbegriffe zu Funktionen

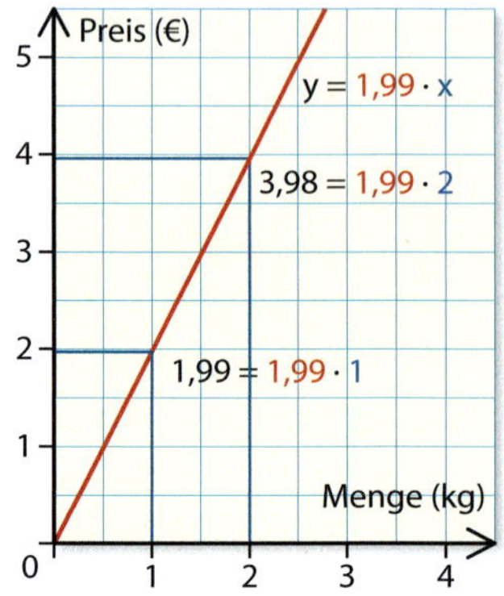

Im Supermarkt kostet 1 kg Bio-Bananen 1,99 €. Da jeder Menge (in kg) genau ein Preis (in €) zugeordnet wird, liegt eine Funktion vor.
Wertetabelle:

Menge (kg)	1	2	3	x
Preis (€)	1,99	3,98	5,97	y

(jeweils · 1,99)

M Eine **Funktion f** ordnet jedem Element x der Definitionsmenge (hier: Menge in kg) einen Termwert y (hier: Preis in €) **eindeutig** zu.

Der **Funktionsterm f(x)** legt diese Zuordnung für jedes x fest (hier: $1{,}99 \cdot x$).

Die Funktion f wird durch die **Funktionsgleichung y = f(x)** dargestellt (hier: $y = 1{,}99 \cdot x$).

Wird für die Variable x im Funktionsterm eine Zahl eingesetzt, lässt sich der zugehörige **Funktionswert** berechnen. Beispiel: $f(5) = 1{,}99 \cdot 5 = 9{,}95$

Übungsaufgaben

1 Zu jeder Funktionsgleichung gehört eine andere Darstellung, entweder eine Beschreibung, eine Wertetabelle oder ein Graph. Ordne zu.

a $y = 2 \cdot x$
b $y = \frac{1}{4} \cdot x$
c $y = x - 2$
d $y = 1{,}5 \cdot x + 0{,}5$

① *Einer Zahl wird ein Viertel der Zahl zugeordnet.*

② *Vom Gesamtbetrag werden zwei Euro abgezogen.*

③
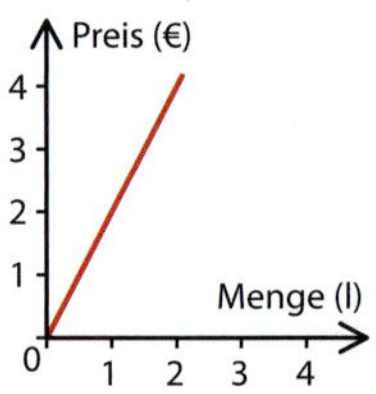

④

x	y
1	2
2	3,5
3	5
4	6,5

2 Finde zu jeder Funktionsgleichung ein geeignetes Beispiel aus dem Alltag. Berechne für jeweils fünf x-Werte die zugeordneten Funktionswerte.

a $y = 1{,}20 \cdot x$
b $y = \frac{1}{2} \cdot x$
c $y = x + 3$
d $y = 2 \cdot x - 1$

3 Erstelle eine Wertetabelle. Verwende für die x-Werte ganze Zahlen von −3 bis 3. Zeichne dann den Graphen der Funktion.
[$-3 \leq x \leq 3$; $-7 \leq y \leq 8$]

a $y = 2x - 0{,}5$
b $y = 2 + \frac{1}{4}x$
c $y - 1{,}5x = 1$
d $4x = 3 - 2y$

4 Bestimme den Funktionsterm f(x) der angegebenen Gleichung und berechne die Funktionswerte für −3,5; $\frac{3}{5}$ und 101.

a $17x - 0{,}25 = y$
b $y - 23x = 2{,}75$
c $2 - y = -12 + \frac{1}{8}x$
d $2(8 - 4x) = 5 - y$

7.3 Nullstelle einer Funktion

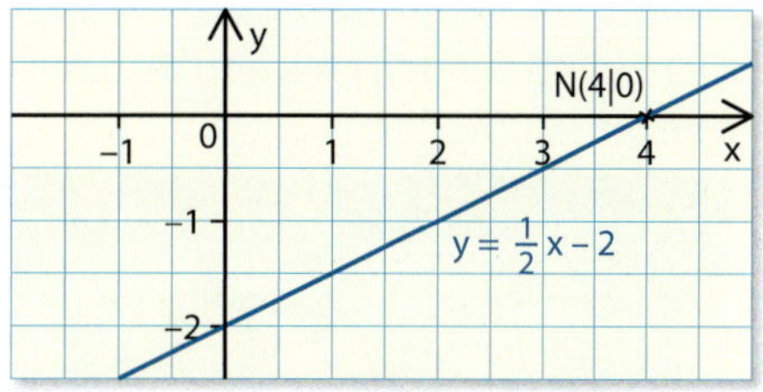

Die Gerade $y = \frac{1}{2}x - 2$ schneidet die x-Achse bei $x = 4$. Diese Stelle heißt **Nullstelle** der Funktion, da der y-Wert an dieser Stelle den Wert null hat. Setzt man für y den Wert 0 in die Funktionsgleichung ein, kann man den Schnittpunkt mit der x-Achse berechnen, indem man die Gleichung so umformt, dass x auf einer Seite allein steht.

$y = \frac{1}{2}x - 2$

$0 = \frac{1}{2}x - 2 \quad | + 2$

$\Leftrightarrow \quad 2 = \frac{1}{2}x \quad | \cdot 2$

$\Leftrightarrow \quad 4 = x \quad \Rightarrow \quad$ Nullstelle: $x_0 = 4$

Koordinaten des Schnittpunktes mit der x-Achse: N(4|0)

M Eine **Nullstelle x_0** ist die x-Koordinate eines Schnittpunktes des Funktionsgraphen mit der x-Achse. Der zugeordnete Funktionswert (y-Wert) ist an dieser Stelle null: $f(x_0) = 0$.

Übungsaufgaben

1 Lies die Nullstellen der Funktionsgraphen ab.

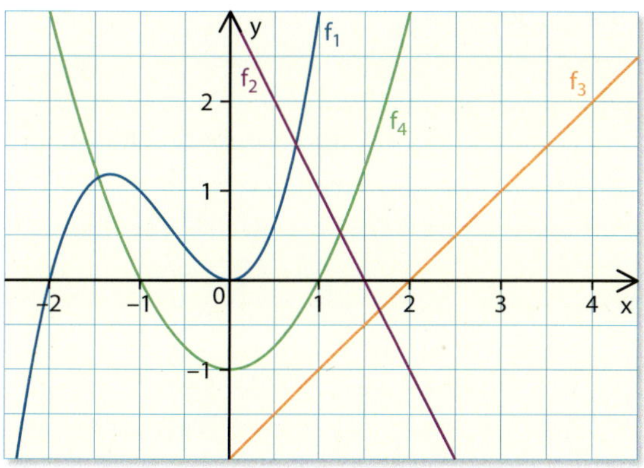

2 Berechne die Nullstelle und gib die Koordinaten des Schnittpunktes mit der x-Achse an.

a $y = \frac{1}{4}x - 2$
b $y = \frac{2}{3}x + 4$
c $y = -\frac{7}{2}x + 7$
d $y = -\frac{1}{6}x + 0{,}5$

3 Löse nach y auf und ermittle durch Rechnung die Nullstelle der folgenden Funktion. Berechne auch den Schnittpunkt mit der y-Achse.

a $-1{,}5x + 3y = 4{,}5$
b $-0{,}5y + 2{,}4x - 1{,}8 = 0$
c $3x + 2y - 1 = 0$
d $y = 3(x + 1) - 2$
e $x = 2{,}5\,(y - 3) + 1{,}4$
f $-3y = -(x + 1{,}6) + 2{,}8$
g $2x = -0{,}25\,(y - 4) + 3{,}5$
h $-0{,}4x = 2(3{,}5 + y) - 4{,}4$

4 Ein Heißluftballon sinkt aus einer Höhe von 202,50 m um 2,7 m pro Sekunde.

a Stelle für die Funktion *Zeit (s) ↦ Höhe (m)* eine Gleichung auf.

b Wie lange braucht der Ballon bis zur Landung?

5 Die Punkte sind Schnittpunkte von Geraden mit der x-Achse oder der y-Achse. Ordne die Punkte den Funktionsgleichungen zu.

Punkte	Funktionsgleichungen
P(−8|0)	① $y = \frac{2}{3}x - 2$
Q(0|0,5)	② $y = \frac{1}{4}x + 2$
R(3|0)	③ $y = -\frac{2}{5}x + 0{,}5$

T Der Schnittpunkt mit der y-Achse wird bestimmt, indem man den x-Wert gleich null setzt: $f(0) = y_0$.

7.4 Definitions- und Wertemenge

1 Der Eintritt für den Freizeitpark „Louise Looping" kostet pro Person 15,00 €.

Im Diagramm ist die Anzahl der Personen dem zugehörigen Eintrittspreis zugeordnet.
Überlege dir, warum die eingetragenen Punkte nicht miteinander verbunden sind.

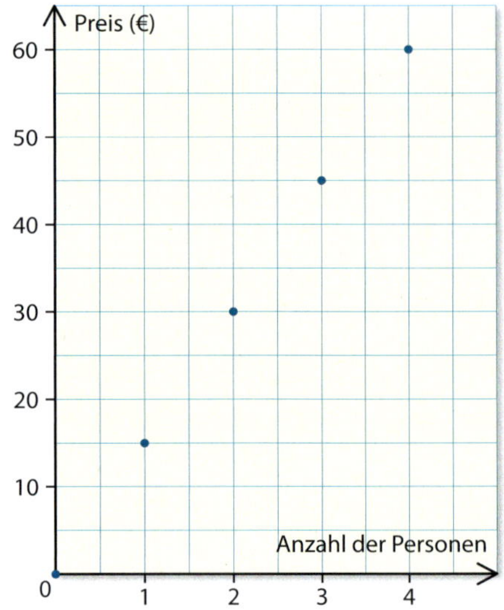

M Die **Definitionsmenge D** ist die Menge aller Zahlen, die in eine Funktion eingesetzt werden dürfen. Die Menge der zugehörigen y-Werte ist die **Wertemenge W** der Funktion.

Im Beispiel oben: D = {0; 1; 2; 3; 4; …}; W = {0; 15; 30; 45; 60; …}

T Ist die Definitionsmenge nicht angegeben, so kann man von D = ℚ ausgehen. Die Wertemenge W lässt sich mit Hilfe der Funktionsgleichung und der Definitionsmenge bestimmen.

Übungsaufgaben

1 Gegeben sind die Punktkoordinaten einer Funktion: (0|5); (1|4); (2|3); (3|4) und (4|5).

a Gib die zugehörige Definitions- und Wertemenge an.

b Vertausche die x- und y-Werte der Zuordnung. Handelt es sich wieder um eine eindeutige Zuordnung, also um eine Funktion?

2 Gib zu den dargestellten Funktionen die zugehörige Definitions- und Wertemenge an.

a
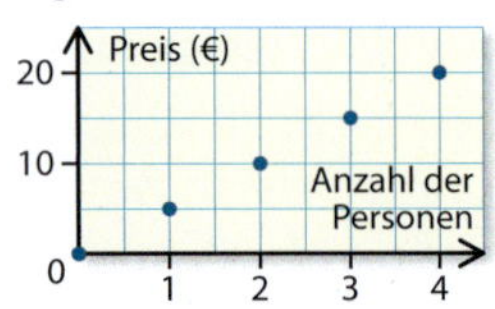

b
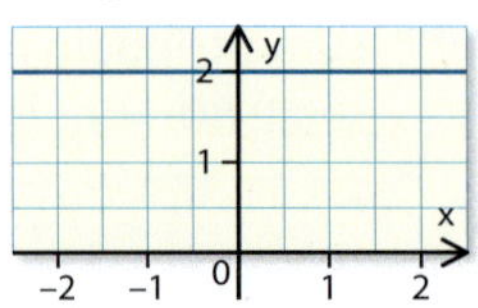

3 Hanna und Marc spielen ein Würfelspiel. Sieger ist, wer als erstes mit zwei Würfeln höchstens 4 als Augensummenzahl wirft.

a Notiere diejenigen Zahlenpaare, mit denen ein Gewinn möglich ist.

b Gib die Definitions- und Wertemenge der Zuordnung *Zahlenpaar* ↦ *Spielausgang* an.

c Ist die Zuordnung eine Funktion? Begründe deine Antwort.

7.5 Lineare Funktionen der Form y = mx

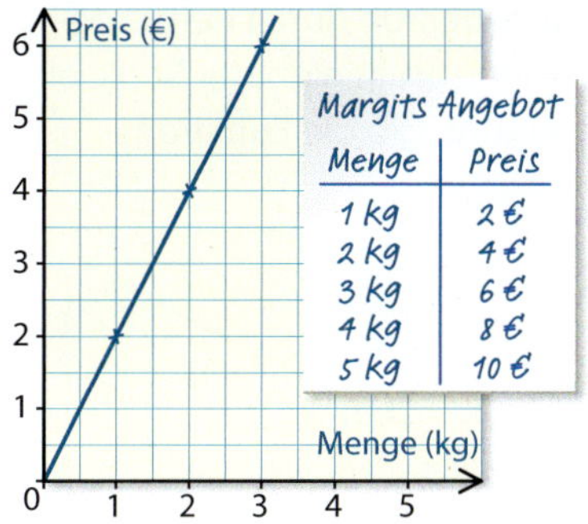

In *Margits Obstladen* gibt es Trauben im Angebot.
Weil 1 kg Trauben 2 € kostet, kann man die **proportionale Funktion** *Menge (kg) ↦ Preis (€)* mit der Funktionsgleichung $y = 2x$ angeben. Die Variable x steht für die Menge (in kg), die Variable y steht für den Preis (in €).

M Der Graph einer Funktion mit der Funktionsgleichung $y = m \cdot x$ ist eine Gerade durch den Koordinatenursprung. Die zugehörige Gerade nennt man **Ursprungsgerade**.
Der Faktor **m** gibt die **Steigung** der Geraden an.

Es gilt:

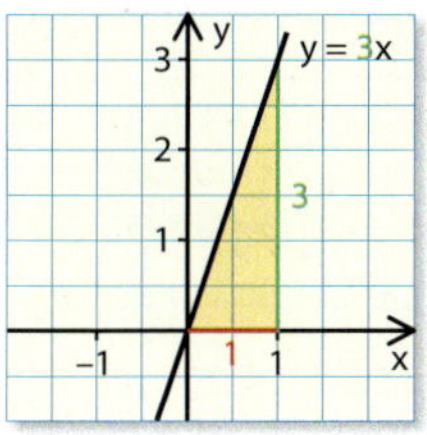

m > 0
Die Gerade *steigt* von links nach rechts.

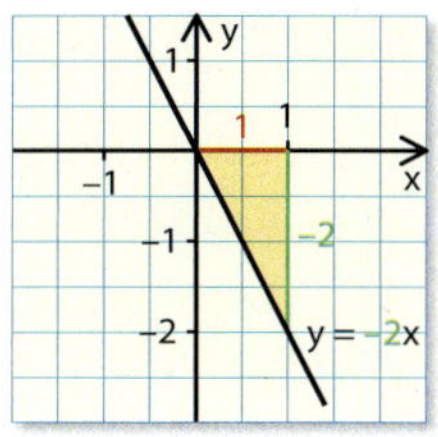

m < 0
Die Gerade *fällt* von links nach rechts.

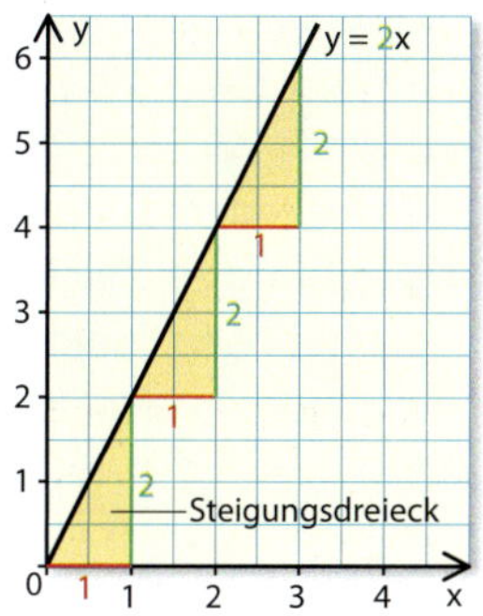

Um den Graphen der Funktion $y = 2x$ zeichnen zu können, kannst du ein **Steigungsdreieck** verwenden:

- Starte im Koordinatenursprung O(0|0).
- Mit Hilfe der Steigung $m = 2$ kannst du nun weitere Punkte der Geraden bestimmen: Erhöht man den x-Wert jeweils um 1, erhöht sich der y-Wert um 2.
  So erhältst du den Punkt P(1|2).
- Zeichne dann die Gerade durch O(0|0) und P(1|2).

Falls m ein Bruch ist, gilt (hier: $m = 2 = \frac{2}{1}$):
Wird der x-Wert in einem Schritt um 1 (Nenner) erhöht, verändert sich der y-Wert um 2 (Zähler).

Beispiele: $y = \frac{1}{2}x$

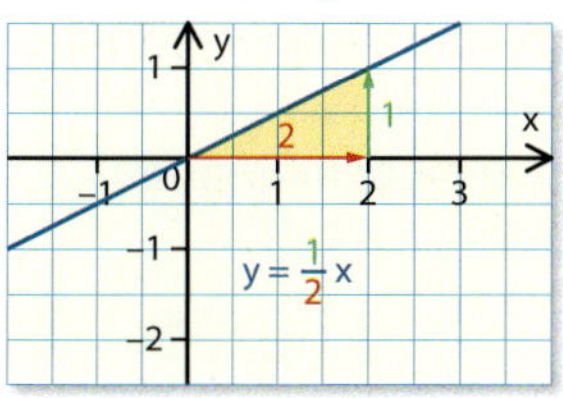

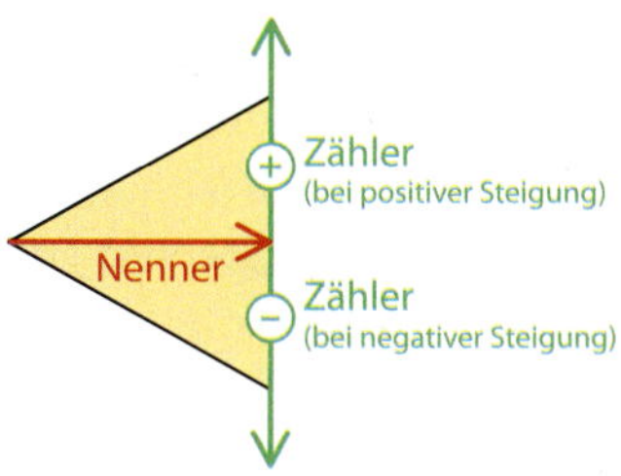

$y = -\frac{2}{3}x$

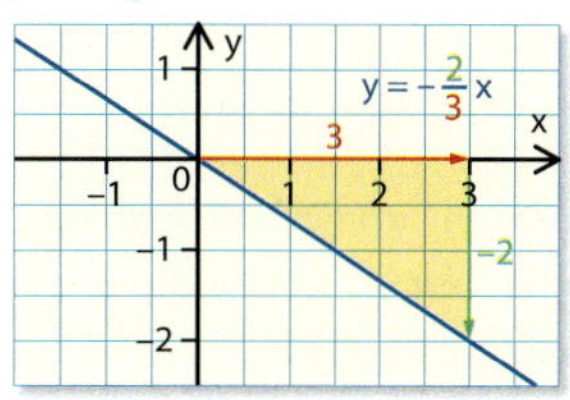

Übungsaufgaben

1 Zeichne die Graphen zu folgenden Funktionsgleichungen. $[-6 \le x \le 6; -4 \le y \le 4]$

a $y = 3x$ **c** $y = -2x$ **e** $y = x$

b $y = -\frac{1}{3}x$ **d** $y = 0{,}75x$ **f** $y = -\frac{2}{5}x$

2 Zeichne die Ursprungsgeraden mit der Steigung m. Notiere die Funktionsgleichungen. $[-3 \le x \le 7; -2 \le y \le 6]$

a $m = 2$ **c** $m = \frac{5}{6}$ **e** $m = -1$

b $m = -\frac{1}{2}$ **d** $m = 0{,}5$ **f** $m = -\frac{1}{4}$

3 Die Wertetabellen gehören zu Funktionen der Form y = mx.

a

x	0	1	2	3	4
y	…	…	4	…	…

b

x	−3	−2	−1	0	1
y	…	…	…	…	−1

c

x	−1	−0,5	0	0,5	1
y	…	−1,5	…	−1,5	…

Ergänze die Tabellen im Heft. Zeichne jeweils den Graphen und gib die Funktionsgleichung an. Beschreibe deine Vorgehensweise. $[-3 \le x \le 4; -3 \le y \le 9]$

4 Ordne jedem Graphen die richtige Funktionsgleichung zu. Zeichne die Graphen zu den übrig gebliebenen Funktionsgleichungen.

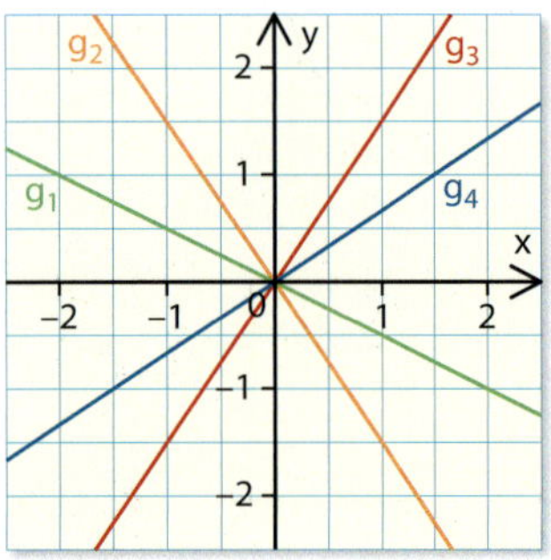

① $y = -1{,}5x$
② $y = \frac{2}{3}x$
③ $y = 0{,}5x$
④ $y = -\frac{2}{3}x$
⑤ $y = -\frac{1}{2}x$
⑥ $y = \frac{3}{2}x$

T Geraden, die durch einen festen, gemeinsamen Punkt (**Büschelpunkt**) gehen, nennt man **Geradenbüschel**.

5 Zeichne die Ursprungsgerade durch den angegebenen Punkt. Zeichne an geeigneter Stelle ein Steigungsdreieck ein und gib die Funktionsgleichung der Geraden an.

Beispiel

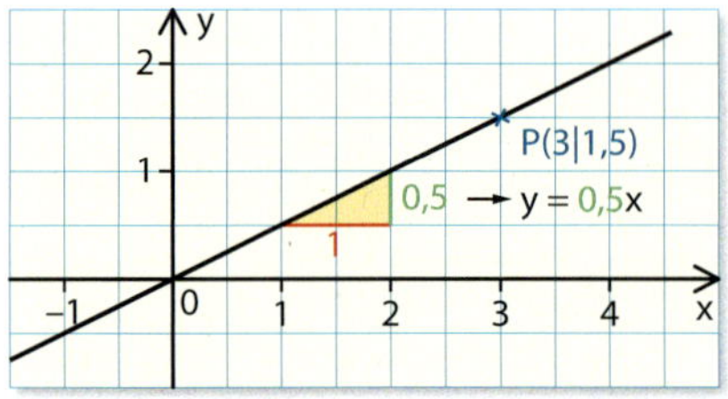

a P(1|3) **c** R(3|6) **e** T(2|−2)

b Q(1|−4) **d** S(−2|4) **f** U(−2|5)

$[-3 \le x \le 4; -5 \le y \le 7]$

6

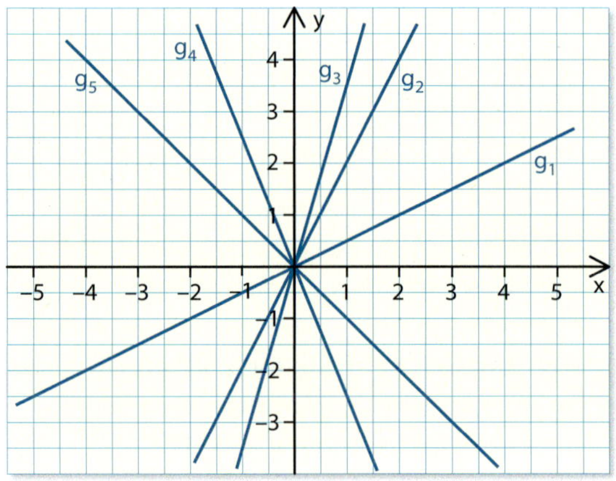

a Gib zu jeder Geraden die Gleichung an.

b Beschreibe und vergleiche den Verlauf der Geraden. Folgende Begriffe helfen dir dabei:

steigen | fallen | steiler | flacher

7 Jana hat beim Gemüsehändler für 1,5 kg Bohnen 5,25 € bezahlt und für 2,5 kg Kartoffeln 2,00 €. Berechne jeweils den Preis pro Kilogramm und zeichne für jede Gemüsesorte den Graphen der Funktion *Menge (kg)* ↦ *Preis (€)*.
Welche Steigung haben die beiden Geraden? $[0 \le x \le 4; 0 \le y \le 6]$

7.6 Berechnungen mit linearen Funktionen

1 Zeichne die Gerade g mit der Funktionsgleichung $y = \frac{1}{4}x$.
a Liegen die Punkte P, Q, R und S auf der Geraden?
b Bei welchen Punkten fällt die Entscheidung schwer?
c Kannst du anhand deiner Zeichnung prüfen, ob auch der Punkt T mit den Koordinaten T(−54|−13,5) auf der Geraden liegt? Begründe deine Aussage.

P(2|0,5) R(3|0,9) Q(0|0) S(1|0,3)

Ob die Punkte C(4|2) und D(−6|−4) auf der Geraden h mit der Gleichung y = 0,5x liegen, kann man auch rechnerisch überprüfen. Dazu setzt man die Koordinaten in die Funktionsgleichung ein:

C(4|2) einsetzen in:
$y = 0{,}5x$
$\Rightarrow \quad 2 = 0{,}5 \cdot 4$
$\Leftrightarrow \quad 2 = 2$ (wahre Aussage)
$\Rightarrow \quad C \in h$
C(4|2) liegt auf der Geraden h.

D(−6|−4) einsetzen in:
$y = 0{,}5x$
$\Rightarrow \quad -4 = 0{,}5 \cdot (-6)$
$\Leftrightarrow \quad -4 = -3$ (falsche Aussage)
$\Rightarrow \quad D \notin h$
D(−6|−4) liegt nicht auf der Geraden h.

M Ob ein Punkt zum Graphen einer Funktion gehört, stellt man mit der **Punktprobe** fest:
Man setzt die Koordinaten des Punktes in die Funktionsgleichung ein und berechnet auf beiden Seiten den Termwert. Erhält man eine wahre Aussage, so liegt der Punkt auf dem Graphen.
Ist die Aussage falsch, dann liegt der Punkt nicht auf dem Graphen.

Ist von einem Punkt, der zum Graphen einer Funktion gehört, nur eine Koordinate bekannt, kann die andere Koordinate durch Einsetzen dieses Wertes in die Funktionsgleichung berechnet werden.

Beispiel Die Punkte E(3|■) und F(■|15) liegen auf der Geraden mit der Gleichung $y = \frac{3}{5}x$.

E(3|■): $y_E = \frac{3}{5} \cdot 3$
$\Leftrightarrow \quad y_E = 1{,}8 \quad \Rightarrow \quad$ E(3|1,8)

F(■|15): $15 = \frac{3}{5}x_F \quad | : \frac{3}{5}$
$\Leftrightarrow \quad 25 = x_F \quad \Rightarrow \quad$ F(25|15)

Übungsaufgaben

1 Überprüfe, ob der Punkt auf der Geraden liegt.
a P(2|−5); $y = -2x$
b P(4|3); $y = \frac{3}{4}x$
c P(2|−0,4); $y = \frac{1}{5}x$
d P(6|4); $y = \frac{2}{3}x$
e P($-\frac{3}{4}$|−0,6); $y = \frac{4}{5}x$
f P($-\frac{2}{3}$|$\frac{1}{2}$); $y = -\frac{3}{4}x$

2 Welcher Punkt liegt auf welcher Geraden?
A(8|2), B(−6|1), C(2|−7), D(−1|4)
g_1: $y = \frac{1}{4}x$ $\qquad$ g_3: $y = -\frac{1}{6}x$
g_2: $y = -\frac{7}{2}x$ $\qquad$ g_4: $y = -2(2x + 7) + 14$

3 Alle Punkte liegen auf der Geraden mit der Gleichung $y = \frac{3}{4}x$.
Berechne die fehlende Koordinate für:
P(−4|□); Q(□|6); R(2|□); S(□|0,5)

Berechnung von m bei Ursprungsgeraden

Die Steigung einer Ursprungsgeraden kann direkt aus den Koordinaten eines Punktes bestimmt werden, wenn dieser auf der Geraden liegt und nicht im Ursprung liegt.

Für die Steigung m müssen die Punktkoordinaten als Bruch angegeben werden, wobei der y-Wert der Zähler und der x-Wert der Nenner ist, also $m = \frac{y}{x}$.

Diese einfache Berechnung der Steigung ist bei Ursprungsgeraden möglich, da sie den Ursprung O(0|0) als weiteren Bezugspunkt haben.

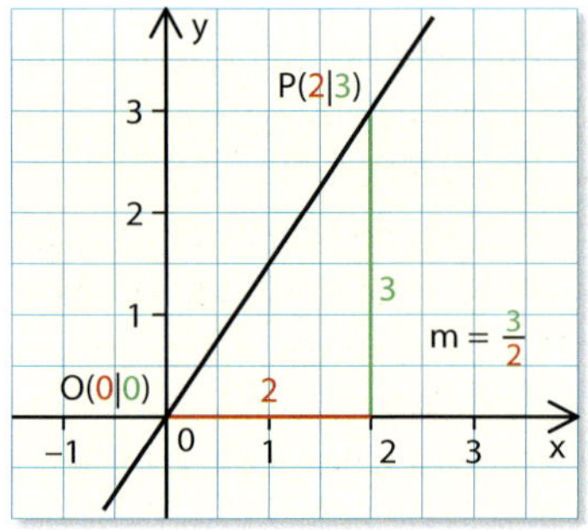

M Die Ursprungsgerade, auf der der Punkt P(x|y) liegt ($x \neq 0$), hat die Steigung $m = \frac{y}{x}$.

Im Beispiel oben:
P(2|3) ∈ g; $m = \frac{3}{2} = 1{,}5$
Funktionsgleichung: $y = 1{,}5x$

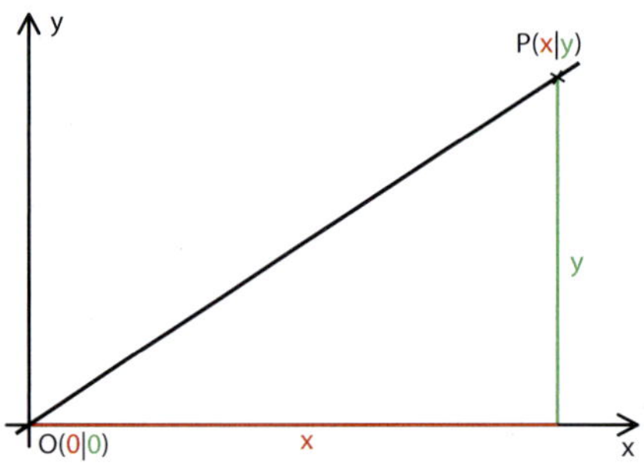

Übungsaufgaben

4 Die Punkte P liegen auf einer Ursprungsgeraden. Bestimme die Steigung der Geraden und gib die zugehörige Funktionsgleichung an.

a P(2|3) **c** P(0,5|–2)
b P(–1|5) **d** P(–3|–4,5)

5 (!) In der Rechnungen von Julia ist jeweils ein Fehler aufgetreten. Finde den Fehler und bestimme die Funktionsgleichung der zugehörigen Ursprungsgeraden.

a P ∈ g mit P(–4|–3): $m = \frac{-4}{-3} = -\frac{4}{3}$

b Q ∈ h mit Q(2|–5): $m = \frac{5}{2} = 2{,}5$

6 Der Punkt P (2|3) liegt auf der Ursprungsgeraden g, der Punkt T(1|1,5) liegt auf der Ursprungsgeraden h.

a Bestimme die Funktionsgleichungen der Geraden g und h. Was fällt dir auf?
b Interpretiere das Ergebnis geometrisch.

7 Gegeben ist das Dreieck ABC mit A(0|0), B ∈ g und C ∈ h.
Es gilt: B(3|□) und C(□|6).

a Gib die Geradengleichungen für P ∈ g mit P(4|1) und Q ∈ h mit Q(2|4) an.
b Zeichne das Dreieck ABC in ein Koordinatensystem ein und gib die Koordinaten der Punkte B und C an. [$-1 \leq x \leq 6$; $-1 \leq y \leq 8$]
c Berechne den Flächeninhalt des Dreiecks ABC.

7.7 Orthogonale Geraden

1 Im nebenstehenden Koordinatensystem sind zwei Geraden eingezeichnet. Übertrage das Koordinatensystem sowie die Geraden in dein Heft.

a Beschreibe die Lage der beiden Graphen zueinander.

b Bestimme die Funktionsgleichungen der Geraden.

c Zeichne die Geraden mit $y = 2x$ und $y = -0{,}5x$ in grün in das Koordinatensystem.

d Bilde das Produkt der Steigungen von den farbgleichen Geraden. Was fällt auf?

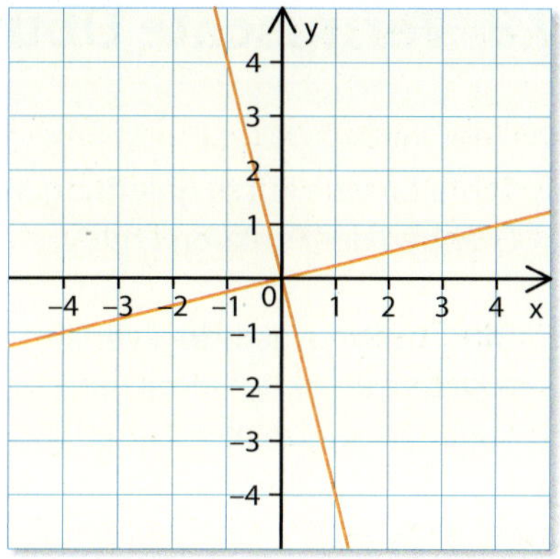

M Wenn das Produkt der Steigungen zweier Geraden g und h den Wert −1 ergibt, dann stehen die beiden Geraden aufeinander **senkrecht**. Man sagt dann, dass g und h orthogonal sind.
Es gilt: $m_g, m_h \in \mathbb{Q} \setminus \{0\}$
Falls $m_g \cdot m_h = -1$ oder $m_g = -\frac{1}{m_h}$, dann gilt: $g \perp h$.

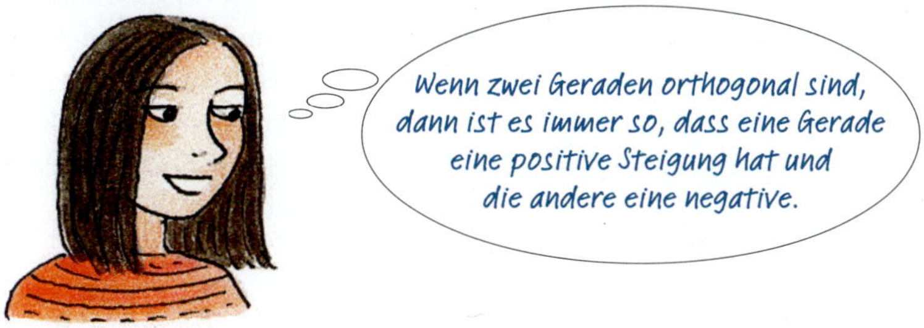

Übungsaufgaben

1 Überprüfe rechnerisch, ob die Geraden g und h orthogonal sind.

a g: $y = -\frac{1}{3}x$ h: $y = 3x$

b g: $y = \frac{2}{5}x$ h: $y = -\frac{5}{2}x$

c g: $y - \frac{1}{4}x = 0$ h: $y = 4x$

d g: $0{,}6y = -0{,}3x$ h: $0{,}5y = x$

T Orthogonal ist ein anderes Wort für senkrecht.

2 Bestimme die Funktionsgleichung der Ursprungsgeraden, die senkrecht auf der zugehörigen Geraden steht.

a $y = 0{,}25x$

b $0 = -\frac{1}{5}x + y$

c $0 = \frac{1}{6}x - y$

d $2y = -3x$

3 Gegeben sind die Punkte A(4|2), B(5|−2), C(3|7,5) und D(−3|−2,5).

a Bestimme zu jedem Punkt die Funktionsgleichung der zugehörigen Ursprungsgeraden.

b Überprüfe rechnerisch, ob die Geraden senkrecht aufeinander stehen.

c Bestimme die Gleichung der Ursprungsgeraden h, die senkrecht auf der Ursprungsgeraden durch den Punkt D steht.

4 Überprüfe durch Rechnung, ob das Dreieck ABC bei A einen rechten Winkel hat.

a A(0|0), B(2|1) und C(−2|4)

b A(0|0), B(3|2) und C(−1|3)

7.8 Vermischte Übungen

1 Schreibe eine kurze Anleitung, wie man den Graphen der Funktion f mit $y = -\frac{2}{3}x$ zeichnet.

2 Die Ursprungsgerade g verläuft durch den Punkt P (2|1,5).
- **a** Stelle die zugehörige Funktionsgleichung auf.
- **b** Erstelle eine Wertetabelle für die Werte von −3 bis 3 ($\Delta x = 1$).
- **c** Zeichne die Gerade g in ein Koordinatensystem.
- **d** Überprüfe durch Rechnung, ob die Punkte S(−1|0,75) und $T\left(\frac{2}{3}|0,5\right)$ auf der Geraden liegen. Kontrolliere dein Ergebnis anhand deiner Zeichnung.
- **e** Gib die Geradengleichung der Senkrechten zur Geraden g an, die durch den Ursprung verläuft.

3 Beantworte zur Funktionsgleichung $y = -0,5x$ der Funktion f die folgenden Fragen:
- **a** Welcher Funktionswert gehört zu $x = 3$?
- **b** Welche Zahl musst du für x einsetzen, damit der Funktionswert −3,75 ist?
- **c** Liegt der Punkt P (−0,5|−0,25) auf dem Graphen der Funktion?
- **d** Ist die Gerade g mit $y = 2x$ eine Senkrechte zum Graphen von f?

4 Silas fährt mit seinem Mountainbike zu seinen Freunden in den 18 km entfernten Nachbarort. Seine Durchschnittsgeschwindigkeit beträgt $15\,\frac{km}{h}$.
- **a** Stelle die Mountainbike-Tour in einem Koordinatensystem dar. Wähle dazu die x-Achse für die Zeit (in Minuten) und die y-Achse für die Strecke (in Kilometern). [$0 \le x \le 90$; $0 \le y \le 20$]
- **b** Stelle die zugehörige Funktionsgleichung auf.
- **c** Wann kommt Silas bei seinen Freunden an, wenn er um 14:30 Uhr losfährt?

5

Familie Hoffmann fährt vom Urlaub am Comer See zurück nach München. Die Gesamtstrecke beträgt 450 km. Nach zwei Stunden Fahrt zeigt das Navigationssystem noch 280 km an.
- **a** Ermittle die Gleichung der Funktion *Zeit* ↦ *Strecke*.
- **b** Nach welcher Fahrtzeit ist Familie Hoffmann bei der angenommenen konstanten Durchschnittsgeschwindigkeit daheim?
- **c** Der Bordcomputer zeigt zu Beginn der Fahrt eine Tankreichweite von 210 km an. Nach welcher Fahrtzeit muss Familie Hoffmann voraussichtlich tanken?
- **d** Würdest du den Berechnungen vertrauen?

6 In einer Wechselstube hängt diese Tafel aus:

Wechselkurse (1 Euro)	
USA	1,066 USD
Türkei	4,038 TRY

- **a** Erstelle für beide Wechselkurse den Graphen der Funktion *Währung (€)* ↦ *Fremdwährung* für 0 € bis 500 €. Notiere die Funktionsgleichungen. [$0 \le x \le 500$; $0 \le y \le 2\,200$]
- **b** Lisa möchte 150 € in türkische Lira umtauschen.
- **c** Herr Maurer braucht 400 US Dollar.
- **d** Herr Gloning hat für seinen Aufenthalt in Russland 300 € gewechselt und dafür 18 980 Rubel erhalten. Wie lautet hier die Funktionsgleichung?
- **e** Informiere dich über den aktuellen Wechselkurs für englische Pfund. Wie viele Pfundnoten erhältst du, wenn du 200 € umtauschen möchtest?

7.9 Mach dich fit!

Funktionen

1 Pauline hat die Körpergröße ihrer kleinen Schwester Mia immer an deren Geburtstag gemessen. Mia war bei ihrer Geburt 52 cm groß.

Alter (in Jahren)	1	2	3	4	5	6	7
Größe (in cm)	76	89	98	105	113	120	126

a Beschreibe Mias Wachstum ab ihrer Geburt.
b Stelle die jährliche Veränderung grafisch dar.

2 Ordne jeder Funktionsgleichung die passende Darstellung zu.
a $y = 2x$ **b** $y = 0{,}5x + 2$ **c** $y = 2x - 2$

①
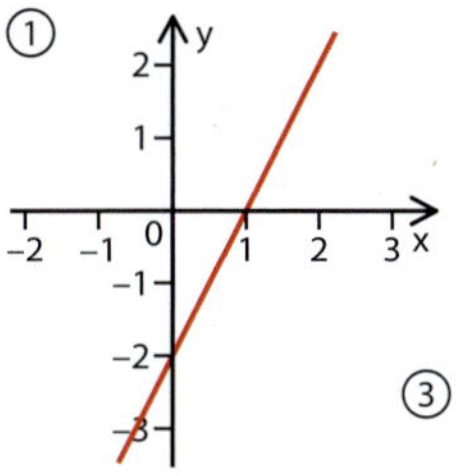

②
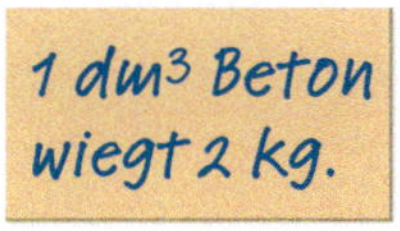

③

x	−3	−2	−1	0	1	2	3
y	0,5	1	1,5	2	2,5	3	3,5

3 Zeichne den Graphen und beschreibe an einem Beispiel, wie du vorgehst.
a $y = 4x$ **c** $y = -2{,}5x$
b $y = -x$ **d** $y = 0{,}5x$

4
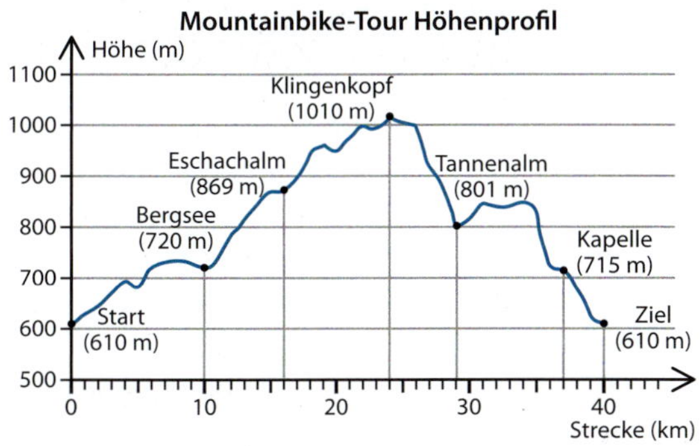

a Beschreibe den Verlauf der Mountainbike-Tour vom *Klingenkopf* bis zur *Kapelle*.
b Stelle den Zusammenhang *Strecke (km)* ↦ *Höhe (m)* in einer Tabelle dar, die die besonders gekennzeichneten Streckenpunkte enthält.

5 Bestimme den Funktionsterm f(x) der angegebenen Gleichung. Berechne anschließend die Funktionswerte für die x-Werte −2; −0,5; 0,75 und 2.
a $0{,}5y - 2x = 3$ **c** $3x = 1{,}5y - 6$
b $2y - 4 = 5x$ **d** $x - 4y + 8 = 0$

6 Berechne für x-Werte von −3 bis 3 die zugeordneten Funktionswerte. Notiere sie in einer Wertetabelle und zeichne den Graphen der Funktion.
a $y = 5x - 4$ **c** $y = -2{,}5x + 5$
b $y = \frac{1}{2}x + 3$ **d** $y = -\frac{3}{4}x + 2$

Berechnungen mit linearen Funktionen

7 Gib die Funktionsgleichungen der Ursprungsgeraden an.

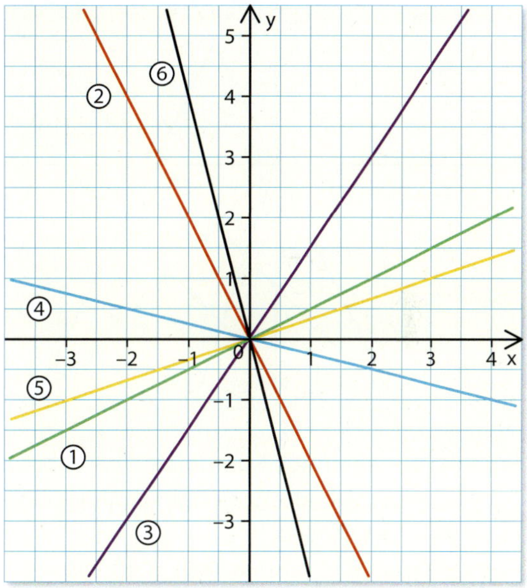

8 Eine Ursprungsgerade verläuft durch den Punkt P. Berechne die Steigung der Geraden und gib die zugehörige Funktionsgleichung an.
a P(2|3) **c** P(−1|−1)
b P(−3|1) **d** P(3|−1,5)

9 Eine Gerade hat die Funktionsgleichung $y = \frac{4}{5}x$.

a Überprüfe rechnerisch, ob die Punkte P(5|4) und Q(15|14) auf der Geraden liegen.

b Berechne die Nullstelle der Funktion.

10 Welcher Punkt liegt auf welcher Geraden?
A(1,5|1,125); B(0,5|−0,25); C(−0,25|−1,25) und D(1,5|−1,125)

g_1: y = −0,5x g_3: y = −0,75x
g_2: y = 5x g_4: y = 0,75x

11 Lies die Nullstellen der sechs Geraden ab. Bestimme die Steigung der Geraden 1, 2 und 3.

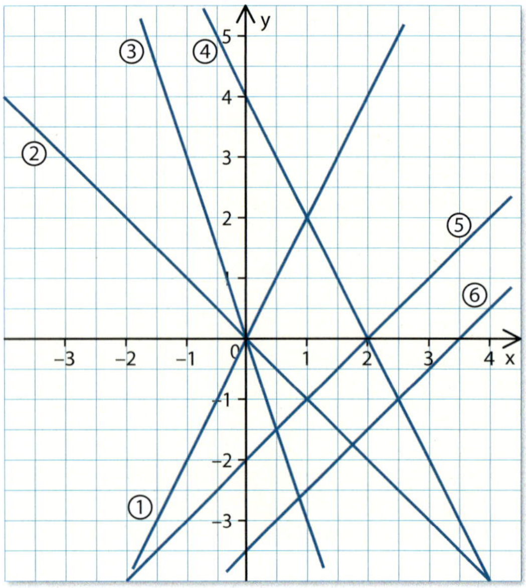

12 Ergänze die fehlenden Koordinaten so, dass die Punkte auf der Ursprungsgeraden mit der Gleichung $y = -\frac{3}{2}x$ liegen.
P(3|□); Q(□|9); R(−2,5|□); S(□|3)

13 Ein leerer Heizöltank mit einem Fassungsvermögen von 2 500 l wird mit Heizöl befüllt. Pro Minute fließen 200 l Heizöl in den Tank.
Wie lange dauert es, bis der Heizöltank voll ist? Löse mit Hilfe einer Gleichung.

Senkrechte Geraden

14 Die Ursprungsgerade g verläuft durch den Punkt P(5|2). Eine zweite Ursprungsgerade h verläuft durch den Punkt S(2|5).

a Bestimme die Funktionsgleichungen der beiden Geraden.

b Sind die beiden Geraden senkrecht zueinander?

15 Überprüfe, welche der angegebenen Geraden senkrecht zueinander sind.

g_1: 3y = x g_5: $y = -\frac{1}{3}x$
g_2: y − 3x = 0 g_6: 2y = 3x
g_3: $y = -\frac{3}{2}x$ g_7: y = −3x
g_4: 3y − 2x = 0 g_8: $y = -\frac{2}{3}x$

16 Bestimme jeweils die Funktionsgleichung der zugehörigen orthogonalen Ursprungsgeraden.

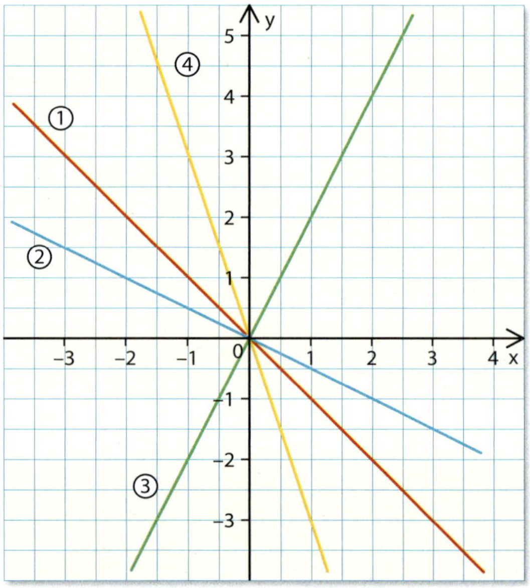

17 Zeichne die angegebenen Geraden g und h in ein Koordinatensystem. [−5 ≤ x ≤ 5; −5 ≤ y ≤ 5]
g: y = 0,8x h: $y = -\frac{5}{4}x$

a Unter welchem Winkel schneiden sich die beiden Geraden?

b Prüfe dein Ergebnis rechnerisch.

Funktionen

Eine Zuordnung ist **eindeutig**, wenn jedem Wert der ersten Größe **genau ein** Wert der zweiten Größe zugeordnet ist. Eindeutige Zuordnungen heißen **Funktionen**.

Funktionale Zusammenhänge kann man in Worten beschreiben, in Wertetabellen und durch Graphen darstellen oder mit Hilfe von Gleichungen angeben.

Ein Liter Kirschsaft kostet zwei Euro.

Menge (l)	Preis (€)
0,5	1,00
1	2,00
1,5	3,00

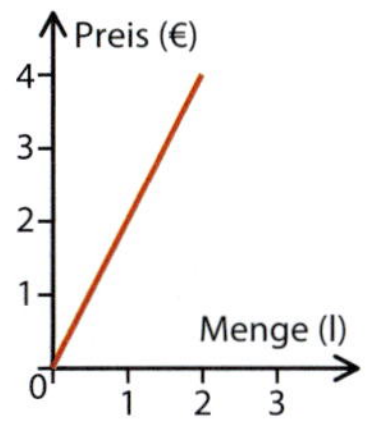

$y = 2 \cdot x$

Der **Funktionsterm f(x)** legt die Zuordnung für jedes x fest.

$f(x) = 2 \cdot x$

Die Funktion f wird durch die **Funktionsgleichung y = f(x)** dargestellt.

$y = 2 \cdot x$

Die **Definitionsmenge D** ist die Menge aller Zahlen, die in eine Funktion eingesetzt werden dürfen. Die Menge der zugehörigen y-Werte ist die **Wertemenge W** der Funktion.

Senkrechte Geraden

Zwei Geraden g und h sind senkrecht zueinander, wenn für ihre Steigungen gilt:

$\mathbf{m_g \cdot m_h = -1}$ oder $\mathbf{m_g = -\frac{1}{m_h}}$ $\Leftrightarrow$ $g \perp h$

Lineare Funktionen

Eine Funktion mit der Funktionsgleichung **y = m · x** bezeichnet man als **lineare Funktion**.
Ihr Graph ist eine Ursprungsgerade.
Der Faktor **m** gibt die **Steigung** der Geraden an.

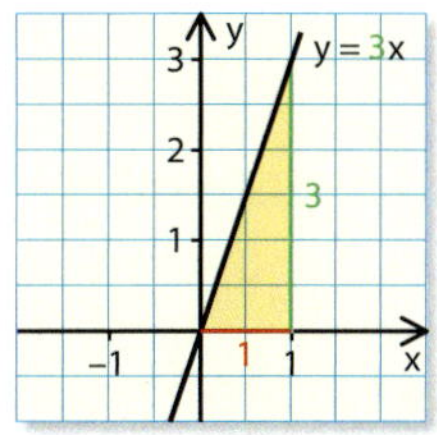

Nullstelle der Funktion
Die Stelle x_0, an der eine Gerade die x-Achse schneidet, nennt man Nullstelle, da der zugeordnete Funktionswert (y-Wert) an dieser Stelle 0 ist.
Die Nullstelle kann man mit Hilfe der Funktionsgleichung berechnen.

$$
\begin{aligned}
y &= 2x - 4 \\
0 &= 2x_0 - 4 \quad | +4 \\
\Leftrightarrow \quad 4 &= 2x_0 \quad | :2 \\
\Leftrightarrow \quad 2 &= x_0 \quad \rightarrow N(2|0)
\end{aligned}
$$

Steigung m berechnen
Die Ursprungsgerade, auf der der Punkt P(x|y) liegt ($x \neq 0$), hat die Steigung: $m = \frac{y}{x}$

O(0|0); P(3|–2)

$m = \frac{-2}{3} = -\frac{2}{3}$

7.11 Mehr zum Thema: Steigung und Gefälle

Im Straßenverkehr

Am Straßenrand stehen oft Verkehrszeichen, die die Steigung oder das Gefälle einer Strecke angeben. Das Schild auf dem Foto weist auf ein Gefälle von 13 % hin.
Das bedeutet, die Straße verliert auf einer Horizontalentfernung von 100 m 13 m Höhe.

$\frac{13\,\text{m}}{100\,\text{m}} = 0{,}13 = 13\,\%$

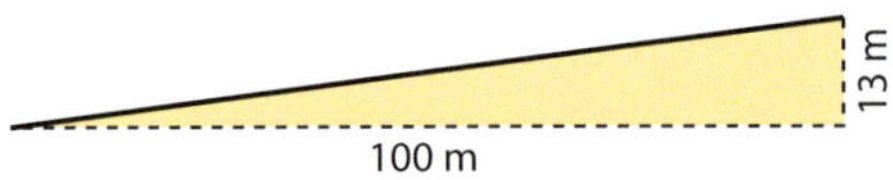

1 Was bedeutet 100 % Steigung?

Seilbahn Zugspitze

Am 21. Dezember 2017 war es soweit. Die neue *Seilbahn Zugspitze* wurde eingeweiht und trat ihre erste Fahrt auf den höchsten Berg Deutschlands (2 962 m) an. Sie löste die über 50 Jahre alte Eibsee-Seilbahn ab und brach in vielerlei Hinsicht Rekorde.
Mit 127 m besitzt die Pendelbahn die weltweit höchste Stahlbaustütze, legt den weltweit größten Gesamthöhenunterschied von 1 945 m zurück und auch das größte freie Spannfeld von 3 213 m (Abstand zwischen Stütze und Bergstation) ist ein Weltrekord. – Und die Kosten von rund 50 Millionen Euro sind ebenfalls rekordverdächtig.

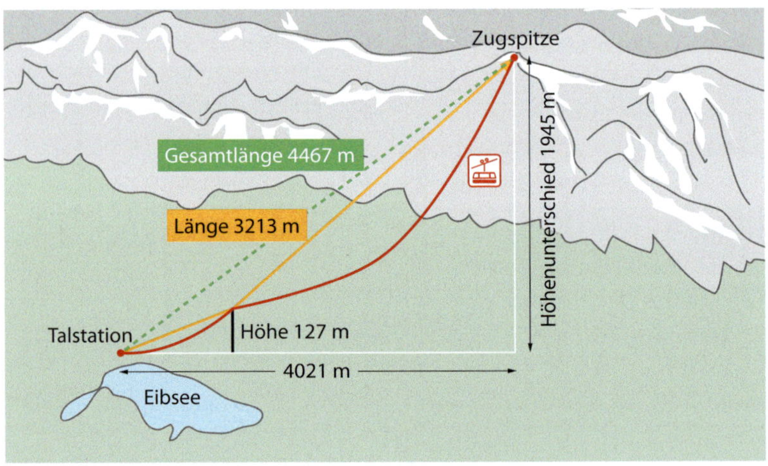

2 Welche durchschnittliche Steigung hat die *Seilbahn Zugspitze*?
3 In der Schweiz gibt es sogar eine Bergbahn mit 110 %iger Steigung. Finde heraus, wie sie heißt.

8

Daten und Zufall

8.1 Zufallsexperimente

Bei einem **Zufallsexperiment** kann man den Ausgang des Versuches nicht vorhersagen. Zufallsexperimente können mit verschiedenen Gegenständen durchgeführt werden, zum Beispiel mit Würfeln, mit Münzen oder mit einem Glücksrad.

1 Das Werfen einer Münze erzeugt ein zufälliges Ergebnis, entweder Zahl oder Wappen. Nimm eine Münze, führe das Zufallsexperiment „Münzwurf" 10-mal durch und notiere deine Ergebnisse (Zahl oder Wappen) jeweils in Form einer Strichliste.

Vergleiche und diskutiere dein Ergebnis mit dem deiner Mitschüler.
Trage im Anschluss die Ergebnisse aller Schüler in einer Liste zusammen und vergleiche das Gesamtergebnis mit den Einzelergebnissen.

Thomas hat mit seiner Klasse 8 A, bestehend aus 24 Schülern, das gleiche Experiment durchgeführt und kam zu folgendem Ergebnis:
Thomas: 3-mal Zahl; 7-mal Wappen. Klasse: 116-mal Zahl; 124-mal Wappen.

Thomas hat bei seinen 10 Versuchen nur 3-mal das Ergebnis Zahl erzielt. Die Anzahl der günstigen Versuchsausgänge für ein gewünschtes Ergebnis wird **absolute Häufigkeit** genannt.
Die absolute Häufigkeit für das Ergebnis „Zahl" ist somit 3.
Die Klasse hingegen hat insgesamt 116-mal Zahl geworfen. Hier beträgt die absolute Häufigkeit 116.
Wie groß ist die absolute Häufigkeit bei deinen Einzelergebnissen und dem Ergebnis in deiner Klasse?
Vergleiche das Ergebnis mit der Klasse von Thomas. Welche absolute Häufigkeit für das Ergebnis „Zahl" würdest du erwarten, wenn die Münze 1000-mal geworfen wird?

2

Diskutiere die Aussagen der beiden Mädchen.
Welche Ergebnisse kann man bei dem Zufallsexperiment Würfeln erhalten?
Nimm einen Würfel, werfe ihn 20-mal und gib die absolute Häufigkeit der einzelnen Ergebnisse an.
Um die Ergebnisse zu vergleichen, kann man die **relativen Häufigkeiten** bestimmen:

$$\text{relative Häufigkeit } P(E) = \frac{\text{absolute Häufigkeit}}{\text{Anzahl der Versuche}}$$

Beispiel Sophia:

Ergebnis	Absolute Häufigkeit	Anzahl der Versuche	Relative Häufigkeit
6	2	20	$\frac{2}{20} = \frac{1}{10} = 0{,}1 = 10\,\%$

Legt für euer Zufallsexperiment wie oben eine Tabelle an und vergleicht eure Werte.

Verschiedene mögliche Ergebnisse können zu einem **Ereignis** zusammengefasst werden:
Wenn Sophia im Spielverlauf mit einer 1 oder 2 ihre Spielfigur ins Haus bringen kann, lässt sich das durch das Ereignis beschreiben: „E: Sophia muss eine Zahl würfeln, die kleiner als 3 ist."

M Als **Ergebnis** bezeichnet man das Resultat eines Zufallsexperimentes (z. B.: „Die Zahl 6 wird gewürfelt.").
Ein **Ereignis** ist eine Menge von möglichen Ergebnissen eines Zufallsexperiments.
Wird dasselbe Zufallsexperiment mehrfach wiederholt, dann kann geprüft werden, wie oft das Ereignis E eingetroffen ist. Diese Zahl nennt man absoluten Häufigkeit des Ereignisses.
Die relative Häufigkeit, dass ein bestimmtes Ereignis eintritt, lässt sich wie folgt berechnen:

$$\text{relative Häufigkeit } P(E) = \frac{\text{absolute Häufigkeit}}{\text{Anzahl der Versuche}}$$

Beispiele:

Ereignis E	Möglichkeiten für E	Absolute Häufigkeit	Anzahl der Versuche	Relative Häufigkeit
„Zahl wird geworfen."	Zahl	4	10	$\frac{4}{10} = 0{,}4 = 40\,\%$
„Zahl größer als 4 wird gewürfelt."	5; 6	18	60	$\frac{18}{60} = \frac{3}{10} = 0{,}3 = 30\,\%$

Übungsaufgaben

1 Bei einem Zufallsexperiment wird aus einer Box 20-mal eine Kugel gezogen und anschließend wieder zurückgelegt. In der Box befinden sich eine rote, eine blaue und eine grüne Kugel. Die rote Kugel wird 8-mal gezogen, die blaue 7-mal und die grüne 5-mal.

a Gib die absoluten Häufigkeiten für alle Farben an.

b Berechne die zugehörigen relativen Häufigkeiten für jede Farbe.

2 Du drehst an einem Glücksrad 25-mal. Dabei bleibt es 8-mal auf Rot, 4-mal auf Blau, 5-mal auf Gelb und 3-mal auf Grün stehen.

a Wie oft bleibt das Rad auf Schwarz stehen?

b Gib für alle Farben die absolute Häufigkeit an.

c Berechne für alle Farben die relative Häufigkeit.

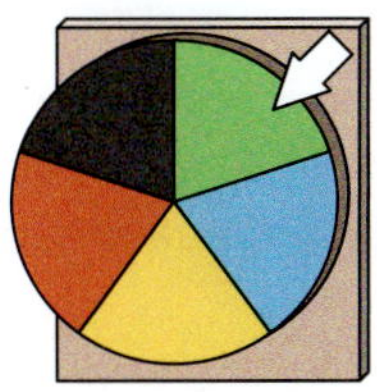

3 Enes traf von 10 Elfmetern 6-mal und Tom von 12 Elfmetern 7-mal das Tor. Wer war der bessere Elfmeterschütze?

4 Beim Roulette kann man auf Rot oder Schwarz setzen. Bei der grünen Null gewinnt die Bank. Bei den letzten 50 Durchgängen kam 28-mal die Farbe Rot und die Bank ging leer aus.

a Bestimme die absoluten Häufigkeiten der Farben Schwarz und Rot.

b Gib die zugehörigen relativen Häufigkeiten für diese Ereignisse an.

8.2 Baumdiagramme

Josefine soll zwei Kugeln nacheinander ohne Hinzusehen aus einer Schale ziehen. Max wettet mit seiner kleinen Schwester Josefine: „Wenn du es schaffst, dass die grüne Kugel in der Schale bleibt, dann bekommst du eine Tafel Schokolade von mir.“ Mit welchen Kombinationen gewinnt Josefine?

Um den Sachverhalt besser zu veranschaulichen, zeichnen wir ein **Baumdiagramm**:

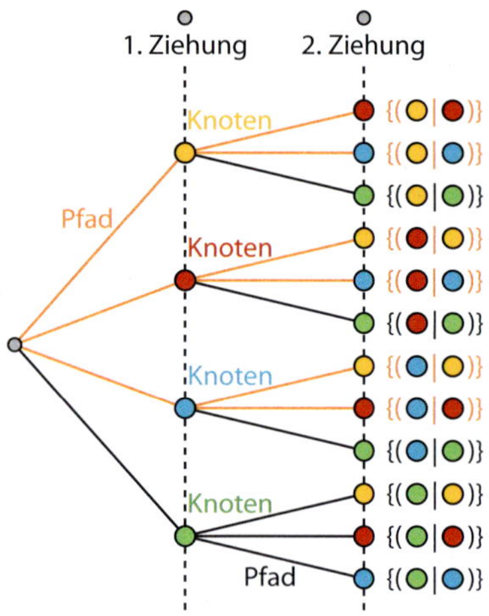

Wir beginnen links beim Startpunkt und zeichnen **alle möglichen Ergebnisse** für die erste Kugel untereinander. Daneben ergänzen wir die zweite Ziehung.

Ein Weg vom Start zum Ziel wird **Pfad** genannt. Jeder Pfad beschreibt einen möglichen Ausgang der Ziehung. Die Punkte werden als **Knoten** bezeichnet.

Es gibt genau $4 \cdot 3 = 12$ mögliche Kombinationen. Die günstigen Ergebnisse für Josefine kennzeichnen wir in Orange. (Das sind alle Pfade ohne grüne Kugel.)

Antwort: In 6 von 12 Fällen gewinnt Josefine die Tafel Schokolade.

Wenn die Ziehungen untereinander angeordnet werden, ergibt sich ebenfalls ein Baumdiagramm, das sich von oben nach unten lesen lässt und nicht von links nach rechts.

M Tritt bei einem Zufallsexperiment ein Ergebnis mehrfach auf, kann es im Baumdiagramm zu einem einzigen Knoten zusammengefasst werden. Die absolute Häufigkeit schreibt man entweder an den Pfad oder neben den Knoten.

T Beispiel:

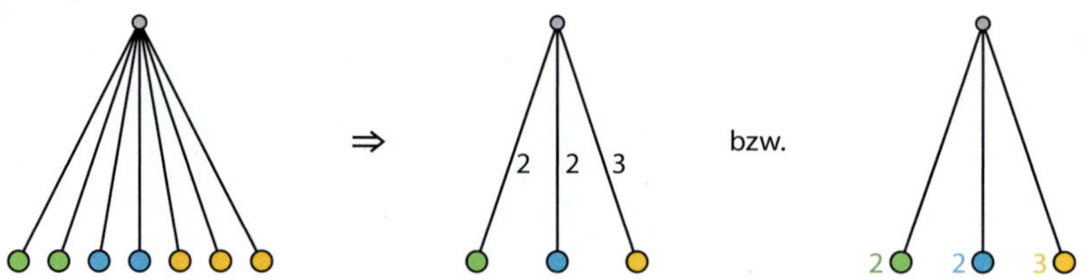

M Die einzelnen Pfade in einem Baumdiagramm können auch mit den relativen Häufigkeiten beschriftet werden. Die relative Häufigkeit ist der Quotient aus der absoluten Häufigkeit und der Anzahl der Möglichkeiten.

T Beispiel:

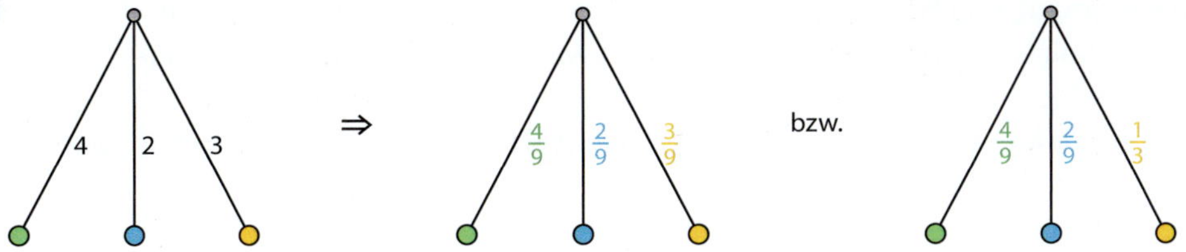

Beachte: Die Anzahl der Möglichkeiten hängt davon ab, von welchem Knoten des Baumdiagramms ausgegangen wird. Beim Start stehen noch alle möglichen Versuchsausgänge zur Verfügung.

Betrachten wir dazu nochmal unser Ausgangsbeispiel von Seite 134:
Für die erste Kugel gibt es vier Möglichkeiten.
Für die zugehörigen Pfade ergibt sich damit eine relative Häufigkeit von $\frac{1}{4}$.
Beachte: $\frac{1}{4} + \frac{1}{4} + \frac{1}{4} + \frac{1}{4} = 1$

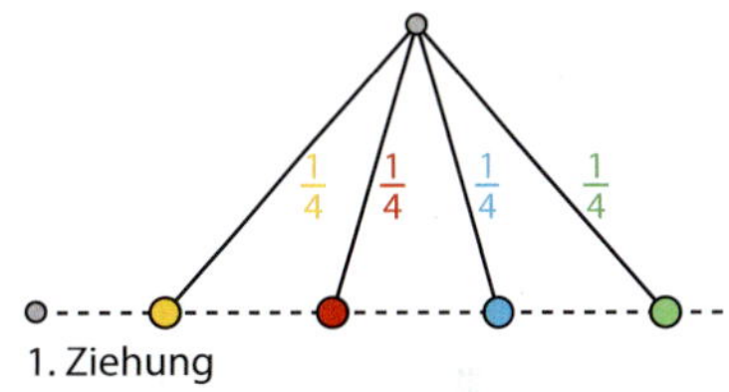

Für die zweite Kugel gibt es nur noch drei Möglichkeiten, da bereits eine Kugel gezogen wurde.
Für die zugehörigen Pfade ergibt sich dadurch eine relative Häufigkeit von $\frac{1}{3}$.
Beachte auch hier: $\frac{1}{3} + \frac{1}{3} + \frac{1}{3} = 1$

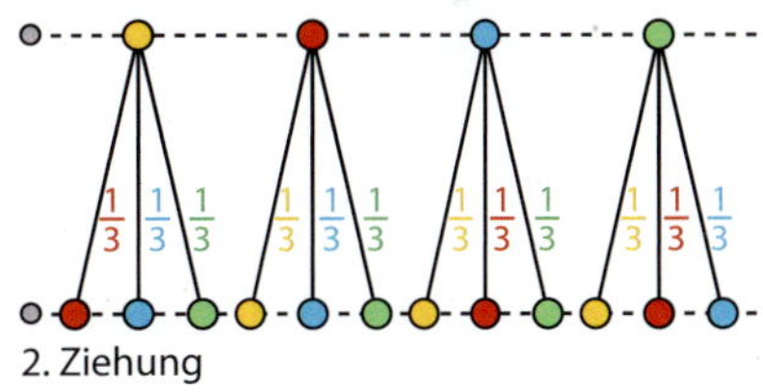

Übungsaufgaben

1 Aus der Urne wird eine Kugel gezogen

Zeichne ein geeignetes Baumdiagramm.

2 Eine Münze wird dreimal hintereinander geworfen. Wie viele Kombinationen gibt es für das Ereignis „Es wird genau zweimal Wappen (W) und einmal Zahl (Z) geworfen."?

3 Du darfst zweimal nacheinander würfeln.

a Wie viele Kombinationen gibt es, so dass die Summe der beiden Augenzahlen sieben ergibt. Löse mit Hilfe eines Baumdiagramms.

b Wie viele Kombinationen gibt es für die Augensumme 5? Wie viele gibt es für die Augensumme 11?

4 Im Urlaub gibt es beim Italiener als Vorspeise Bruschetta oder Salat, als Hauptgang Pizza, Spaghetti oder Lasagne und als Nachspeise Eis, Tiramisu oder Panna Cotta. Felix bestellt dort drei Wochen lang jeden Abend. Kann er jedes Mal eine andere Menüzusammenstellung bestellen?

5 Sarah sortiert ihre Sportkleidung. Sie hat zwei Paar Schuhe (schwarz, blau), drei Hosen (grau, bunt, weiß) und vier T-Shirts (rot, pink, grün, lila). Wie viele verschiedene Möglichkeiten hat Sarah, um ihre Sportkleidung zu kombinieren?

6 Finde einen geeigneten Sachverhalt für das folgende Baumdiagramm und beschreibe diesen.

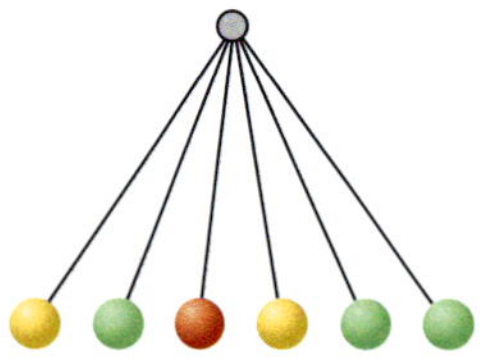

7 In der Klasse 8A kommen von 28 Schülern jeden Morgen 17 Schüler mit dem Bus, 5 Schüler zu Fuß und 6 mit dem Fahrrad zur Schule.

a Zeichne ein geeignetes Baumdiagramm.

b Beschrifte das Baumdiagramm mit den absoluten Häufigkeiten.

c Wie oft tritt das Ereignis „Schüler fährt zur Schule" ein?

8 Beschreibe ein Zufallsexperiment, das durch folgendes Baumdiagramm dargestellt wird:

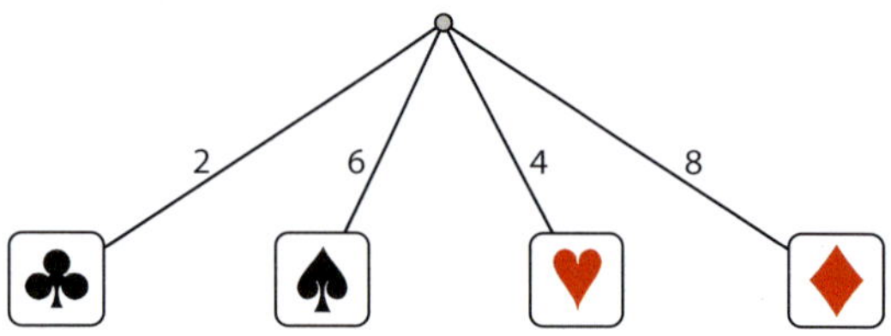

9 Wir haben ein Glücksrad mit den Farben rot, blau und gelb.

a Zeichne ein Baumdiagramm mit allen möglichen Ausgängen, wenn das Rad zweimal gedreht wird.

b Du hast gewonnen, wenn du zweimal in Folge die gleiche Farbe gedreht hast. Kennzeichne die möglichen Gewinnpfade.

10 Eine Münze wird dreimal geworfen. Erstelle dazu ein geeignetes Baumdiagramm und markiere die folgenden Ereignisse.

a Es wird höchstens einmal Wappen geworfen. (rot)

b Nur der erste Wurf ist Wappen. (blau)

c Es wird nie Zahl geworfen. (grün)

d Es wird nur Zahl geworfen. (orange)

11 Ein Würfel wird mit folgendem Ausgang 30-mal geworfen:

Augenzahl	1	2	3	4	5	6
	IIII	III	𝍸	𝍸 I	IIII	𝍸 III

a Stelle die Ergebnisse in einem Baumdiagramm dar und beschrifte es mit den absoluten Häufigkeiten.

b Gib die relative Häufigkeit für das Ereignis „gerade Zahl" an.

c Bestimme die relative Häufigkeit für das Ereignis „Augenzahl ist mindestens drei".

d Finde mit deinem Nachbarn weitere Ereignisse und berechne dazu die relativen Häufigkeiten.

e Führe das Zufallsexperiment selbst durch und vergleiche die relativen Häufigkeiten.

12 Karl zieht aus den vier Assen eines Kartenspiels zweimal ohne zurücklegen. Zeichne für diesen Sachverhalt ein Baumdiagramm und markiere die Lösungspfade zu den Ereignissen in den vorgegebenen Farben. Gewonnen hat er, wenn er …

a … das Herzass zieht. (rot)

b … ein rotes Ass zieht. (grün)

c … ein rotes Ass im zweiten Zug zieht. (gelb)

13 Jan würfelt einmal und wirft im Anschluss eine Münze. Bei 10 Versuchen kommt Jan auf folgende Ergebnisse:
1Z; 3Z; 1W; 4Z; 2W; 1Z; 5W; 2Z; 6W; 3W

a Stelle dieses Zufallsexperiment als Baumdiagramm dar.

b Berechne die relative Häufigkeit für die Ereignisse:
E_1: „beliebige Zahl und Wappen"
E_2: „gerade Zahl und Zahl"
E_3: „1 und Zahl oder Wappen"

8.3 Die Vierfeldertafel

Manche Aufgabe aus der Wahrscheinlichkeitsrechnung kann man übersichtlich mit einer so genannten **Vierfeldertafel** darstellen und lösen.

Beispiel:
In der Klasse 8A sind **25 Schülerinnen und Schüler**. Von den **15 Fußballspielern (F)** in der Klasse sind **5 Mädchen**.
7 Jungen haben kein Interesse am Fußball ($\overline{F}$).
Wie viele Mädchen sind in der Klasse?

Unsere Vierfeldertafel, deren Name von den vier zentralen Feldern kommt, sieht folgendermaßen aus:

	Jungen	Mädchen	gesamt
Fußballer	a	c	a + c
Nicht-Fußballer	b	d	b + d
gesamt	a + b	c + d	a + b + c + d

Im orange markierten Feld notiert man alle Jungen, die Fußballer sind (a). Am Ende jeder Zeile bzw. Spalte steht die Summe der beiden vorausgehenden Felder, z. B. stehen in der zweiten Zeile alle Jungen (a) und Mädchen (c), die Fußball spielen und am Ende der Zeile steht die Gesamtanzahl der Fußballspieler (a + c).

In der Ecke unten rechts steht die Gesamtanzahl aller Schülerinnen und Schüler (a + b + c + d).

① Übertrage alle gegebenen Informationen in die Tabelle.

	Jungen	Mädchen	gesamt
F		5	15
$\overline{F}$	7		
gesamt			25

② Suche eine Zeile oder Spalte, in der genau ein leeres Feld ist. Befülle das leere Feld.

	Jungen	Mädchen	gesamt
F	**10**	5	15
$\overline{F}$	7		
gesamt			25

③ Wiederhole Schritt ② bis die ganze Tabelle ausgefüllt ist.

	Jungen	Mädchen	gesamt
F	**10**	5	15
$\overline{F}$	7	**3**	**10**
gesamt	**17**	**8**	25

Beispiel:
Es sind 4 Zahlen gegeben:
- 25 Schülerinnen und Schüler
- 15 Kinder spielen Fußball
- 5 Mädchen, die Fußball spielen
- 7 Jungen ohne Interesse am Fußball

M Die letzte Zahl jeder Zeile oder Spalte ist die Summe der ersten beiden Zahlen.

Mädchen-Spalte:
Hier sind zwei Felder leer, wir müssen also eine andere Spalte oder Zeile wählen.

Fußball-Zeile:
15 Kinder spielen Fußball, davon sind 5 Mädchen. Also gibt es 10 Jungen, die Fußball spielen, denn 15 – 5 = 10.

Als nächstes kann beispielsweise die Anzahl der Jungen in der Klasse 8A bestimmt werden.

Vierfeldertafeln und Baumdiagramme

Eine Vierfeldertafel kann als zweistufiges Zufallsexperiment verstanden werden:
Von einer Gesamtmenge ausgehend (25 Kinder) fragt man zunächst die eine Eigenschaft ab (Junge oder Mädchen) und anschließend die andere (spielt Fußball oder nicht). Auf diese Weise entsteht ein gewichtetes zweistufiges Baumdiagramm.

M Zu jeder Vierfeldertafel gehören zwei unterschiedliche Baumdiagramme.

Beispiel:

Baumdiagramm 1: Baumdiagramm 2:

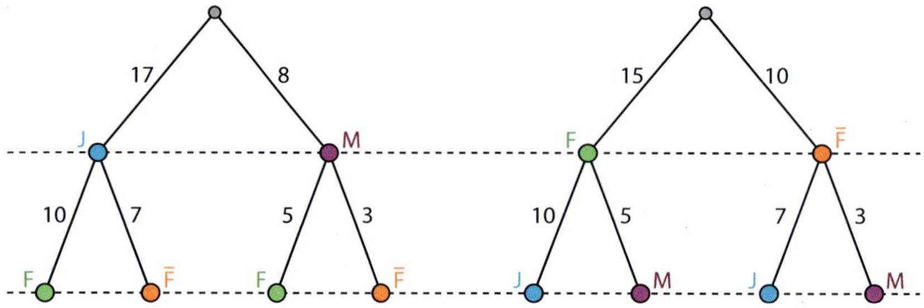

Das folgende Schema zeigt den Zusammenhang zwischen Baumdiagrammen und Vierfeldertafeln mit absoluten und relativen Häufigkeiten.

Vierfeldertafel mit absoluten Häufigkeiten

	Jungen	Mädchen	gesamt
F	10	5	15
$\overline{F}$	7	3	10
gesamt	17	8	25

↔

Baumdiagramm mit absoluten Häufigkeiten

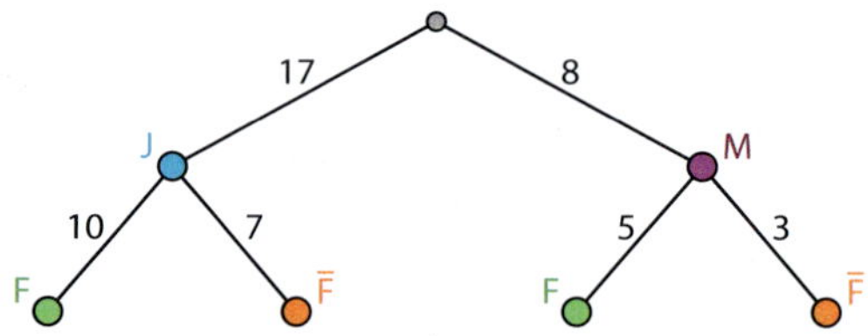

↕

Vierfeldertafel mit relativen Häufigkeiten

	Jungen	Mädchen	gesamt
F	$\frac{10}{25}$	$\frac{5}{25}$	$\frac{15}{25}$
$\overline{F}$	$\frac{7}{25}$	$\frac{3}{25}$	$\frac{10}{25}$
gesamt	$\frac{17}{25}$	$\frac{8}{25}$	$\frac{25}{25}$

<- - ->

Baumdiagramm mit relativen Häufigkeiten

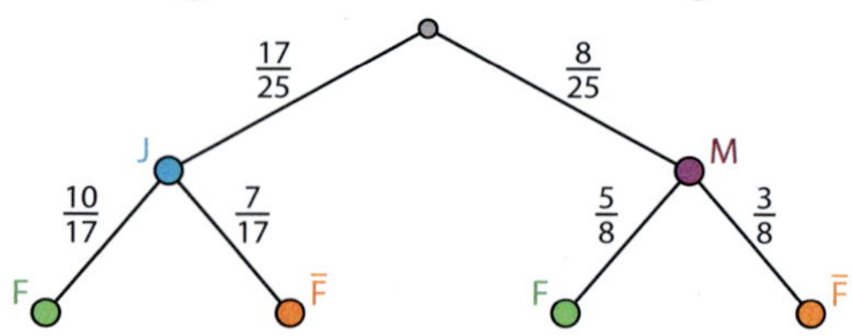

Mit etwas Übung ist es möglich eine Vierfeldertafel mit absoluten Häufigkeiten ohne Zwischenschritt in ein Baumdiagramm mit relativen Häufigkeiten umzuwandeln.
Kannst Du erklären, weshalb der untere Wechselpfeil nur gestrichelt dargestellt ist?

Übungsaufgaben

1 Es ist folgende Vierfeldertafel gegeben:

	Männer	Frauen	gesamt
Raucher	12		25
Nichtraucher		5	
gesamt	20		

a Vervollständige die Vierfeldertafel.
b Gib die prozentualen Anteile der ausgefüllten Vierfeldertafel an.
c Wandle die Vierfeldertafel in ein Baumdiagramm um.

2 Gegeben ist folgendes Baumdiagramm:

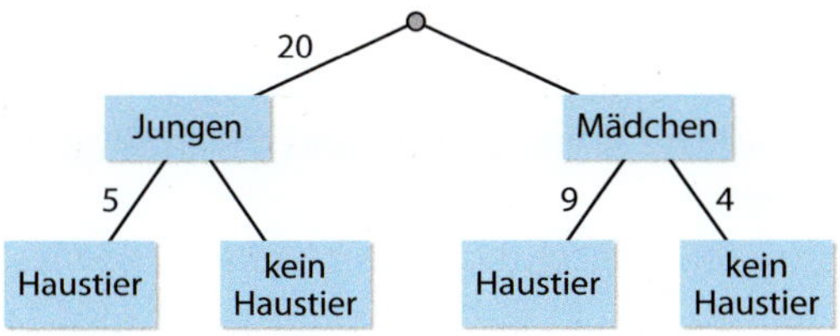

a Wandle das Baumdiagramm in eine Vierfeldertafel um und vervollständige sie.
b Wie viel Prozent der Mädchen haben kein Haustier?
c Berechne den prozentualen Anteil der Jungen, die kein Haustier haben.
d Bestimme den Anteil der Mädchen, die ein Haustier haben.

3 Die Klasse 8c besteht aus 20 Schülerinnen und 12 Schülern. 75 % der Schüler und 60 % der Schülerinnen kommen nicht mit dem Bus zur Schule.
a Erstelle eine Vierfeldertafel.
b Bestimme den prozentualen Anteil der Klasse, der mit dem Bus zur Schule kommt.

4 Das Lehrerkollegium einer Schule besteht aus 26 Lehrkräften. 6 der 11 Lehrer tragen eine Brille und 12 der Lehrerinnen tragen keine Brille.
a Wie viel Prozent des Kollegiums tragen eine Brille?
b Bestimme die Anzahl der weiblichen Brillenträgerinnen.

5 Ein Elektrohändler erhält eine Lieferung von 800 Glühbirnen. 60 % der Glühbirnen sind LEDs, die restlichen sind Halogenlampen. Bei der Überprüfung stellt sich heraus, dass von den 800 Glühbirnen insgesamt 6,5 % defekt sind. Von den Halogenlampen sind nur 5 % defekt.
a Erstelle eine Vierfeldertafel.
b Wie viel Prozent der LED-Lampen sind defekt?

6 In einem Sportverein mit 32 Mitgliedern haben 13 Sportler blonde Haare und 8 blaue Augen. Genau 16 Sportler haben weder blonde Haare, noch blaue Augen.
a Wie viele Sportler mit blonden Haaren haben blaue Augen?
b Wie viele Mitglieder mit nicht blonden Haaren haben blaue Augen?

7 Eine Kapelle besteht aus 20 Musikerinnen und 12 Musikern. 75 % der Musiker und 60 % der Musikerinnen spielen Blechblasinstrumente. Erstelle eine Vierfeldertafel …
a … mit absoluten Häufigkeiten.
b … mit relativen Häufigkeiten.
c Wie viel Prozent der Musikerinnen spielen kein Blechblasinstrument?
d Wie viele Mitglieder der Kapelle spielen kein Blechblasinstrument?

8 Es ist folgende Vierfeldertafel gegeben.

	Männer	Frauen	gesamt
mit Flugangst	3		30
ohne Flugangst		5	
gesamt	18		

a Was sagt die Zahl 3 aus?
b Wie viele Frauen haben Flugangst?
c Wie viele Männer haben keine Flugangst?
d Wie viele Personen wurden befragt?
e Vervollständige die Vierfeldertafel.
f Erstelle eine Vierfeldertafel mit relativen Häufigkeiten.
g Erstelle ein passendes Baumdiagramm mit absoluten Häufigkeiten.

Gemischte Übungsaufgaben

9 Begründe, ob folgende Aussagen wahr oder falsch sind:

a Bei einem Münzwürf liegt die relative Häufigkeit für das Ereignis „Zahl" immer bei genau 50 %.

b Je größer die absolute Häufigkeit eines Ereignisses ist, desto kleiner ist die zugehörige relative Häufigkeit.

c Die relative Häufigkeit eines Ereignisses kann nicht größer als 100 % sein.

d Ein Ereignis kann auch nur ein einziges Ergebnis enthalten.

10 Übertrage die Vierfeldertafeln in dein Heft und ergänze die fehlenden Werte.

a

	Jungen	Mädchen	gesamt
Linkshänder	…	…	58
Rechtshänder	8	12	…
gesamt	…	43	…

b

	Nichtraucher	Raucher	gesamt
im Sportverein	30	…	47
nicht im Sportverein	8	…	…
gesamt	…	36	…

c Entwerfe zu den beiden Vierfeldertafeln ein geeignetes Baumdiagramm und beschrifte es mit den absoluten Häufigkeiten.

11 In einer Urne befinden sich 12 rote, 7 gelbe und 6 braune Schokoladenlinsen.

a Bestimme die relative Häufigkeit für die einzelnen Farben.

b Marc isst drei rote und zwei gelbe Linsen. Wie haben sich die relativen Häufigkeiten verändert und warum?

12 In der Klasse 8b wird ein neuer Klassensprecher gewählt:

Tom: 卌 || Lisa: 卌 ||
Luca: 卌 |||| Sina: ||||

a Wer hat die Wahl gewonnen und wer wird zweiter Klassensprecher?

b Bestimme die relativen Häufigkeiten der Wahlergebnisse.

13 In einer Klasse mit 30 Schülern spielen 19 Kinder ein Instrument. 40 % der Schüler sind Jungen. Genau fünf Jungen spielen kein Instrument. Wie viele Mädchen spielen kein Instrument?

14 In einem Sportverein mit verschiedenen Sparten sind 50 Jugendliche. 19 spielen Tennis und 15 gehen zum Judo. Genau 21 Jugendliche betreiben keine der beiden Sportarten.

a Bestimme mit einer Vierfeldertafel, wie viele Jugendliche Tennis spielen und gleichzeitig Judo machen.

b Erstelle ein passendes Baumdiagramm zu dieser Aufgabe.

15 Eine kleine Tüte Gummibärchen enthält ca. 8 Gummibären.

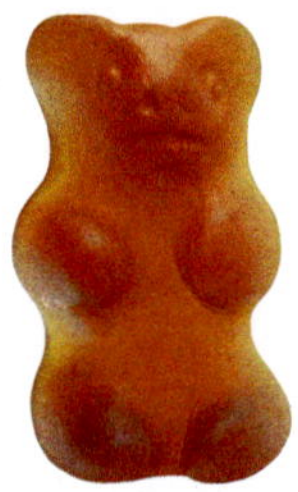

a Eine Tüte enthält 1 rotes, 1 grünes, 2 weiße, 2 gelbe und 2 orangefarbene Gummibären. Berechne die relative Häufigkeit für die roten (bzw. gelben) Gummibärchen.

b Besorge dir und deinen Klassenkameraden Gummibären. Zähle nach, wie viele Gummibären einer Farbe jeweils in der Tüte sind und bestimme die relative Häufigkeit der einzelnen Farben. Stimmen deine relativen Häufigkeiten mit denen deiner Mitschüler überein?

16 Von 320 Grundschülern haben schon 250 ein eigenes Handy. 130 haben einen eigenen Fernseher in ihrem Zimmer, während 12,5 % der Schüler weder einen Fernseher noch ein eigenes Handy besitzen.

a Wie viele Schüler haben ein eigenes Handy und einen eigenen Fernseher?

b Zeichne das entsprechende Baumdiagramm und beschrifte es mit den absoluten Häufigkeiten.

8.4 Mach dich fit

Zufallsexperimente

1 Mark und Lisa naschen am Abend bunte Schokoladenerdnüsse.

In einem Beutel sind insgesamt 60 Stück. Davon waren 20 blau, 25 rot und 15 gelb. Gib die absoluten Häufigkeiten für die verschiedenen Farben an.

2 Eine Münze wird 10-mal geworfen. Sie zeigt dabei 7-mal Kopf und 3-mal Zahl.

a Gib die absolute Häufigkeit des Ereignisses Kopf bzw. Zahl an.
b Berechne die relative Häufigkeit für die beiden Ereignisse.
c Die Münze wird weitere 90-mal geworfen. Jetzt wurde 44-mal Kopf und 46-mal Zahl als Ergebnis notiert.
Gib erneut die absolute Häufigkeit der Ereignisse Kopf und Zahl an und berechne erneut die relative Häufigkeit nach diesen insgesamt 100 Würfen.

3 Die Firma *Heiztec* stellt Wärmekissen her. Die Produkte werden stichprobenartig geprüft. Bei der letzten Kontrolle war 1 von 20 Kissen fehlerhaft.
a Berechne den relativen Anteil der fehlerhaften Produkte.
b Wie viele fehlerhafte Wärmekissen könnten in der Jahresproduktion von 20 000 Stück wahrscheinlich enthalten sein?

Baumdiagramme und Vierfeldertafeln

4 Übertrage den Text in eine Vierfeldertafel und berechne die fehlenden Felder.
Von 32 Lehrkräfte einer Schule sind 20 Männer. Von allen Kollegen sind 8 älter als 55 Jahre. Lehrerinnen unter 55 Jahre gibt es nur 5.
a Wie viele Lehrer an der Schule sind über 55?
b Wie viele Lehrerinnen gib es an der Schule?
c Wie viele Lehrerinnen an der Schule sind älter als 55 Jahre?
d Stimmt es, dass mehr als 12 Lehrer an der Schule jünger als 55 Jahre sind?
e Stelle die Vierfeldertafel als Baumdiagramm dar.

5 Die Klasse 8B besteht aus 32 Schülern. Heute tragen 3 der 12 Mädchen eine Sonnenbrille. 20 % der Jungen tragen keine Sonnenbrille. Wie viel Prozent der Klasse trägt heute keine Sonnenbrille? Löse die Aufgabe mit einer Vierfeldertafel.

6 Es ist folgende Vierfeldertafel gegeben:

	Jungen	Mädchen	gesamt
Schwimmer	…	14	26
Nichtschwimmer	4	…	…
gesamt	…	24	…

a Vervollständige die Vierfeldertafel im Heft.
b Gib die Vierfeldertafel in Prozent an.
c Wandle die Vierfeldertafel in ein Baumdiagramm um.

7 Es ist folgende Vierfeldertafel gegeben.:

Sportverein	Männer	Frauen	gesamt
über 30 Jahre	55	…	73
unter 30 Jahre	…	42	…
gesamt	…	…	150

a Wie viele Frauen sind über 30?
b Wie viele Männer hat der Sportverein?
c Vervollständige die Vierfeldertafel im Heft.
d Wie viel Prozent im Verein sind Frauen unter 30?

Weitere Aufgaben

8 Bei einer Umfrage werden 200 Personen zum Thema „Wie oft machen Sie in einer Woche Sport?“ befragt:

Sport pro Woche	nie	1-mal	2- bis 4-mal	≥ 5-mal
Anzahl der Personen	65	82	38	15

a Berechne die relativen Häufigkeiten der verschiedenen Kategorien.

b Eine Krankenkasse nutzt die Befragung als Stichprobe für ihre 520 000 Kunden. Wie viele ihrer Kunden treiben vermutlich nie Sport? Wie viele Kunden treiben mindestens 5-mal die Woche Sport?

9 Bei der Produktion von Smartphone-Hüllen kommt es zu stichprobenartigen Kontrollen. Dabei wurden bei 50 Hüllen zwei mit einem Mangel festgestellt.

a Berechne den relativen Anteil der fehlerhaften Produkte.

b Wie viele Hüllen zeigen bei einer Gesamtproduktion von 250 000 vermutlich einen Mangel auf?

10 Wandle den Text in eine Vierfeldertafel um und berechne die fehlenden Felder!
In einer 5ten Klasse mit 12 Jungen und 13 Mädchen können 7 Jungen schwimmen und 4 Mädchen nicht!

a Wie viele Kinder sind Nichtschwimmer?

b Wie viele Mädchen können schwimmen?

c Wandle die Vierfeldertafel in ein Baumdiagramm um.

d Gib in Prozent an, wie viel Jungen Nichtschwimmer sind, bzw. wie viel Prozent in der Klasse schwimmen können.

11 Bevor die 8. Klassen im Skikurs in den Ski-Bus steigen, kontrollieren die Lehrer, wer seine Liftkarte vergessen hat:
8a: 2 von 24 Schülern
8b: 1 von 18 Schülern
8c: 3 von 30 Schülern
Welche Klasse hat die größte Vergesslichkeitsrate?

12 200 Schüler wurden über ihre liebste Freizeitgestaltung am Nachmittag befragt.
Übertrage die Tabelle in dein Heft und ergänze sie vollständig.

Aktivität	TV	PC	Freunde treffen	Sport	Musikunterricht
Relative Häufigkeit	28 %	…	30 %	24 %	…
Absolute Häufigkeit	…	24	…	…	12

13 Bei einem Sommerfest darf jeder Schüler einer Klasse zwei Mal auf eine Torwand schießen.

Welche Klasse gewinnt den Wettbewerb?

Klasse	7a	7b	8a	8b	9a	9b
Anzahl der Schüler	24	21	25	22	15	27
Treffer	8	10	12	11	8	9

14 Der Body-Mass-Index (BMI) trifft abhängig von Körpergröße und Gewicht eine Aussage über Unter-, Normal- und Übergewicht. Bei einer Stichprobe von 500 Jugendlichen zwischen 10 und 18 Jahren kam es zu folgendem Ergebnis:

Untergewicht	Normalgewicht	Übergewicht
16	265	219

a Berechne den relativen Anteil der verschiedenen Kategorien.

b Wie viele normalgewichtige 10- bis 18-Jährige gibt es ungefähr in ganz Deutschland, wenn die Stichprobe repräsentativ ist?
(Hinweis: 10- bis 18-Jährige insgesamt ca. 6.620.000)

Zufallsexperimente

Ein **Zufallsexperiment** ist ein Versuch, dessen Ausgang vorher nicht bekannt ist.

Als **Ergebnis** bezeichnet man das Resultat eines Zufallsexperimentes.

z. B. Würfel: Zahl „6" gewürfelt

Ein **Ereignis** ist eine Menge möglicher Ergebnisse.

z. B. Würfel: das Würfeln gerader Zahlen „2; 4; 6"

Wird dasselbe Zufallsexperiment mehrfach wiederholt, dann kann geprüft werden, wie oft ein Ereignis E eingetroffen ist.
Diese Zahl nennt man absoluten Häufigkeit des Ereignisses.
Die relative Häufigkeit, dass ein *bestimmtes* Ereignis eintritt, lässt sich damit wie folgt berechnen:

$$\text{relative Häufigkeit } P(E) = \frac{\text{absolute Häufigkeit}}{\text{Anzahl der Versuche}}$$

Einfaches Zufallsexperiment

Zufallsgerät: *Würfel*
Ereignis: *Es wird eine gerade Zahl geworfen*
Mögliche Ergebnisse: 2, 4, 6
Anzahl der Versuche: 20
Versuchsdurchführung: 2, 4, 5, 3, 6, 5, 6, 3, 1, 2, 4, 3, 2, 5, 3, 6, 5, 3, 4, 2
absolute Häufigkeit für gerade Zahl: 10
relative Häufigkeit $P(E) = \frac{10}{20} = 50\,\%$

Veranschaulichungen

Baumdiagramm

Mit Hilfe eines Baumdiagramms lassen sich Zufallsexperimente gut veranschaulichen:

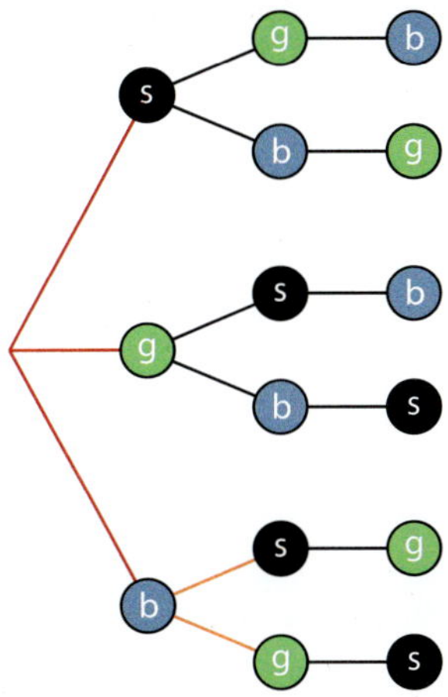

Wenn bei einer Ziehung die möglichen Ergebnisse unterschiedlich häufig auftreten, dann schreibt man an die Knoten oder an die Wegstücke die absoluten Häufigkeiten. Dadurch wird das Baumdiagramm übersichtlicher.

Vierfeldertafel

Mit Hilfe der Vierfeldertafel lassen sich prozentuale Anteile leicht berechnen:

	Jungen	Mädchen	gesamt
Fußballer	a	c	a + c
Nicht-Fußballer	b	d	b + d
gesamt	a + b	c + d	a + b + c + d

z. B. prozentualer Anteil der Mädchen:

$$\frac{c+d}{a+b+c+d}$$

Zufallsgeräte haben kein Gedächtnis

Am 30. Juni 2012 berichtete die *Frankfurter Allgemeine Zeitung* über „Denkfehler, die uns Geld kosten“:

Die Tragik von Monte Carlo
Am 18. August 1913 gab es in Monte Carlo ein bemerkenswertes Ereignis. In dem legendären Spielcasino, in dem sich die Oberschicht halb Europas in Frack und Abendgarderobe ein Stelldichein gab, landete die Kugel des Roulette stolze sechsundzwanzig Mal hintereinander auf Schwarz. Ungefähr nach dem 15. oder 16. Mal soll es in der erlesenen Spielerschar zu geradezu „chaotischen Zuständen“ und „ungezügeltem Setzen“ gekommen sein, wie glaubhaft überliefert ist: Immer mehr Hinzukommende wollten auf Rot setzen, weil sie glaubten, irgendwann müsste diese Serie doch ein Ende haben. Einige waren davon sogar so überzeugt, dass sie alles setzten und kein Geld mehr hatten, als in der 27. Runde endlich Rot kam. Das Casino verdiente an diesem Tag Millionen.

Wie du inzwischen weißt, haben Zufallsgeräte kein Gedächtnis. Die Roulettekugel „wusste“ nicht, wie oft sie bereits auf einem schwarzen Feld gelandet war. Der Fehler, den viele Spieler 1913 in Monte Carlo machten, ging als „Gambler's Fallacy“ in die Wissenschaft ein, was so viel bedeutet wie „Trugschluss des Spielers“.
Versuche dich zu erinnern, in welchen Situationen du selbst schon dem „Gambler's Fallacy“ erlegen bist.

Ein etwas anderes Würfelspiel

Malt auf ein Blatt sechs gleich große Felder, die ihr von 1 bis 6 nummeriert.
Zu Beginn hat jeder Spieler 20 Punkte.
Jeder Spieler kann auf jedes Feld so viel setzen, wie er möchte. Es wird mit drei Würfeln gewürfelt. Zeigt einer der Würfel die gewählte Feldzahl an, dann erhält der Spieler seinen Einsatz zurück und darüber hinaus die gleiche Anzahl an Punkten noch einmal. Zeigen zwei Würfel die gewählte Feldzahl an, dann erhält der Spieler seinen Einsatz und zusätzlich zweimal die gesetzte Anzahl an Punkten. Erscheint die gewählte Feldziffer auf allen drei Würfeln, dann erhält der Spieler außer dem Einsatz noch dreimal die gleiche Summe an Punkten. Zeigt jedoch keiner der Würfel die gewählte Feldzahl an, dann kassiert die Bank den Einsatz.

Beispiel: Du setzt zwei Punkte auf Feld 6.
1 Würfel zeigt die 6: Es gibt die zwei Punkte Einsatz zurück plus zwei zusätzliche Punkte für dich, also 4 Punkte.
2 Würfel zeigen die 6: Es gibt die zwei Punkte Einsatz plus zwei mal zwei Punkte für dich, also 6 Punkte.
3 Würfel zeigen die 6: Es gibt die zwei Punkte Einsatz plus drei mal zwei Punkte für dich, also 8 Punkte.
Kein Würfel zeigt die 6: Die zwei Punkte Einsatz gehen an die Bank.

Probiert das Spiel aus! Wer hat die besseren Chancen, die Bank oder der Spieler?

Potenzen

Seite 8

1 **a** $(-2)^4$ **b** $\left(\frac{4}{5}\right)\cdot\left(\frac{4}{5}\right)\cdot\left(\frac{4}{5}\right)\cdot\left(\frac{4}{5}\right)\cdot\left(\frac{4}{5}\right)\cdot\left(\frac{4}{5}\right)$ **c** $(-2{,}5)\cdot(-2{,}5)\cdot(-2{,}5)$ **d** $0{,}5^5$

2 **a** $(3\cdot 7)^4 = 21^4$ **c** $[-5\cdot(-3)]^2 = 15^2$ **e** $\left(\frac{100}{10}\right)^{-1} = 10^{-1} = \frac{1}{10}$
b $\left(\frac{1}{4}\cdot\frac{2}{5}\right)^3 = \left(\frac{1}{10}\right)^3$ **d** $\left(\frac{2}{-2}\right)^{-3} = (-1)^{-3} = -1$ **f** $[-4\cdot(-0{,}25)]^{15} = 1^{15} = 1$

3 **a** $3^3 = 27$ **c** $2^6 = 64$ **e** $\frac{1}{3^3} = \frac{1}{27}$
b $\frac{1}{2}$ **d** 4 **f** $5^{-2} = \frac{1}{25}$

4 **a** $2^3 = 8$ **b** $2^{-1} = 0{,}5$

5 **a** $13\,000 = 13\cdot 10^3 = 1{,}3\cdot 10^4 = 0{,}13\cdot 10^5$
b $0{,}07 = 0{,}7\cdot 10^{-1} = 7\cdot 10^{-2} = 70\cdot 10^{-3}$
c $123 = 123\cdot 10^0 = 12{,}3\cdot 10^1 = 1{,}23\cdot 10^2$
d $0{,}52 = 0{,}52\cdot 10^0 = 5{,}2\cdot 10^{-1} = 52\cdot 10^{-2}$
e $3\,050\,000 = 3\,050\cdot 10^3 = 305\cdot 10^4 = 30{,}5\cdot 10^5$
f $0{,}000083 = 83\cdot 10^{-6} = 8{,}3\cdot 10^{-5} = 0{,}83\cdot 10^{-4}$

6 **a** 460 000 **c** 30 400 000 **e** 4 000 000
b 0,000 15 **d** 0,000 000 010 2 **f** −0,000 000 04

Vektoren

Seite 9

1 $\overrightarrow{AB} = \begin{pmatrix}-2\\-2\end{pmatrix}$; $\overrightarrow{BC} = \begin{pmatrix}5\\-2\end{pmatrix}$; $\overrightarrow{CD} = \begin{pmatrix}-1\\6\end{pmatrix}$; $\overrightarrow{DA} = \begin{pmatrix}-2\\-2\end{pmatrix}$

2

a	(−1|−2)	(0|3)	$\begin{pmatrix}1\\5\end{pmatrix}$
b	(2,5|0,5)	(0|4,5)	$\begin{pmatrix}-2{,}5\\4\end{pmatrix}$

3 **a** $\vec{s} = \begin{pmatrix}0{,}5\\-0{,}5\end{pmatrix}$ **c** $\vec{s} = \begin{pmatrix}0{,}5\\2{,}5\end{pmatrix}$
b $\vec{s} = \begin{pmatrix}-1{,}5\\2{,}5\end{pmatrix}$ **d** $\vec{s} = \begin{pmatrix}-0{,}5\\0{,}5\end{pmatrix}$

4 **a** (1|1) **b** (3|0)

Determinanten

Seite 10

1 $\overrightarrow{AB} = \begin{pmatrix}6{,}5\\9\end{pmatrix}$; $\overrightarrow{AC} = \begin{pmatrix}3\\11\end{pmatrix}$; $A = \frac{1}{2}\begin{vmatrix}6{,}5 & 3\\9 & 11\end{vmatrix}\,\text{cm}^2 = 22{,}25\,\text{cm}^2$

2 Je zwei Vektoren müssen gleich sein:

$\overrightarrow{AD} = \begin{pmatrix}6-1\\1-2\end{pmatrix} = \begin{pmatrix}5\\-1\end{pmatrix} = \begin{pmatrix}4-(-1)\\-2-(-1)\end{pmatrix} = \overrightarrow{BC}$

$\overrightarrow{AB} = \begin{pmatrix}-1-1\\-1-2\end{pmatrix} = \begin{pmatrix}-2\\-3\end{pmatrix} = \begin{pmatrix}4-6\\-2-1\end{pmatrix} = \overrightarrow{DC}$

Flächeninhalt: $A = \begin{vmatrix}-2 & 5\\-3 & -1\end{vmatrix}\,\text{FE} = 17\,\text{FE}$

3 $\overrightarrow{AC} = \begin{pmatrix}6-(-1)\\2-(-2)\end{pmatrix} = \begin{pmatrix}7\\4\end{pmatrix}$; $\overrightarrow{BD} = \begin{pmatrix}-3-4\\4-(-1)\end{pmatrix} = \begin{pmatrix}-7\\5\end{pmatrix}$

$A = 0{,}5\begin{vmatrix}7 & -7\\4 & 5\end{vmatrix}\,\text{cm}^2 = 0{,}5(35+28)\,\text{cm}^2 = 31{,}5\,\text{cm}^2$

Winkel

Seite 11

1 **a** ① Nebenwinkel: α und β; β und γ; γ und der angegebene Winkel 20°; α und der angegebene Winkel 20°
Scheitelwinkel: α und γ; β und der angegebene Winkel 20°
$\alpha = 160°$; $\beta = 20°$; $\gamma = 160°$

② Nebenwinkel: α und δ; δ und der angegebene Winkel 79°; α und β; β und der angegebene Winkel 79°
Scheitelwinkel: β und δ; α und der angegebene Winkel 79°
$\alpha = 79°$; $\beta = 101°$; $\delta = 101°$

b Stufenwinkel: β_1 und β_2; der angegebene Winkel 33° und γ_2; δ_1 und δ_2
Wechselwinkel: β_1 und δ_2; der angegebene Winkel 33° und α_2; δ_1 und β_2
$\alpha_1 = 33°$; $\alpha_2 = 33°$; $\beta_1 = 147°$; $\beta_2 = 147°$; $\gamma_2 = 33°$; $\delta_1 = 147°$; $\delta_2 = 147°$

2 **a** $\alpha = 48°$ **b** $\gamma = 70°$ **c** $\gamma = 112°$ **d** $\gamma = 124°$ **3** **a** $\alpha = 90°$; $\gamma = 49°$ **b** $\alpha = 90°$; $\beta = 45°$; $\gamma = 45°$

Geometrische Orte

Seite 12

1 **a** $\{S \mid |\overline{PS}| = |\overline{QS}|\}$: Die Menge aller Punkte S, die von P und Q gleich weit entfernt sind.
b $\{S \mid |\overline{MS}| \leq 3\,LE\}$: Die Menge aller Punkte S, die zu M eine Entfernung von höchstens 3 LE haben.

2

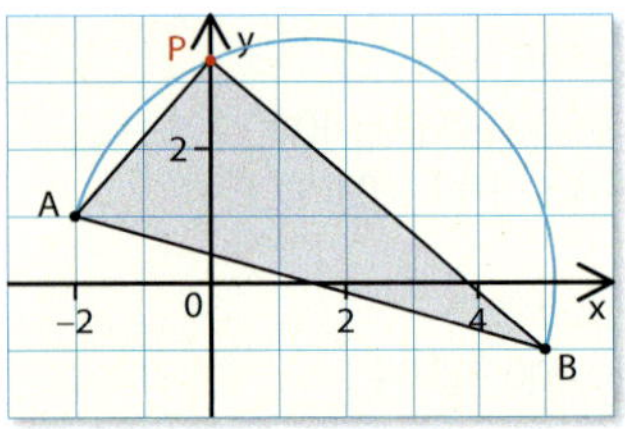

Thaleskreis über $\overline{AB}$: P(0|3,3)

3 $\alpha = 30°$

Terme

Seite 13

1 **a** k + 2m **b** −5a **c** 2x + 11y **d** 3x − y **e** −1,7a + 13,8b **f** 2e + 7f

2 **a** 19a **b** 24x + 7y

3 **a** 21gh **b** $80n^2$ **c** 3rs **d** a^2b^3c **e** $240tu^2v^2$ **f** $4{,}5x^3y$

4 **a** 6a − 8 **b** −3b − 2 **c** −4x − 4y **d** −7c + d **e** 27p + 17q **f** −g + 8h + 4,7

5 $a^2 + ab = a \cdot b + a \cdot a = a \cdot (a + b)$
$2b + (4b + a) = a + 6b = 8b - (-a + 2b)$
$8a + 2b - 4a = 4a + 2b = 2 \cdot (2a + b)$

6 **a** 10v + 70w **b** −6ab + 18a **c** $2k^2 + 4kn$ **d** 21xz − 24yz **e** 40a + 72b − 8z **f** $8e^2 - 10ef + 12e$

7 **a** 5(3p − 10q) **b** x(9 + 4y) **c** $\frac{3}{8}(d + e + f)$ **d** 2g(−4 + 7h) **e** xy(13 − 5z) **f** 4,5c(2ab + b + 3)

8

	−10	−2	0	1	5
4 − x	14	6	4	3	−1
3x + 1	−29	−5	1	4	16
$x^2 - 7$	93	−3	−7	−6	18

Gleichungen und Ungleichungen

Seite 14

1 **a** Paket x wiegt so viel wie vier Gewichtssteine.
b Paket y wiegt so viel wie zwei Gewichtssteine.

2 **a** $\mathbf{28} + 13 = 41$
b $-5 + \mathbf{22} = 17$
c $4 \cdot \mathbf{5{,}5} = 22$
d $\mathbf{6} : 5 = 1{,}2$
e $3 \cdot \mathbf{25} - 10 = 65$
f $\mathbf{0{,}5} + 4{,}8 + \mathbf{0{,}5} = 5{,}8$

3 **a** $q - 10{,}5 = 4{,}3 \quad | + 10{,}5$
$q = 14{,}8$
b $x : 8 = 12{,}5 \quad | \cdot 8$
$x = 100$
c $12a = -132 \quad | : 12$
$a = -11$
d $0{,}5e = 10 \quad | : 0{,}5$ oder $| \cdot 2$
$e = 20$
e $-2{,}2 + n = -5{,}5 \quad | + 2{,}2$
$n = -3{,}3$
f $\frac{1}{5}y = 6 \quad | : \frac{1}{5}$ oder $| \cdot 5$
$y = 30$

4 **a** $x + 5{,}8 - 7{,}1 = 2$
$x = 3{,}3$
b $x : 2 + 8 = 11{,}3$
$x = 6{,}6$
c $(x + 3{,}9) \cdot 12 = 60$
$x = 1{,}1$

5 **a**

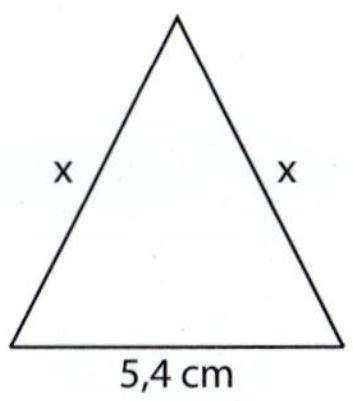

b $2x + 5{,}4\,\text{cm} = 18{,}6\,\text{cm}$
c $x = 6{,}6\,\text{cm}$
Die beiden anderen Seiten des Dreiecks sind 6,6 cm lang.

6 **a** $x < -9;\; L = \{x | x < -9\}$
b $x = 9;\; L = \{9\}$
c $x > 507;\; L = \{x | x > 507\}$
d $x < 1{,}25;\; L = \{x | x < 1{,}25\}$
e $x < 7;\; L = \{x | x < 7\}$
f $x = 2{,}1;\; L = \{2{,}1\}$

Proportionalitäten

Seite 15

1 **a** Direkt proportional. Für die halbe Menge zahlt man den halben Preis.
b Nicht direkt proportional. Ab einem bestimmten Alter werden Pferde nicht mehr größer und schwerer, auch wenn sie älter werden.
c Direkt Proportional. Der zehnfache Betrag in Euro entspricht dem zehnfachen Betrag in Schweizer Franken.

2 **a**

Anzahl	1	2	3	4	5	10
Preis (€)	4,90	9,80	14,70	19,60	24,50	49,00

b

Weg (km)	20	60	80	100	240	500
Zeit (min)	15	45	60	75	180	375

3 Zum Schaubild passt die obere Tabelle (*Euro* ↦ *Dollar*).

a

Euro	Dollar
100	105,74
1	1,0574
99	104,68

Euro	Britische Pfund
50	42,59
10	8,518
20	17,04

b

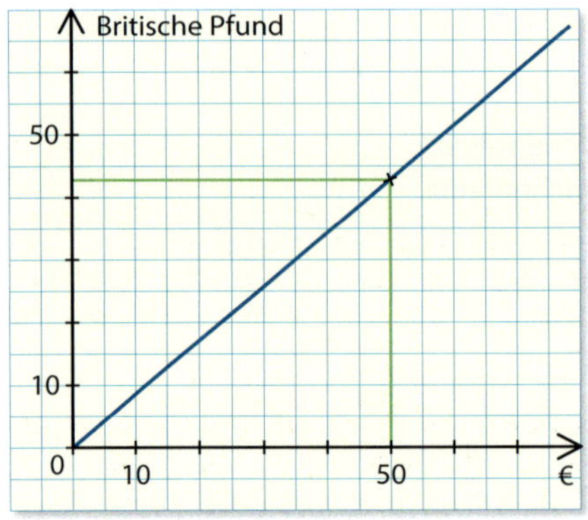

4 **a**

Tempo (km/h)	Fahrzeit (min)
40	60
75	32
80	30
120	20

b

Anzahl der Pumpen	Fülldauer (h)
1	72
3	24
4	18
6	12

5 **a** 100 Tiere: 72 Tage; 160 Tiere: 45 Tage; 180 Tiere: 40 Tage

b Bei fünf Tieren würde der Vorrat 1 440 Tage, also 3 Jahre und 345 Tage reichen. Somit stimmt die Aussage. Allerdings kann das Futter in dieser Zeit verderben und benötigt sehr viel Lagerplatz.

Prozent- und Zinsrechnung

Seite 16

1 **a** Zinsen berechnen: $Z = K \cdot p\,\%$ → $Z = 2\,500\,€ \cdot 0{,}8\,\% = 20\,€$

b Zinssatz berechnen: $p\,\% = \frac{Z}{K}$ → $p\,\% = \frac{2{,}47\,€}{325\,€} = 0{,}76\,\%$

c Kapital berechnen: $K = \frac{Z}{p\,\%}$ → $K = \frac{10{,}65\,€}{1{,}2\,\%} = 887{,}50\,€$

2

	Kapital	Zinssatz	Zinsen
a	5 600 €	1,3 %	**72,80 €**
b	1 280 €	**1,5 %**	19,20 €
c	**10 500 €**	0,8 %	84,00 €
d	3 500 €	**1,4 %**	49,00 €

Statistische Kenngrößen

1 **a**

	SV Hofheim	1870 Burghausen
geordnete Liste	10; 10; 15; 16; 21; 22; 25; 33	7; 12; 19; 20; 21; 23; 26; 30; 31
Minimum	10	7
Maximum	33	31
Spannweite	23	24
Median	18,5	21
Modalwert	10	
arithmetisches Mittel	19	21

b 1870 Burghausen ist das bessere Team, weil es durchschnittlich mehr Tore pro Spiel erzielt.

Kapitel 1

Seite 28

Eigenschaften von Dreiecken

1 ① Wenn 58° oder 65° Basiswinkel wären, dann ist die Winkelsumme im Dreieck in beiden Fällen größer als 180°:
$58° \cdot 2 + 65° = 181°$
$65° \cdot 2 + 58° = 188°$
② Die offensichtlichen Basiswinkel sind nicht gleich.
③ Das Dreieck ist offensichtlich rechtwinklig, der fehlende Winkel müsste dann 60° sein, wäre also größer als 30°.
④ Wenn 16° ein Basiswinkel wäre, dann ist die Winkelsumme im Dreieck größer als 180°: $16° \cdot 2 + 150° = 182°$

2 **a** Nicht möglich, zwei Seitenlängen sind zusammen nicht größer als die dritte.
b Möglich, denn der größere der gegebenen Winkel liegt auch der größeren von beiden Seiten gegenüber.
c Nicht möglich, γ müsste 90° groß sein; dann würde ein gleichschenklig-rechtwinkliges Dreieck entstehen. Für $a = b$ jedoch würde nur der Fall $\alpha = \beta$ in Frage kommen, und damit wäre die Winkelsumme im Dreieck überschritten.
d Möglich, denn je zwei Seitenlängen sind zusammen größer als die dritte.
e Möglich, es handelt sich um ein gleichschenklig-rechtwinkliges Dreieck.
f Möglich, die Winkel α und β müssten zusammen 90° ergeben und die Dreieckseiten a und b zusammen kleiner als 10 cm sein. Ein Beispiel wäre: $b = 8\,cm$ und $a = 6\,cm$. Dann bleibt für $\alpha = 36{,}87°$ und für $\beta = 53{,}13°$.

3 **a** ① $b > c > a$ ② $\beta > \gamma > \alpha$
b ① $\alpha = \gamma$ ② $a = c$
c ① $\alpha = 90°$; $c = 8\,cm$ ② $a > 8\,cm$
d ① $a = c = 8\,cm$ ② $\beta = 90°$ oder $\alpha = \gamma = 45$

Dreiecke konstruieren

4 **a**

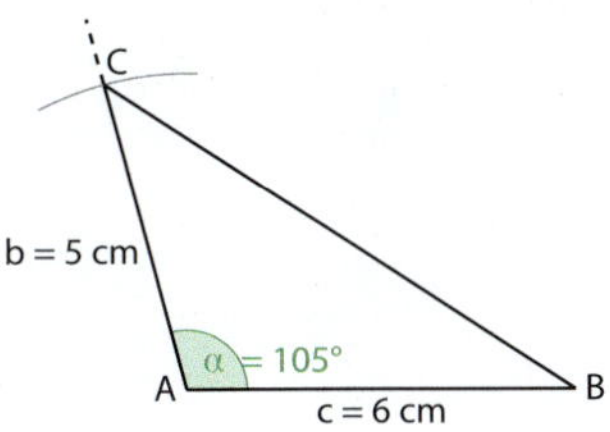

b

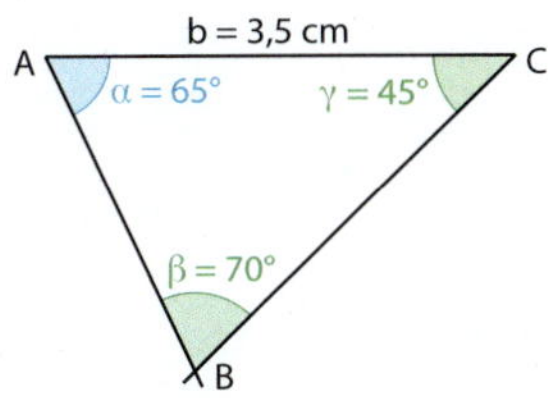

c

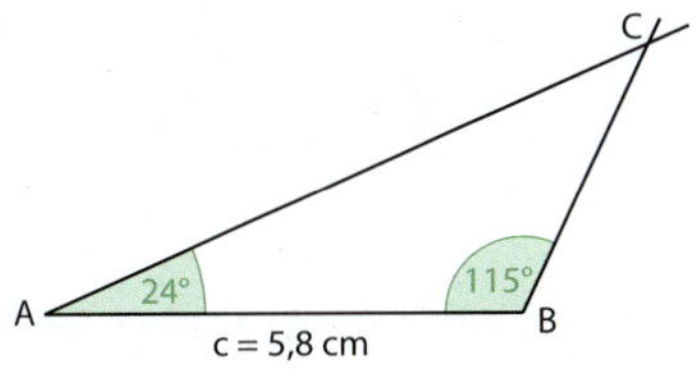

d

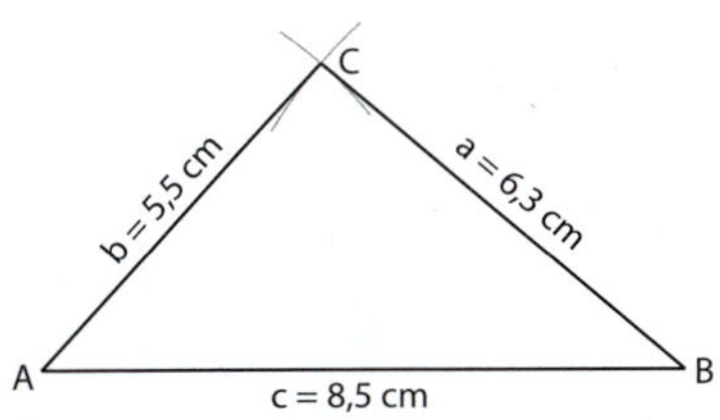

e

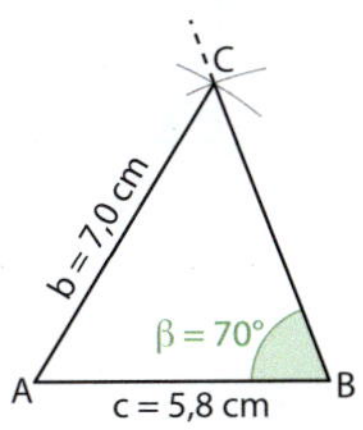

5 Die Konstruktion ist insofern eindeutig, da alle entstehenden Dreiecke kongruent sind. Wenn die Zuordnung der Seitenlängen durch Punktfestlegungen exakt angegeben ist erhält man nur ein Dreieck.

Beispiele:

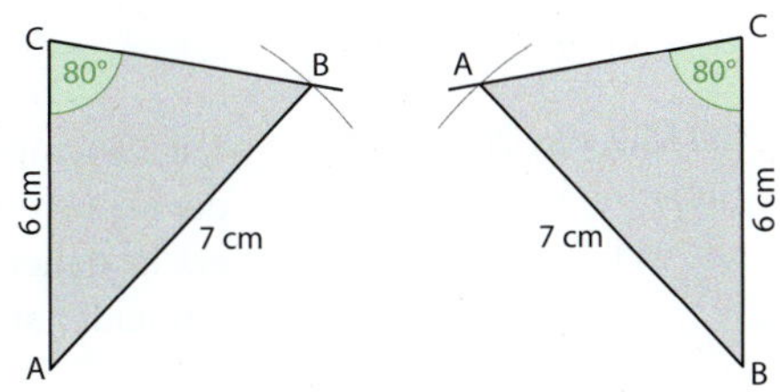

6 a Fall SWS

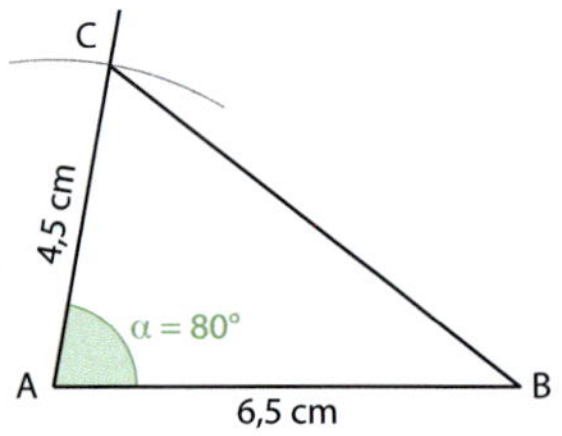

b Fall SsW

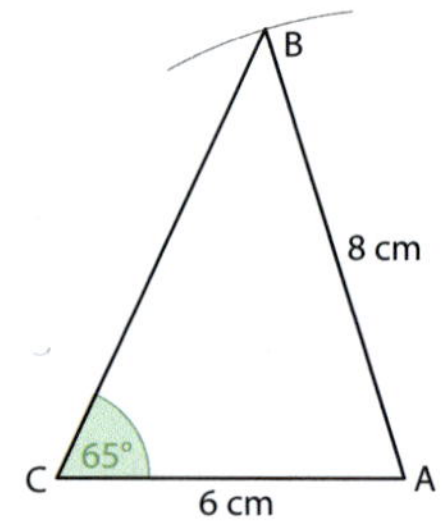

7 ① Zeichne die Strecke $\overline{AB}$ mit $|\overline{AB}| = 8\,cm$ ② $\sphericalangle(\overline{AB};[AC) = 65°$
③ $k(B; r = 9\,cm)$ ④ $k \cap [AC = \{C\}$
Gegeben sind c, α und b, es handelt sich um den Fall SsW.

8 a

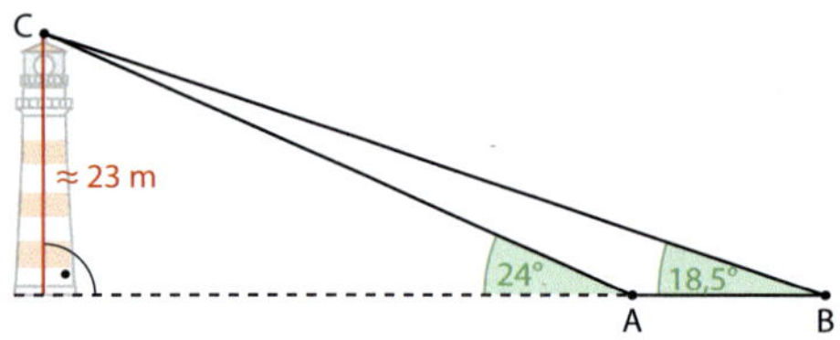

Durch eine maßstäbliche Konstruktion erhält man einen Wert von etwa 23 m für die Höhe.

b

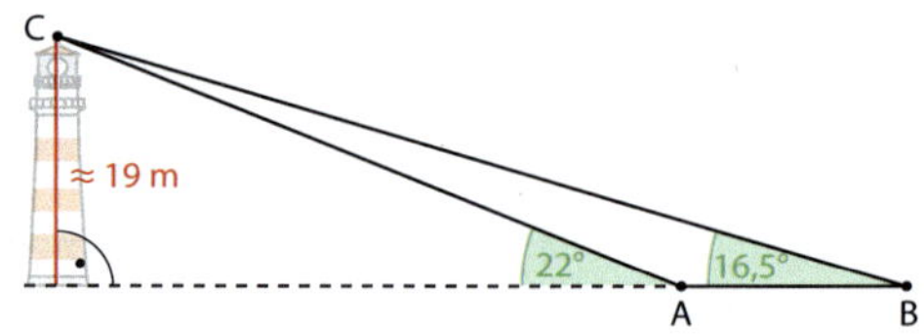

Bei hohem Wellengang misst man eine Turmhöhe von ungefähr 19 m. Die Abweichung beträgt also ca. 4 m.

Seite 29

9 a

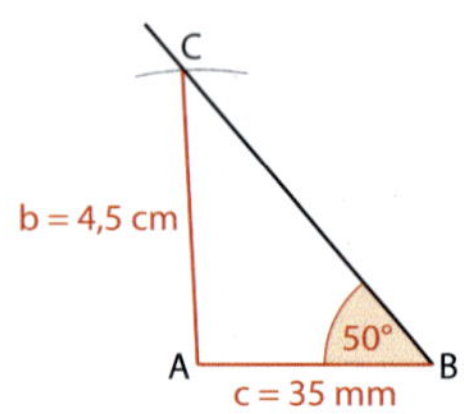

b

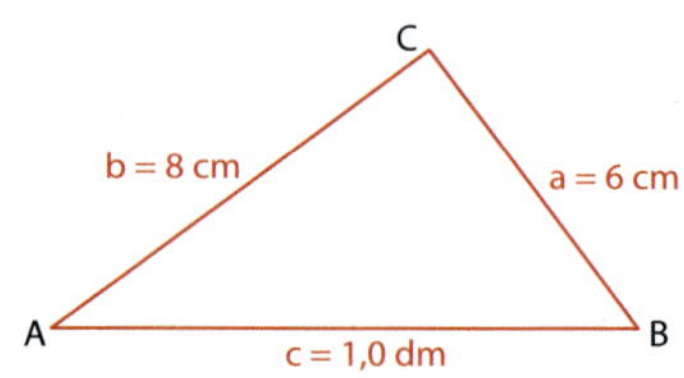

Das Dreieck ist bei C rechtwinklig!

10 $24\,cm^2 = 0{,}5 \cdot 6\,cm \cdot x\,cm \Leftrightarrow x = 8\,cm$; die zweite Kathete hat eine Länge von 8 cm.
Durch Konstruktion erhält man für die Innenwinkel Werte von ca. 37° und 53°.

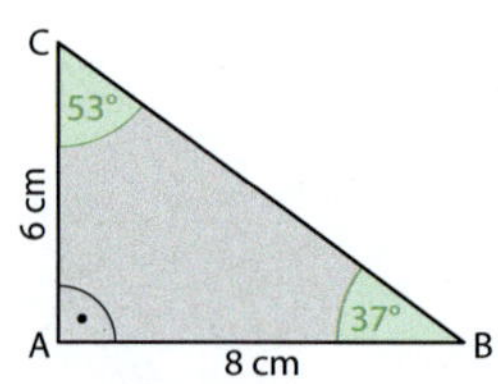

11 a

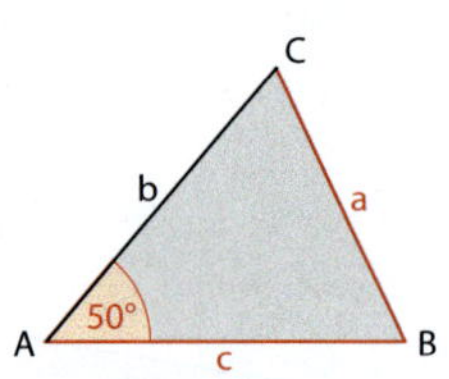

Fall SsW, das Dreieck ist eindeutig konstruierbar, weil a > c.

b

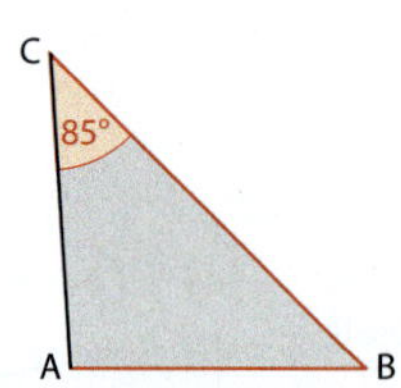

Fall SSW_k; der gegebene Winkel liegt aber der kleineren Seite gegenüber. Dieses Dreieck ist daher nicht konstruierbar. (k(B; r = c) schneidet die Halbgerade [CA nicht!)

c

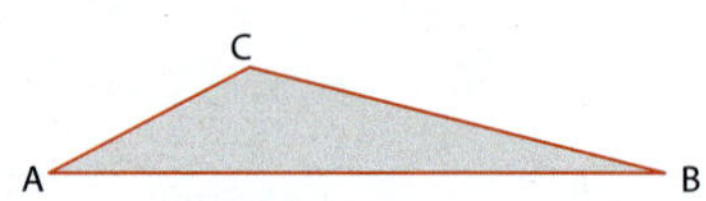

Fall SSS, es gilt aber:
b + a < c! Das Dreieck ist also nicht konstruierbar!

Kongruenzsätze

12 SWS: γ und γ' müssen bekannt sein.

13

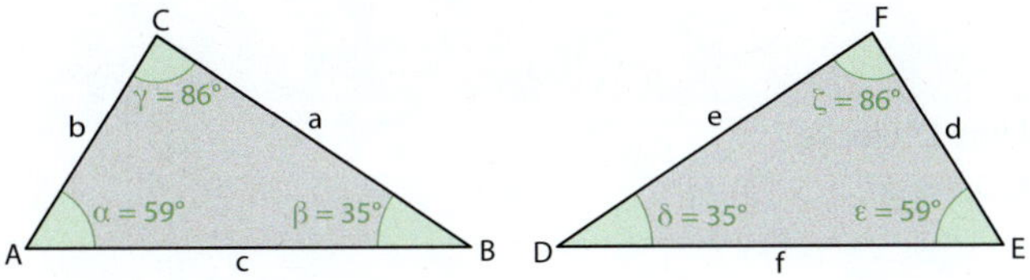

Beide Dreiecke sind kongruent.

14 **a** Beide Dreiecke sind kongruent, weil das Dreieck DEF durch eine Verschiebung um $\binom{7}{2}$ aus dem Dreieck ABC hervorgeht.

b Beide Dreiecke sind nicht kongruent, weil einander entsprechende Bestimmungsstücke nicht übereinstimmen.
oder:
DEF ist gleichschenklig – ABC nicht, also
$ABC \not\equiv DEF$

15

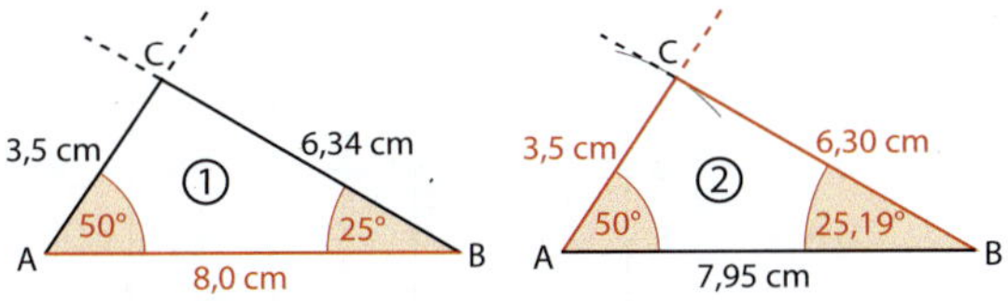

Wie man durch Messung der Seitenlängen und Winkelmaße feststellt stimmen die Dreiecke nur annähernd in entsprechenden Bestimmungsstücken überein. Sie sehen zwar so aus, sind aber bei genauem Hinsehen doch nicht kongruent.

16 **a** Stimmt, denn in diesem Fall haben sie auch gleich lange Grundseiten und sind auch flächengleich.
b Stimmt, denn dann haben sie auch gleich lange Höhen, und wenn sie gleichschenklig sind, dann müssen sie auch gleiche Seitenlängen haben, sie sind also kongruent.
c Stimmt, denn dann haben sie auch die gleiche Höhe auf die gegebene Seite als Grundseite.
d Stimmt, das ist der Fall WSW.
e Stimmt, denn dann haben sie auch gleiche Seitenlängen. (Fall SSS)
f Stimmt nicht, denn dann können sie auch verschiedene Basishöhen haben und damit einen unterschiedlichen Flächeninhalt.

17 Es handelt sich um 5 kongruente gleichschenklige Dreiecke, die zusammen ein reguläres 5-Eck bilden. (Innenwinkelsumme: 540°)

18

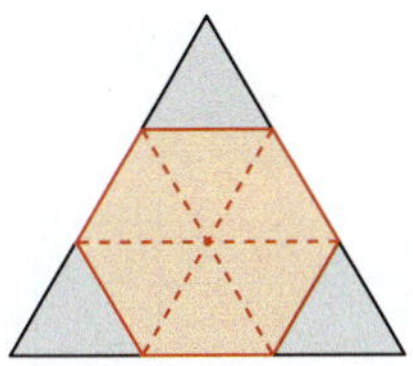

$A_{Sechseck} = \frac{2}{3} A_{Dreieck}$.

19 **a, d, e**

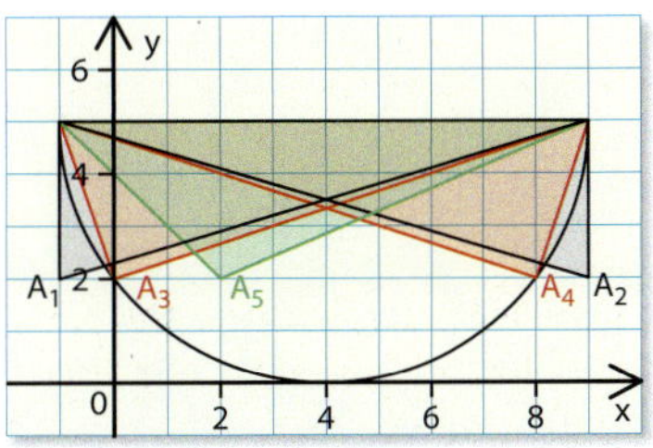

b Die Punkte A_1 und A_2 haben die gleichen x-Koordinaten wie C und B. Die Strecken $\overline{A_1C}$ und $\overline{A_2B}$ stehen also auf $\overline{BC}$ senkrecht.

c Beide Dreiecke sind zueinander kongruent, weil sie in zwei Seitenlängen und dem Zwischenwinkel übereinstimmen.
$|\overline{BC}| = |\overline{BC}|$, $|\overline{A_1C}| = |\overline{A_2B}|$ und $\sphericalangle A_1CB = \sphericalangle CBA_2$ (Fall SWS)

d Die Punkte A_3 und A_4 liegen auf dem Halbkreisbogen über $\overline{BC}$, man misst in A_3 und A_4 jeweils einen 90°-Winkel. Die Abstände $d(A_3; \overline{BC})$ und $d(A_4; \overline{BC})$ sind gleich. Übrigens: Alle Dreiecke A_nBC haben bei gleicher Grundseite $\overline{CB}$ und gleicher Höhe $d(A_n; \overline{BC})$ auch den gleichen Flächeninhalt.

e Konstruktion analog zu **b**.

Kapitel 2

Seite 41

Vierecke und ihre Eigenschaften

1

Quadrat:	zwei gleichschenklig-rechtwinklige Dreiecke
Rechteck:	zwei rechtwinklige, kongruente Dreiecke
Parallelogramm:	zwei kongruente Dreiecke
Raute:	zwei gleichschenklige Dreiecke
Drachen:	zwei gleichschenklige Dreiecke bzw. zwei kongruente Dreiecke (je nachdem, welche Diagonale gewählt wurde)

2
- **a** Parallelogramm mit $D_1(8|3)$ oder $D_2(-2|3)$
- **b** Drachen mit H(3|−1)
- **c** gleichschenkliges Trapez mit F(7|8)
- **d** Rechteck mit G(6|−1)

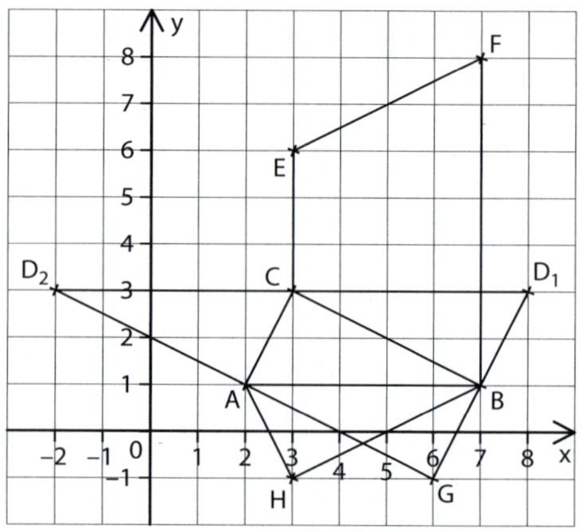

3
- **a** Raute oder Quadrat
- **b** Drachen
- **c** Rechteck oder Raute
- **d** Drachen, Raute, Quadrat
- **e** Rechteck, Quadrat, Raute, Parallelogramm
- **f** Rechteck, Quadrat, Parallelogramm, Raute

4
- **a** richtig
- **b** falsch
- **c** falsch
- **d** richtig
- **e** richtig
- **f** falsch

Symmetrie bei Vierecken

5

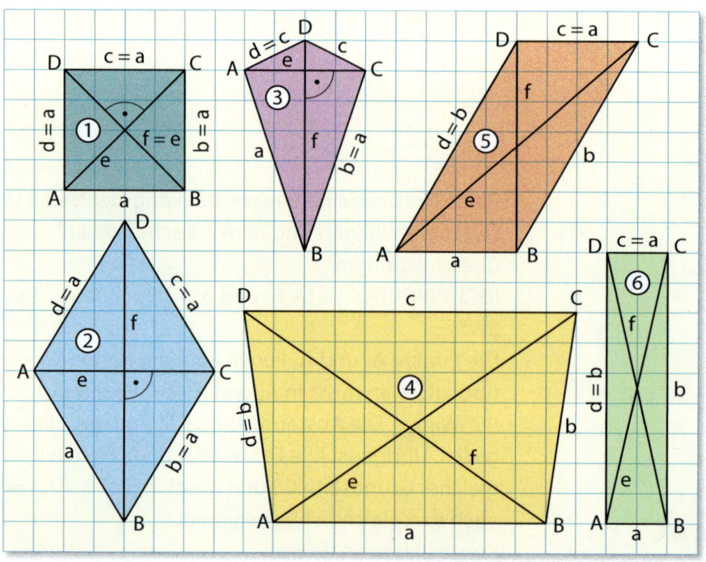

a ①; ②; ③
b ①; ②
c ①: diagonalsymmetrisch zu e und f, achsensymmetrisch zu beiden Mittelsenkrechten, punktsymmetrisch zum Diagonalenschnittpunkt
②: diagonalsymmetrisch zu e und f, punktsymmetrisch zum Diagonalenschnittpunkt
③: diagonalsymmetrisch zu f
④: achsensymmetrisch zur Mittelsenkrechten auf a und c
⑤: punktsymmetrisch zum Diagonalenschnittpunkt
⑥: achsensymmetrisch zu beiden Mittelsenkrechten, punktsymmetrisch zum Diagonalenschnittpunkt

Konstruktion von Vierecken

6 a

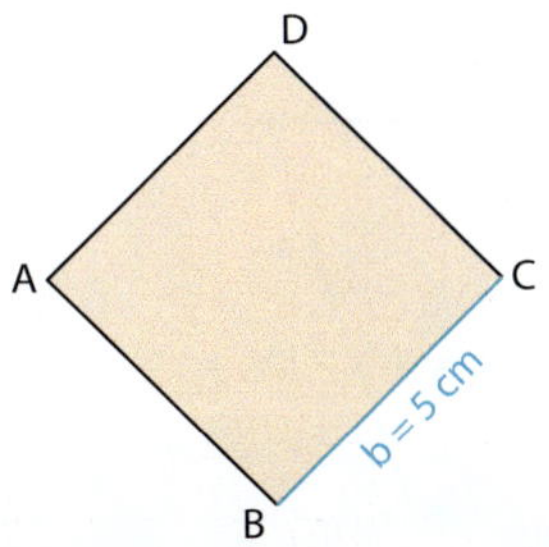

b

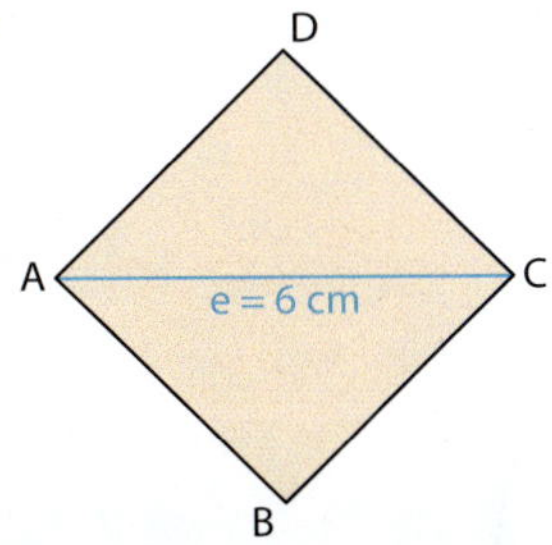

c

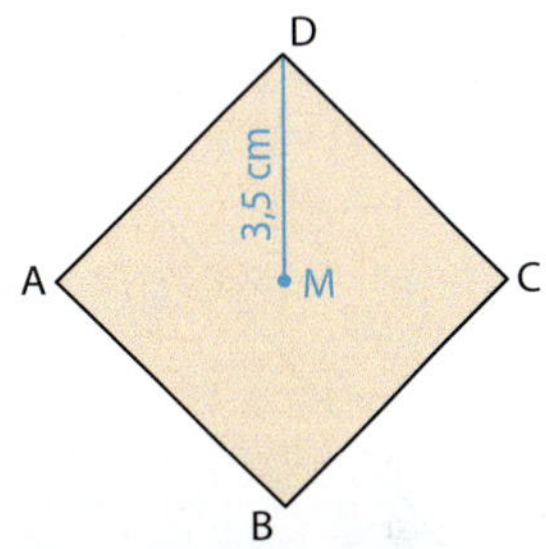

7 a

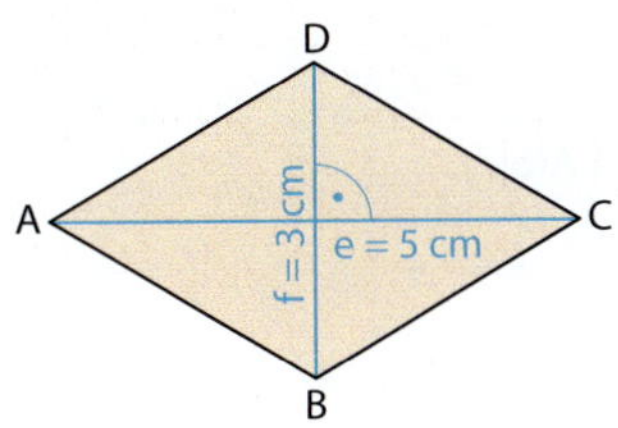

b

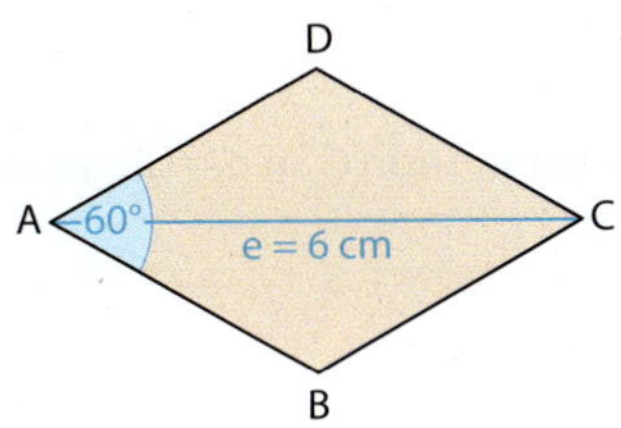

c Für die Raute gilt: $\delta = \beta$

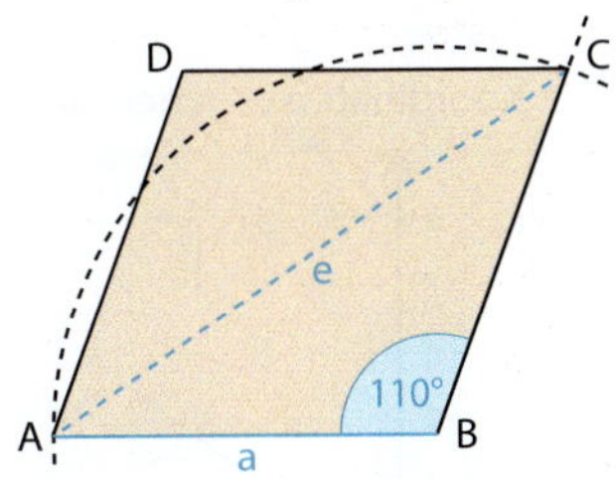

8 a Es entsteht eine Raute.

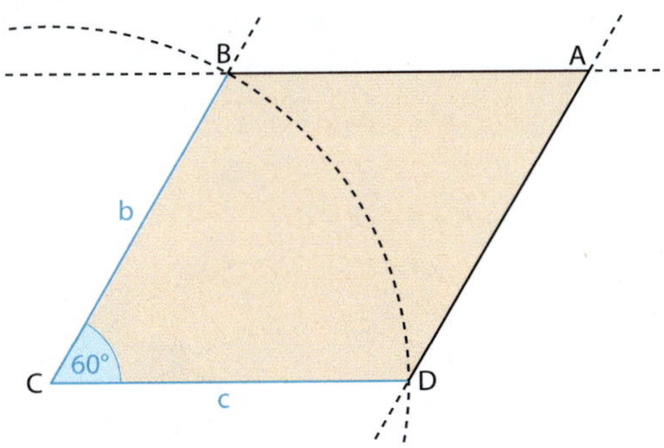

b Es entsteht ein Quadrat.

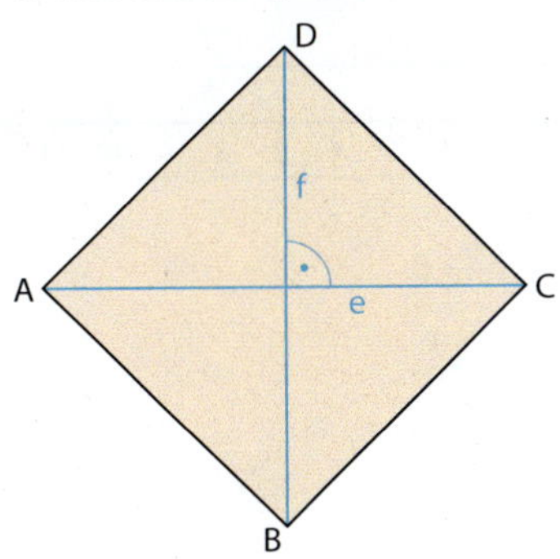

Seite 42

9 a

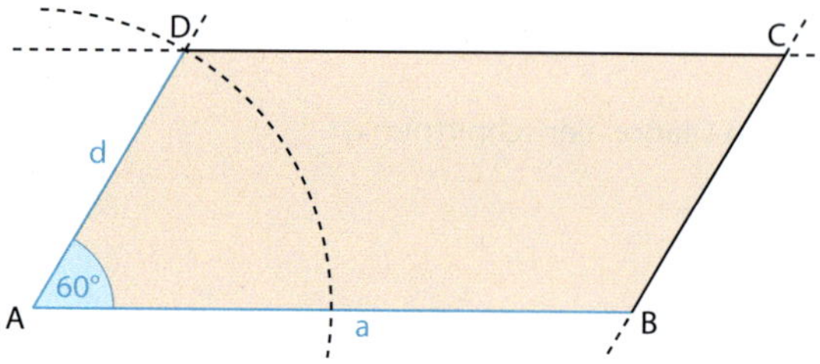

b

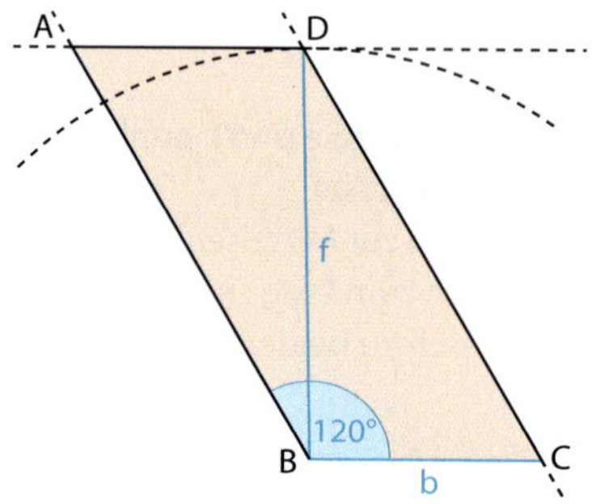

c

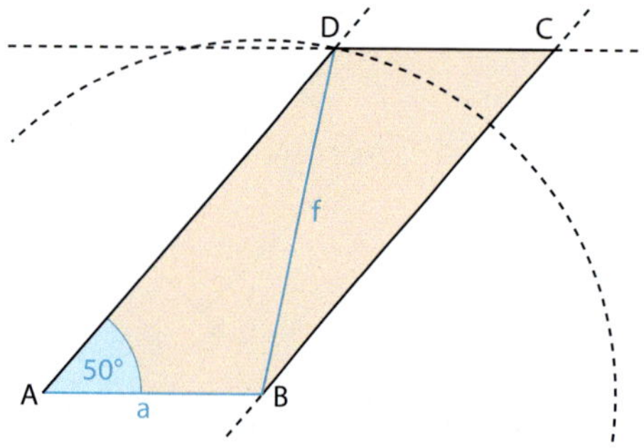

d

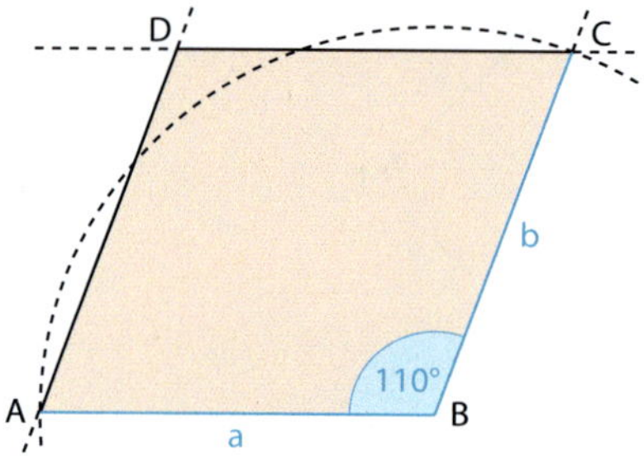

10 Die Koordinaten ergeben sich durch Spiegelung von C an der Diagonalen f: Es ist A(6|7).

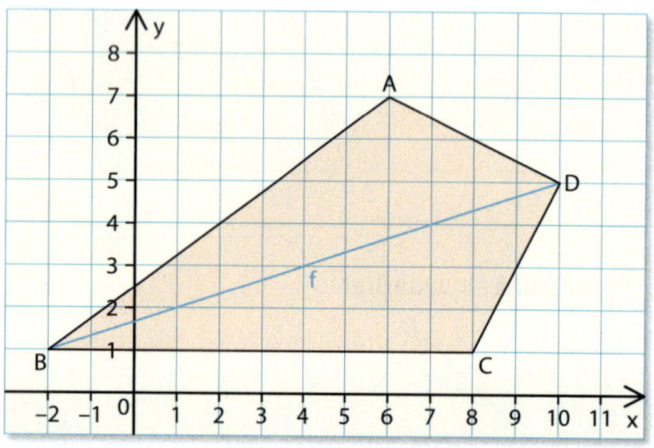

11 a $c \rightarrow \delta + \gamma \rightarrow e \rightarrow \alpha \rightarrow B$

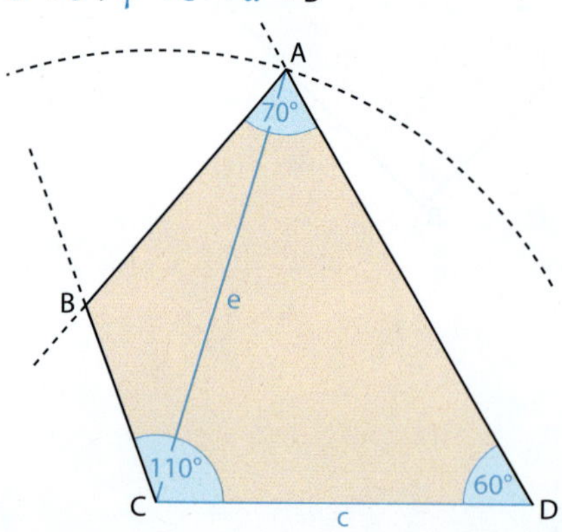

b $\beta + b + C \rightarrow A + e \rightarrow c + d$

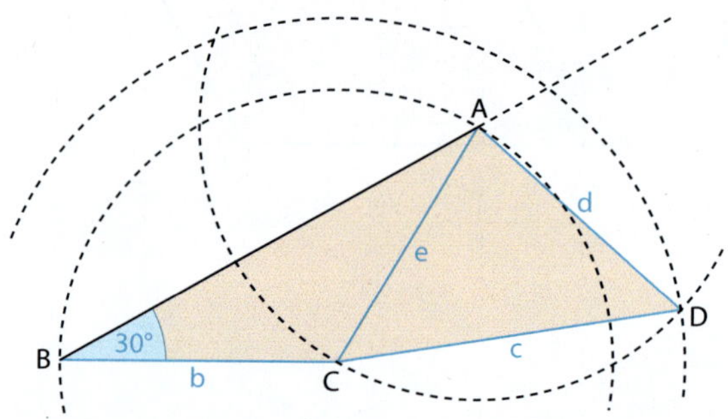

c a → α + β + b → γ → D

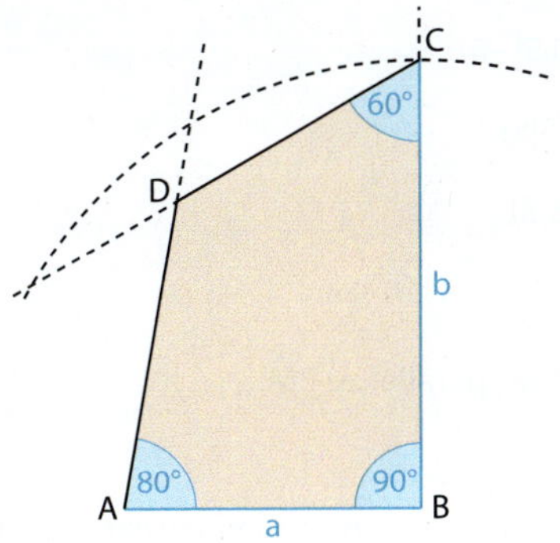

d a + α → D + d → b + c

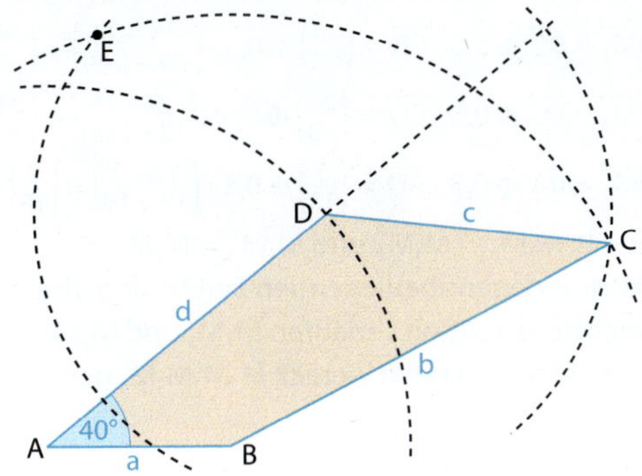

12 **a** gleichschenkliges Trapez **b** Rechteck **c** Quadrat

13 **a** $D_1(0|1)$

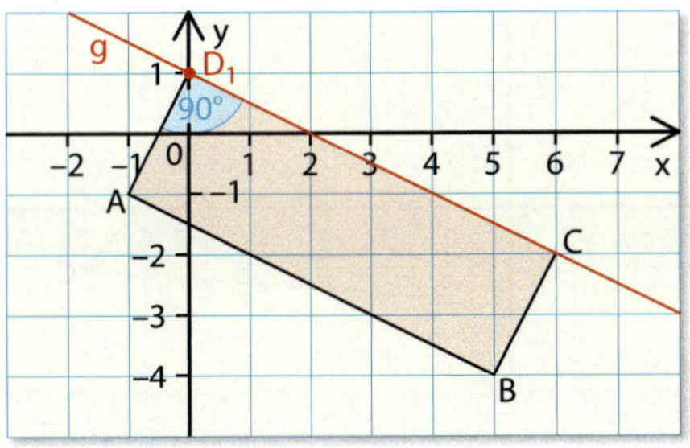

b $D_2(4|-1)$

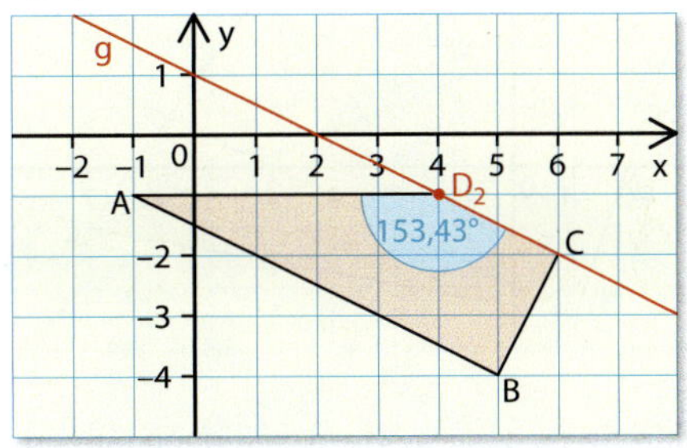

$A_{ABCD_2} = |\overrightarrow{AC}\ \overrightarrow{BD_2}|\,\text{FE} = \begin{vmatrix} 7 & -1 \\ -1 & 3 \end{vmatrix}\,\text{FE} = 20\,\text{FE}$

14 **a** Schlage einen Kreis um B mit dem Radius $r = \frac{4}{3}|\overline{BM}| \rightarrow D(19|13)$.

b $\overrightarrow{0A} = \overrightarrow{0M} \oplus \overrightarrow{MA} = \overrightarrow{0M} \oplus \overrightarrow{CM} = \begin{pmatrix} 13{,}5 \\ 7{,}5 \end{pmatrix} \oplus \begin{pmatrix} 13{,}5 - 24 \\ 7{,}5 - (-3) \end{pmatrix} = \begin{pmatrix} 3 \\ 18 \end{pmatrix}$; A(3|18)

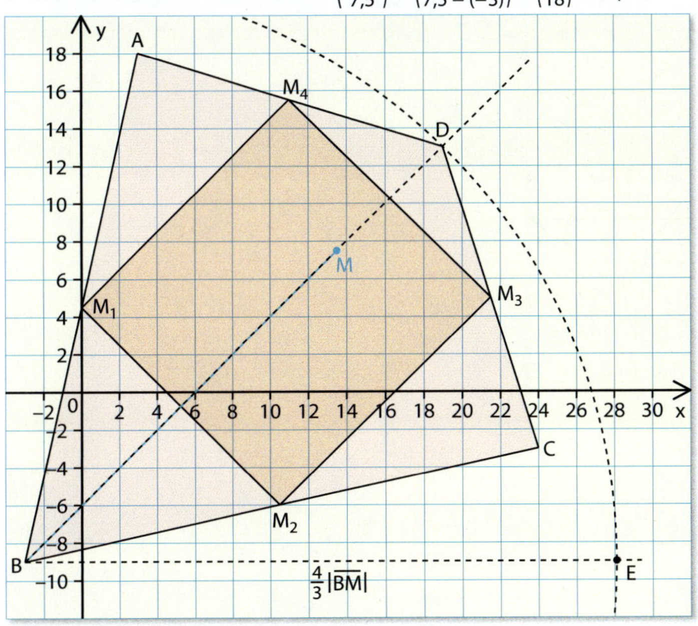

c $\overrightarrow{0M_1} = \overrightarrow{0A} \oplus 0{,}5 \cdot \overrightarrow{AB} = \begin{pmatrix} 3 \\ 18 \end{pmatrix} \oplus 0{,}5 \cdot \begin{pmatrix} -3-3 \\ -9-18 \end{pmatrix} = \begin{pmatrix} 3 \\ 18 \end{pmatrix} \oplus \begin{pmatrix} -3 \\ -13{,}5 \end{pmatrix} = \begin{pmatrix} 0 \\ 4{,}5 \end{pmatrix}$; $M_1(0|4{,}5)$

$\overrightarrow{0M_2} = \overrightarrow{0C} \oplus 0{,}5 \cdot \overrightarrow{CB} = \begin{pmatrix} 24 \\ -3 \end{pmatrix} \oplus 0{,}5 \cdot \begin{pmatrix} -3-24 \\ -9-(-3) \end{pmatrix} = \begin{pmatrix} 24 \\ -3 \end{pmatrix} \oplus \begin{pmatrix} -13{,}5 \\ -3 \end{pmatrix} = \begin{pmatrix} 10{,}5 \\ -6 \end{pmatrix}$; $M_2(10{,}5|-6)$

$\overrightarrow{0M_3} = \overrightarrow{0C} \oplus 0{,}5 \cdot \overrightarrow{CD} = \begin{pmatrix} 24 \\ -3 \end{pmatrix} \oplus 0{,}5 \cdot \begin{pmatrix} 19-24 \\ 13-(-3) \end{pmatrix} = \begin{pmatrix} 24 \\ -3 \end{pmatrix} \oplus \begin{pmatrix} -2{,}5 \\ 8 \end{pmatrix} = \begin{pmatrix} 21{,}5 \\ 5 \end{pmatrix}$; $M_3(21{,}5|5)$

$\overrightarrow{0M_4} = \overrightarrow{0A} \oplus 0{,}5 \cdot \overrightarrow{AD} = \begin{pmatrix} 3 \\ 18 \end{pmatrix} \oplus 0{,}5 \cdot \begin{pmatrix} 19-3 \\ 13-18 \end{pmatrix} = \begin{pmatrix} 3 \\ 18 \end{pmatrix} \oplus \begin{pmatrix} 8 \\ -2{,}5 \end{pmatrix} = \begin{pmatrix} 11 \\ 15{,}5 \end{pmatrix}$; $M_4(11|15{,}5)$

Es gilt: $\overrightarrow{M_1M_2} = \overrightarrow{M_4M_3}$ und $\overrightarrow{M_1M_4} = \overrightarrow{M_2M_3}$.
Die sich gegenüberliegenden Seiten sind also gleich lang.
Nach Konstruktion verlaufen M_1M_2 und M_3M_4 senkrecht und M_1M_4 und M_2M_3 parallel zu BM.
Es handelt sich beim Viereck $M_1M_2M_3M_4$ daher um ein Rechteck.

15 a AB_2CD_2 für $x_2 = -1$:

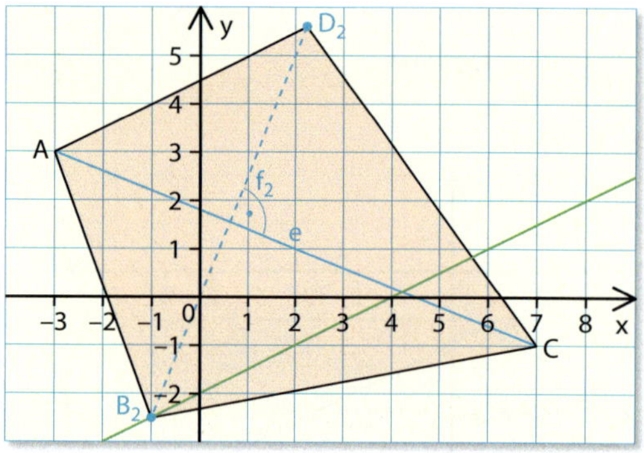

b Eine Raute entsteht, wenn sich beide Diagonalen gegenseitig halbieren (und aufeinander senkrecht stehen). $B_3(1|-1{,}5)$.

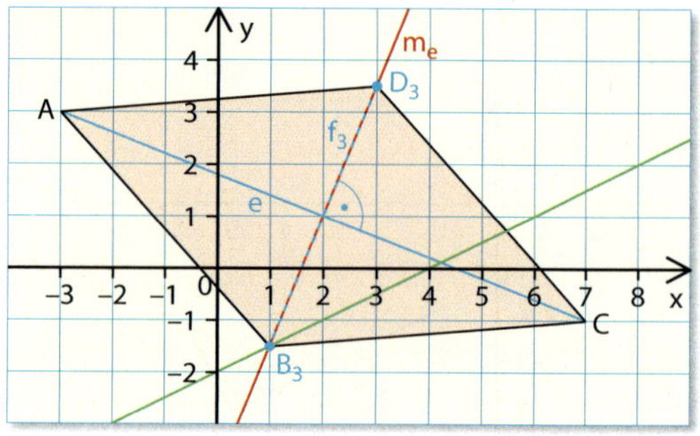

c Auf dem Thaleskreis um M liegen die Punkte B_4 und D_4.
B_4 ist der Schnittpunkt der Geraden PQ mit dem Thaleskreis.
D_4 ergibt sich durch Spiegelung von B_4 an der Diagonalen e.

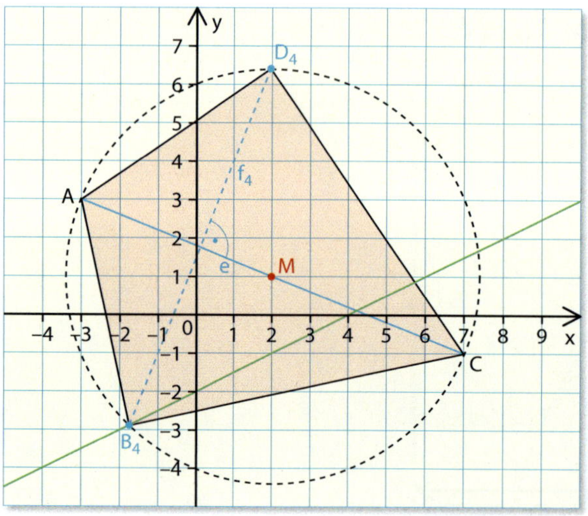

Kapitel 3

Seite 56

Schrägbild

1

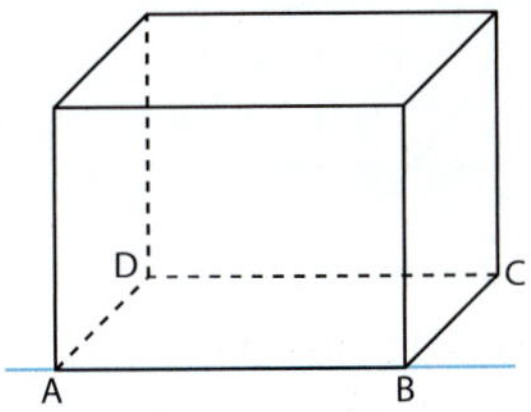

2 a

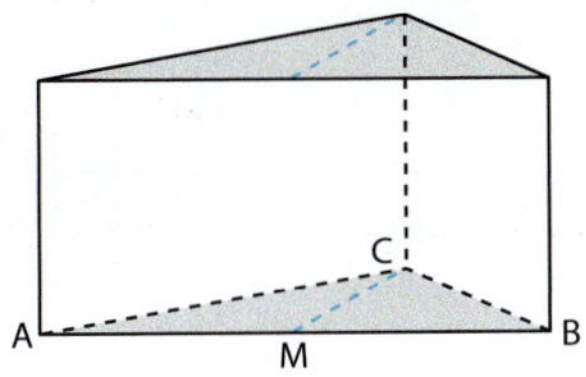

b

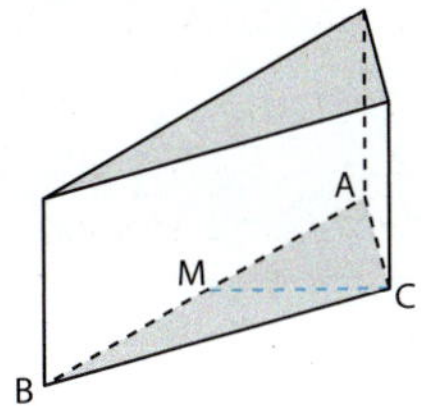

3

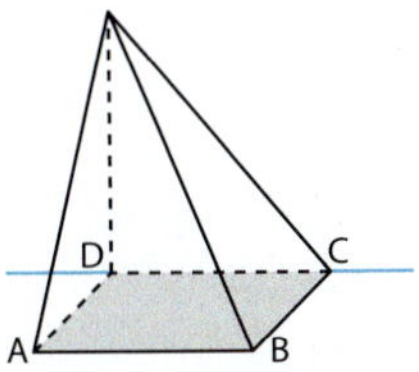

4

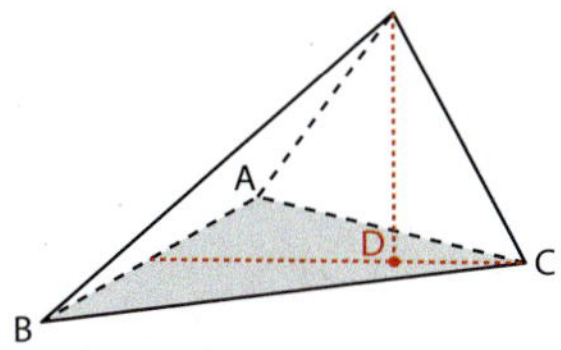

Die Strecke $\overline{AB}$ ist im Schrägbild 4 cm lang.

5

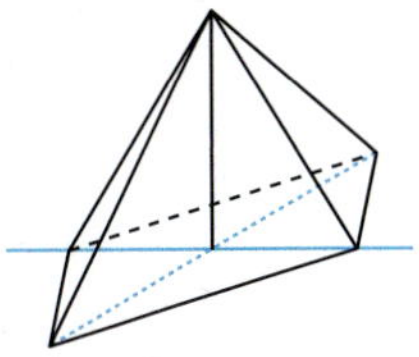

6 Zunächst müssen die Abstände der Punkte B, C und D von der Schrägbildachse bestimmt werden. Danach ergibt sich das Schrägbild.

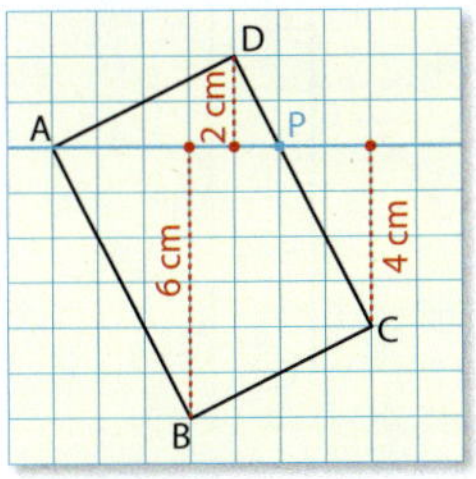

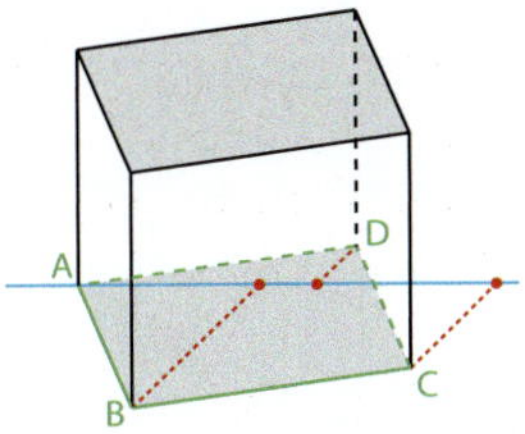

7 Zunächst müssen die Abstände der Punkte A, D und B von der Schrägbildachse bestimmt werden. Danach ergibt sich das Schrägbild.

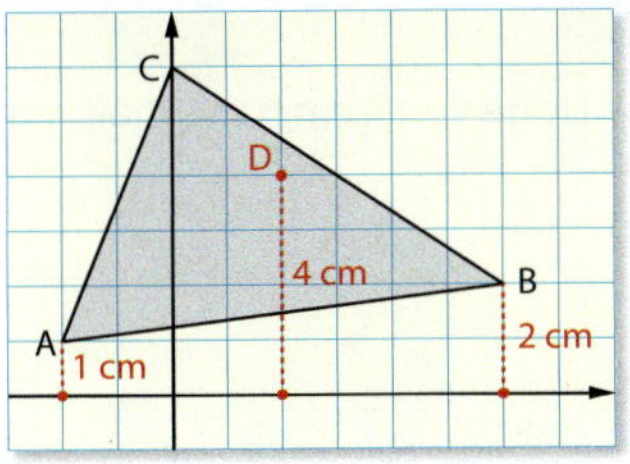

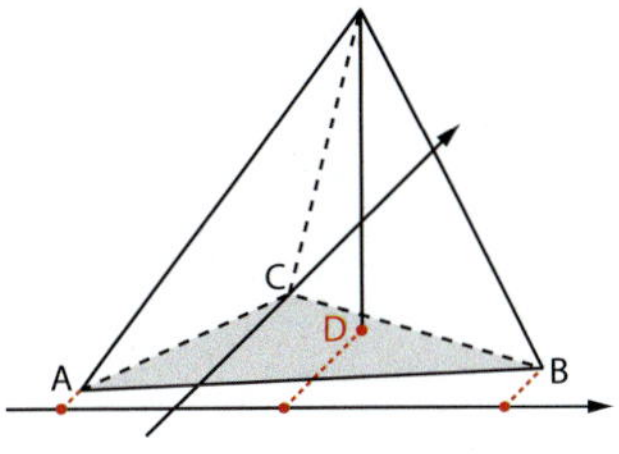

Seite 57

Wahre Längen und Winkel

8 a

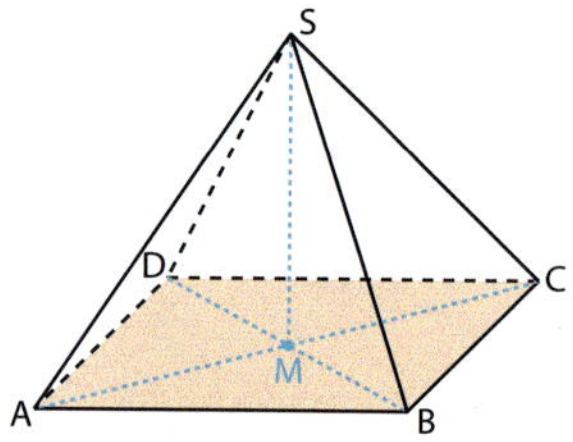

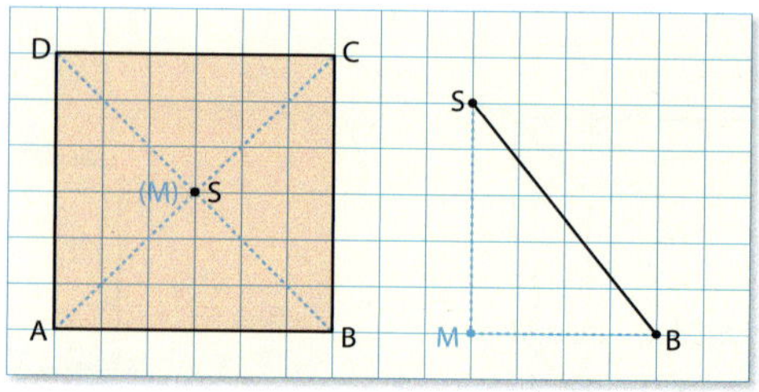

b Messung: $|\overline{MB}| = 4{,}25\,cm$; $|\overline{BS}| = 6{,}6\,cm$

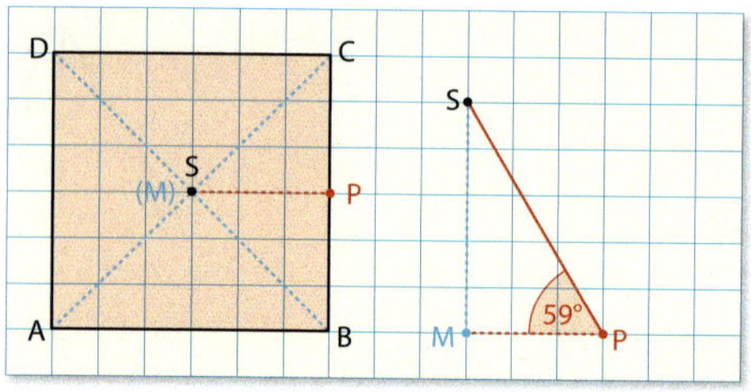

c Hilfspunkt P ist der Mittelpunkt der Seite $\overline{BC}$.
$|\overline{MP}| = 3\,cm$; Dreieck MPS:
Messung ∢ SPM = 59°

9

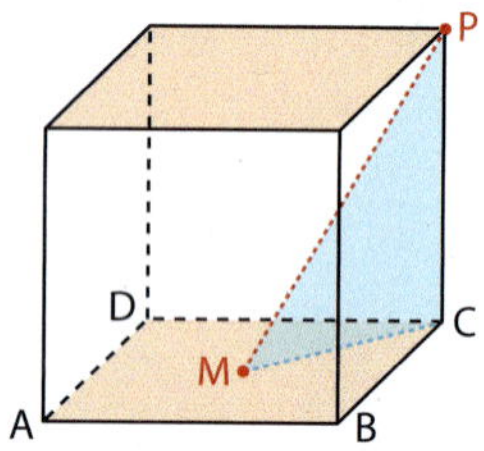

Hilfsdreieck MCP konstruieren, $|\overline{MC}|$ messen:

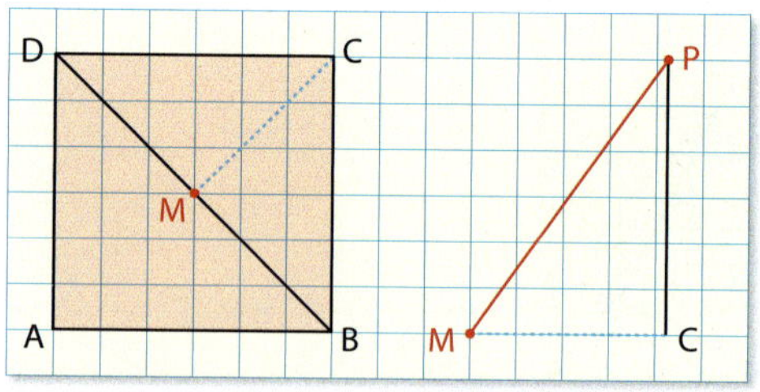

Messung: $|\overline{MP}| = 7{,}4\,cm$

10

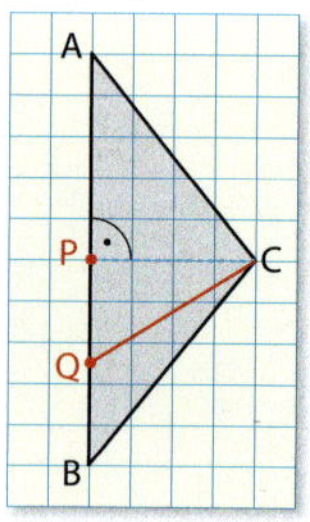

Im Hilfsdreieck ABC erhält man durch Messung:
$|\overline{QC}| = 4{,}7\,cm$.
Da das gerade Prisma eine Höhe von 4 cm hat, erhält man als Flächeninhalt:
$A = 4{,}7\,cm \cdot 4\,cm\ 18{,}8\,cm^2$

11 a Das Trapez ABPQ ist bei A rechtwinklig, seine Höhe $|\overline{AQ}|$ entnimmt man dem gleichschenklig-rechtwinkligen Dreieck ADS. Ergebnis durch Messung: $|\overline{AQ}| = 6{,}7$ cm.

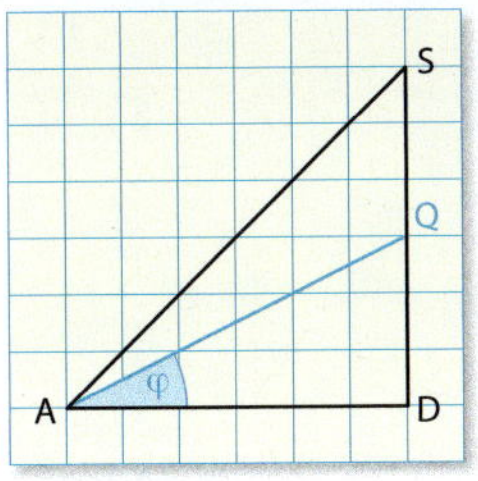

Die zweite Grundseite des Trapezes erhält man durch eine Konstruktion im ebenfalls gleichschenklig-rechtwinkligen Dreieck DCS.

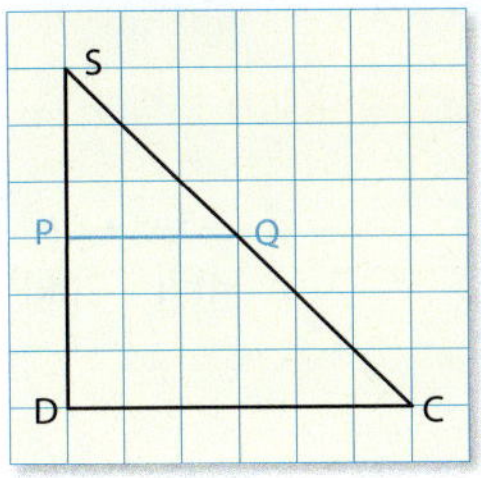

Ergebnis durch Messung: $|\overline{PQ}| = 3$ cm.
Flächeninhalt des rechtwinkligen Trapezes:
$A = 0{,}5 \cdot (6 + 3) \cdot 6{,}7\,\text{cm}^2 = 30{,}15\,\text{cm}^2$

b Der Winkel φ erscheint im Dreieck ADS in wahrer Größe, sein Wert beträgt: $\varphi = 26{,}6°$

12 a

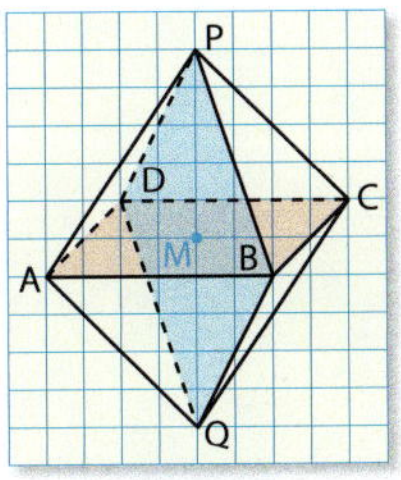

Gerade Schnitte durch das Oktaeder, die vier Ecken und den Punkt M enthalten, ergeben immer Quadrate als Schnittfiguren. Wenn es anders wäre, würden die Seitenflächen oben nicht zusammenstoßen, wie ein Blick von oben, in Richtung PM, senkrecht zur Ebene ABCD verdeutlicht.

b

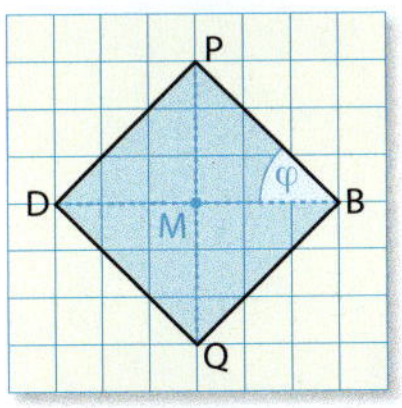

Die Schnittfigur PDQB ist ebenfalls ein Quadrat. Die Kante $\overline{BP}$ bildet mit $\overline{BD}$ einen 45°-Winkel. Diesen Winkel schließen alle Seitenkanten gegenüber der Grundfläche ein.

c Ein Schnitt, senkrecht zur Grundfläche durch die Seitenmittelpunkte ergibt ein gleichschenkliges, aber kein rechtwinkliges Dreieck RSP.

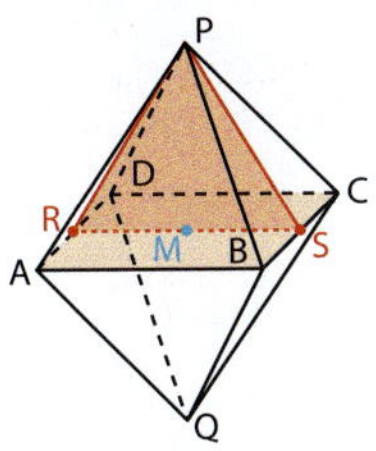

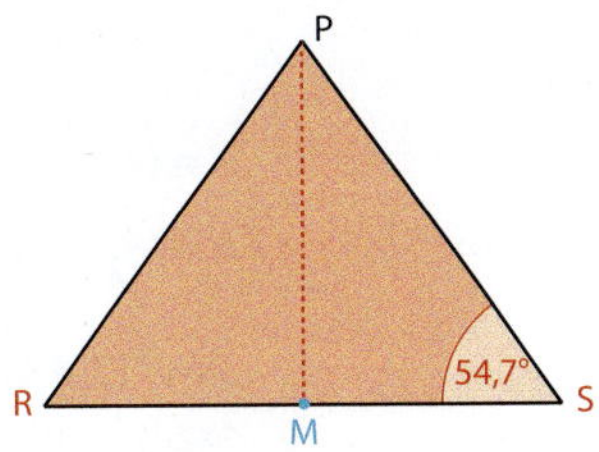

Zwischen allen Seitenflächen und der quadratischen Grundfläche, wie ABCD, DQBP und AQCP besteht ein Winkel von 54,7°.

Kapitel 4

Seite 81

Vereinfachung von Summen und Produkten

1 a $-4a^2 + 2ab - 2xy$
b $3{,}5m^2 - n^2 + 7mn^2$
c $-14f^2 + 20ef^2$
d $-5a^6 + 6a^7 + 4a^2c$
e $4k^2l - 20kl^2$

2 a $-2x^6 + 7xy^2$
b $-7a^2b^3 + 17a^3b^2$
c $-8m^2 + 4m^4$
d $2f - 5ef^3 + 3ef^4$

3 a $8x$
b x^5
c $1{,}5a^4$
d $7e^8$
e $-4c^8$
f $0{,}25n^2$
g $-20x^7y^3$
h $8a^3b^9$
i $15m^6n^7$
j $8x^{-6}$

4 a 0 b $5{,}1a^5$ c $-20b^9$ d $a^3b^4 - 6a^3b^5$ e 0

5 a $A = 2b \cdot (c + a) + 1{,}5b \cdot (a + c) = 3{,}5b \cdot (a + c)$
b $A = 3{,}5 \cdot 3 \cdot (2 + 4)m^2 = 63\,m^2$
→ Die Fläche des Rechtecks ist kleiner als $65\,m^2$.

Ausmultiplizieren und Ausklammern

6 a $12a - 36$
b $-25b - 44$
c $5k - 8z$
d $22x + 15$
e $3xy + 0{,}5x^2y$
f $-\frac{2}{3}x - \frac{2}{3}x^4$

7 a $4a - 8b + 12c$
b $12x + 51y - 15z$
c $30x^3 - 50x + 90x^6$
d $-0{,}4u + v - 2w$
e $-1{,}5a^2 - 18a + 54a^3$

8 a $A = (x + 1)^2 = x^2 + 2x + 1$
b $A = \frac{(x + 7) \cdot x}{2} = \frac{x^2 + 7x}{2} = \frac{1}{2}x^2 + 3{,}5x$
c $A = (x + 3) \cdot x = x^2 + 3x$
d $A = \frac{2x \cdot x}{2} = x^2$

9 a $4x^3\,(2x - 3x^3 + 6)$
b $5y^2\,(2y^4 + 5y^6 - 18)$
c $3x^3y^2\,(2 + 3y^2 - 6x^3y^2)$
d $4xz\,(z^2 + 6x + 12)$

10 a $3\,(4x - 1 + 12y)$
b $\frac{1}{4}(20a - 24b + 28c)$
c $0{,}2x^3\,(5 + 10x + 40x^3)$
d $-0{,}1a\,(-50a + a^5 + 4a^2)$

Seite 82

Multiplikation von Summen

11 a $27x - 10x^2 - 18$
b $24{,}5m - 3m^2 - 4$
c $-83a + 20a^2 + 84$
d $66x - 4x^2 - 90$
e $24x^5 - 5x^6 - x^7$
f $-2x^2 + y^2 - 7{,}75xy$

12 a $-15x - x^2 + 9$
b $-30a - 9a^2 + 24$
c $-16u^2 + 12v^2 - 16uv$
d $-30m^2 + 270$
e $-36x^2 + 19$
f $-8x + 4x^2 + 9$

13 a

·	10	2	
40	**400**	**80**	**480**
3	30	6	**36**
	430	**86**	**516**

$(10 + 2)(40 + 3) = 516$

b

·	**20**	−3	
80	1 600	**−240**	**1 360**
−4	−80	12	**−68**
	1 520	**−228**	**1 292**

$(20 - 3)(80 - 4) = 1\,292$

14 a $(3x + 5b)(2x - 3ab) = 6x^2 - 9abx + 10bx - 15ab^2$
b $(y - 3)(2xz + 4z) = 2xyz + 4yz - 6xz - 12z$
c $(0{,}5s + rs)(-5s - 7rs) = -2{,}5s^2 - 3{,}5rs^2 - 5rs^2 - 7r^2s^2$

Binomische Formeln

15 a $s^2 + 2st + t^2$
b $4y^2 + 4yz + z^2$
c $x^2 + 10x + 25$
d $9a^2 - 18ab + 9b^2$
e $9a^2 + 42a + 49$
f $25p^2 - 30p + 9$
g $6{,}25b^2 + 20b + 16$
h $1{,}21a^2 - 8{,}8a + 16$
i $36g^2 - 18g + 2{,}25$
j $196 + 84x + 9x^2$
k $169y^2 - 52my + 4m^2$
l $2{,}25x^2 + 27xy + 81y^2$

16 a $a^2 - 4b^2$
b $9c^2 - 9d^2$
c $16x^2 - 25$
d $12{,}25a^2 - 49$
e $25v^2 - 81w^2$
f $64f^2 - \frac{1}{4}e^2$

17 a $121a^2 - 88ab + 16b^2$
b $196c^2 - 81d^2$
c $256e^2 + 128ef + 16f^2$
d $289g^2 - 1$
e $324a^2 + 360a + 100$
f $361 - 38c + c^2$
g $9b^2 - \frac{1}{9}a^2$
h $225e^2 + 360e + 144$

18 a $x^2 + 12x + 36 = (x + 6)^2$
b $9b^2 - 24b + 16 = (3b - 4)^2$
c $4j^2 - 20j + 25 = (2j - 5)^2$
d $121 - 49z^2 = (11 + 7z)(11 - 7z)$
e $144 + 48x + 4x^2 = (12 + 2x)^2$
f $169 - 225z^2 = (13 + 15z)(13 - 15z)$

19 a $2x^2 - 12x + 68$
b $34x^2 - 142x + 149$
c $-32y^2 + 88xy$
d $85v^2 - 64v - 288vw + 256w^2 + 256$
e $96v^2 - 72v + 81$
f $d^2 + 51e^2$

20 a $-36a^2 - 24a - 4$
b $-16a^2 + 24ab - 9b^2$
c $-361a^2 + b^2$
d $-0{,}16a^2 + 4a - 25$
e $-20{,}25b^2 - 90b - 100$
f $-6{,}25a^2 + 36$

21 a $(3a-12)^2 = 9a^2 - 72a + 144$
b $(7-2b)^2 = 49 - 28b + 4b^2$
c $(2d-0{,}5c)^2 = 4d^2 - 2cd + 0{,}25c^2$
d $(4e-13)(4e+13) = 16e^2 - 169$
e $(6f-8)(6f-8) = 36f^2 - 96f + 64$
f $(10h-1{,}9g)(10h+1{,}9g) = 100h^2 - 3{,}61g^2$

22 a $16x^2 + 4x + \frac{1}{4}$
b $\frac{1}{16} - y + 4y^2$
c $\frac{1}{25} - 2z + 25z^2$
d $\frac{25}{64} - \frac{1}{4}b^2$
e $\frac{4}{49}w^2 + \frac{2}{7}w + \frac{1}{4}$
f $\frac{9}{100} - \frac{1}{9}m^2$

23 a $2{,}25a^2 + 7{,}5ab + 6{,}25b^2$
b $2{,}25a^2 - 1{,}5ab + \frac{1}{4}b^2$
c $100e^2 - 2ef + 0{,}01f^2$
d $4{,}41c^2 - z^2$
e $0{,}36c^2 + 0{,}24c + 0{,}04$
f $0{,}09d^2 - 2{,}56$

Seite 83

Faktorisieren und die quadratische Ergänzung

24 a $(x+4)^2$
b $(y-6)^2$
c $(8+e)(8-e)$
d keine binomische Formel
e $(9-b)^2$
f keine binomische Formel
g $(5s+2)^2$
h $(1-7z)^2$

25 a $2(x+2)^2$
b $4(m+3)^2$
c $3(p+5)(p-5)$
d $2(4-w)^2$
e $3(3m+2)(3m-2)$
f $4(2q+5)^2$
g $-(6+j)^2$
h $20(x-1)^2$

26 a für $x = -6$; $T_{min} = -4$
b für $x = 0{,}5$; $T_{max} = 24$
c für $x = 7$; $T_{min} = -47$
d für $x = 6$; $T_{min} = 0$
e für $x = 0$; $T_{max} = 14$

27 a $T(x) = (x-5)^2 - 22$ ⇒ für $x = 5$; $T_{min} = -22$
b $T(x) = 2\,(x+1{,}25)^2 - 10{,}125$ ⇒ für $x = -1{,}25$; $T_{min} = -10{,}125$
c $T(x) = \frac{1}{2}(x-7)^2 - 37{,}5$ ⇒ für $x = 7$; $T_{min} = -37{,}5$
d $T(x) = -3\,(x-3)^2 + 44$ ⇒ für $x = 3$; $T_{max} = 44$
e $T(x) = -0{,}25\,(x-24)^2 + 135$ ⇒ für $x = 24$; $T_{max} = 135$
f $T(x) = \frac{2}{3}(x-9)^2 - 31$ ⇒ für $x = 9$; $T_{min} = -31$

28 a $T(x) = -(x+1{,}5)^2 + 5{,}25$ ⇒ für $x = -1{,}5$; $T_{max} = 5{,}25$

x	−4,5	−3,5	−2,5	−1,5	−0,5	0,5	1,5
T(x)	−3,75	1,25	4,25	5,25	4,25	1,25	−3,75

b $T(x) = (x-0{,}5)^2 - 2{,}25$ ⇒ für $x = 0{,}5$; $T_{min} = -2{,}25$

x	−2,5	−1,5	−0,5	0,5	1,5	2,5	3,5
T(x)	6,75	1,75	−1,25	−2,25	−1,25	1,75	6,75

c $T(x) = 2\,(x-0{,}25)^2 + 1{,}375$ ⇒ für $x = 0{,}25$; $T_{min} = 1{,}375$

x	−2,75	−1,75	−0,75	0,25	1,25	2,25	3,25
T(x)	19,375	9,375	3,375	1,375	3,375	9,375	19,375

Extremwertaufgaben

29 a

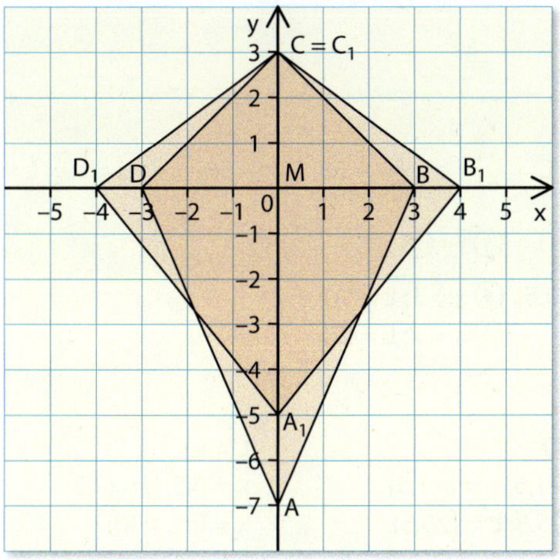

b $0 < x < 7$

c $A = \frac{1}{2} \cdot 8\,cm \cdot 8\,cm = 32\,cm^2$

$A(x) = \frac{1}{2} \cdot (10 - x) \cdot (6 + 2 \cdot 0{,}5x)\,cm^2$

$= (-0{,}5x^2 + 2x + 30)\,cm^2$

d

x	0	1	2	3	4	5	6
A(x) in cm²	30	31,5	32	31,5	30	27,5	24

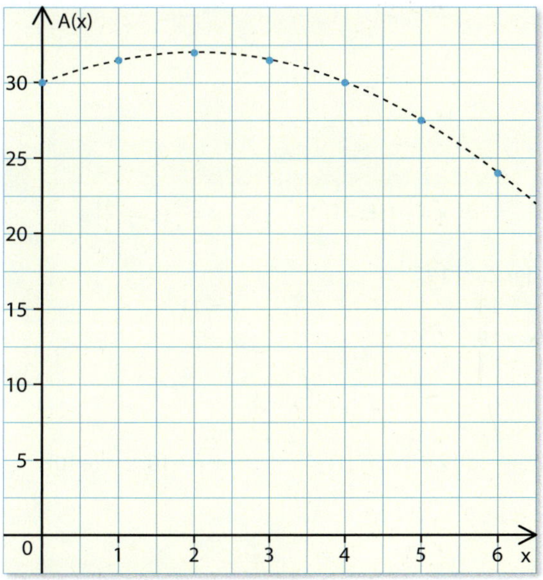

e $A(x) = [-0{,}5\,(x - 2)^2 + 32]\,cm^2$ $\Rightarrow$ für $x = 2$; $A_{max} = 32\,cm^2$

f Individuelle Lösung

Lösungen zu den Mach-dich-fit!-Aufgaben

Kapitel 5

Seite 99

Einfache Gleichungen

1 **a** $x = 3; L = \{3\}$ **b** $x = 12; L = \{12\}$ **c** $x = 0; L = \{0\}$ **d** $x = \frac{1}{6}; L = \{\frac{1}{6}\}$ **e** $x = -58; L = \{-58\}$ **f** $x = -\frac{1}{5}; L = \{-\frac{1}{5}\}$

2 ① ↔ ⑧ ⑦ ↔ ② ④ ↔ ⑥ ⑤ ↔ ⑨

① $x = 2; L = \{2\}$ ② $y = 4; L = \{4\}$ ③ $b = -0{,}5; L = \{-0{,}5\}$ ④ $x = 1; L = \{1\}$
⑤ $a = 3; L = \{3\}$ ⑥ $x = 1; L = \{1\}$ ⑦ $x = 4; L = \{4\}$ ⑧ $x = 2; L = \{2\}$
⑨ $a = 3; L = \{3\}$

3 **a** $x = 3; L = \{3\}$ **d** $x = 5; L = \{5\}$ **g** $L = \mathbb{Q}$ **j** $L = \mathbb{Q}$
b $x = 22; L = \{22\}$ **e** $b = 14; L = \{14\}$ **h** $x = -1{,}5; L = \{-1{,}5\}$ **k** $x = 0{,}5; L = \{0{,}5\}$
c $x = 8; L = \{8\}$ **f** $x = 7; L = \{7\}$ **i** $x = 25{,}5; L = \{25{,}5\}$ **l** $x = 0; L = \{0\}$

4 **a** $s = 0; L = \{0\}$ **b** $t = 1; L = \{1\}$ **c** $u = -4; L = \{-4\}$ **d** $v = 2; L = \{2\}$ **e** $w = -1; L = \{-1\}$

5 Multipliziert man in der ersten Zeile mit dem Faktor 4, dann muss man nicht mit Brüchen rechnen.
Man muss dabei darauf achten, dass jeder Summand mit dem Faktor multipliziert wird.

$$\frac{1}{2}(x+9) = \frac{1}{4}(5x-11) + 2 \quad | \cdot 4$$
$$2(x+9) = (5x-11) + 8$$
$$2x + 18 = 5x - 3 \quad | -2x$$
$$18 = 3x - 3 \quad | +3$$
$$21 = 3x \quad | :3$$
$$7 = x \Rightarrow L = \{7\}$$

6 **a** $x = \frac{2}{3}; L = \{\frac{2}{3}\}$ **b** $x = 8; L = \{8\}$ **c** $x = -3; L = \{-3\}$ **d** $x = -1; L = \{-1\}$ **e** $x = \frac{4}{3}; L = \{\frac{4}{3}\}$

7 Es wurden die Primzahlen bis 23 eingefärbt, mit Ausnahme der Zahl 19.
a $x = 17$ **c** $x = 2$ **e** $x = 13$ **g** $x = 11$
b $x = 3$ **d** $x = 5$ **f** $x = 19$ **h** $x = 7$

Seite 100

8 **a** $x = -1{,}5; L = \{-1{,}5\}$ **b** $x = -2; L = \{-2\}$ **c** $x = 1; L = \{1\}$ **d** $x = -10; L = \{-10\}$

9 Gleichung: $12 \cdot 25 + 12x = 660 \Rightarrow x = 30; L = \{30\}$
Jo muss im 2. Jahr monatlich 30 € bezahlen.

10 Gleichung: $(2x+5)^2 - 25 + 32 = 4x(x+9) \Rightarrow x = 2; L = \{2\}$
Flächeninhalt des abgeschnittenen Quadrats: 56 Flächeneinheiten (FE)
Flächeninhalt des Rechtecks: 88 FE

Textgleichungen

11 Die Gleichung ② passt zum Text: $(x - 8) : 10 = 2x - 54$

12 Gleichung: $x + 4x = 65 \quad \Rightarrow \quad x = 13$
Charlotte ist 13 Jahre alt, ihre Mutter ist 52 Jahre alt.

13 Gleichung: $5x + 3 = 7x - 15 \quad \Rightarrow x = 9; L = \{9\}$
Die gesuchte Zahl ist 9.

14 Gleichung: $3x + x + 4 = 34 \quad \Rightarrow \quad x = 7{,}5; L = \{7{,}5\}$
Drei Seiten sind jeweils 7,5 cm lang, die vierte misst 11,5 cm.

15 Gleichung: $2(x - 3) = 5(x - 6) \quad \Rightarrow \quad x = 8$
Die gesuchte Zahl ist 8.

16 Gleichung: $x + (x - 3) + 3x + 4(x - 3) = 111 \quad \Rightarrow \quad x = 14$
Bastian: 14 Jahre, Tabita: 11 Jahre, Frau Klos: 42 Jahre, Herr Klos: 44 Jahre

17 Gleichung: $50 \cdot 70 \cdot x = 40 \cdot 60 \cdot (x - 5) + 56\,000 \quad \Rightarrow \quad x = 40$
Höhe des größeren Aquariums: 40 cm, Höhe des kleineren Aquariums: 35 cm

18 Gleichung: $10x + 3x + 6 = 30x + x - 30 \quad \Rightarrow \quad x = 2$
Die ursprüngliche Zahl ist 26.

19 Bison (s), Walross (w), Bär (b):
$$3s + 1b = 2w$$
$$3s + 1b = 2s + 4b$$
$$s = 3b$$
Ein Bison wiegt so viel wie drei Bären. (Ein Walross wiegt so viel wie fünf Bären.)

Kapitel 6

Seite 111

Bruchterme

1 **a** $D = \mathbb{Q} \setminus \{0\}$ **b** $D = \mathbb{Q} \setminus \{5\}$ **c** $D = \mathbb{Q} \setminus \{0\}$ **d** $D = \mathbb{Q} \setminus \{8\}$ **e** $D = \mathbb{Q} \setminus \{-1\}$ **f** $D = \mathbb{Q} \setminus \{5\}$

Bruchgleichungen

2 Die Definitionsmenge ist jeweils $D = \mathbb{Q} \setminus \{0\}$.
a $x = 10$ **b** $x = 13$ **c** $x = 12$ **d** $x = 34$ **e** $x = 18$ **f** $x = 4{,}5$

3 **a** $\frac{1}{6}$ **b** $\frac{3}{4}$ **c** $\frac{3}{10}$ **d** $\frac{5}{6}$ **e** $-\frac{2}{3}$ **f** $\frac{5}{3}$

4 Lösungswort: STRAUBING
a $-\frac{4}{5}$ **b** $4\frac{1}{2}$ **c** $2\frac{1}{2}$ **d** $\frac{1}{24}$ **e** $\frac{5}{3}$
f $-\frac{7}{8}$ **g** -3 **h** $\frac{1}{50}$ **i** $-\frac{1}{20}$

5 **a** $D = \mathbb{Q} \setminus \{-2; 3\};\ x = 8 \in D \Rightarrow L = \{8\}$
b $D = \mathbb{Q} \setminus \{-1; 2\};\ x = 1 \in D \Rightarrow L = \{1\}$
c $D = \mathbb{Q} \setminus \{-1; 0\};\ x = -0{,}4 \in D \Rightarrow L = \{-0{,}4\}$
d $D = \mathbb{Q} \setminus \{1; 2\};\ x = \frac{5}{3} \in D \Rightarrow L = \left\{\frac{5}{3}\right\}$
e $D = \mathbb{Q} \setminus \{-1; 0\};\ x = -\frac{3}{10} \in D \Rightarrow L = \left\{-\frac{3}{10}\right\}$
f $D = \mathbb{Q} \setminus \{-0{,}5; 2\};\ x = 1 \in D \Rightarrow L = \{1\}$
g $D = \mathbb{Q} \setminus \{1; 2\};\ x = \frac{4}{3} \in D \Rightarrow L = \left\{\frac{4}{3}\right\}$
h $D = \mathbb{Q} \setminus \{-6; 0\};\ 4x + 24 = 4x \Rightarrow L = \{\ \}$
i $D = \mathbb{Q} \setminus \{-0{,}5; 2\};\ x = \frac{1}{13} \in D \Rightarrow L = \left\{\frac{1}{13}\right\}$

6 **a** $D = \mathbb{Q} \setminus \{-1; 2\};\ x = \frac{1}{2} \in D \Rightarrow L = \left\{\frac{1}{2}\right\}$
b $D = \mathbb{Q} \setminus \{-2; 3\};\ x = \frac{6}{7} \in D \Rightarrow L = \left\{\frac{6}{7}\right\}$
c $D = \mathbb{Q} \setminus \{1; 2\};\ x = \frac{3}{2} \in D \Rightarrow L = \left\{\frac{3}{2}\right\}$
d $D = \mathbb{Q} \setminus \{-1; 0\};\ x = -\frac{3}{2} \in D \Rightarrow L = \left\{-\frac{3}{2}\right\}$
e $D = \mathbb{Q} \setminus \{-\frac{3}{4}; 2\};\ x = \frac{3}{7} \in D \Rightarrow L = \left\{\frac{3}{7}\right\}$
f $D = \mathbb{Q} \setminus \{-6; 0\};\ x = -1{,}8 \in D \Rightarrow L = \{-1{,}8\}$

7 **a** $b = \frac{u}{2} - a$; $b = \frac{35{,}8}{2} - 7{,}5$; $\Rightarrow b = 10{,}4\,(\text{cm})$
b $a = \frac{u}{2} - b$; $a = \frac{50{,}4}{2} - 12{,}4$; $\Rightarrow a = 12{,}8\,(\text{cm})$

Die Seiten eines Rechtecks können beliebig benannt werden, die Bezeichnungen a und b kann man daher in der Formel tauschen.

8 **a** $v = \frac{1200\,\text{km}}{1{,}5\,\text{h}} = 800\,\frac{\text{km}}{\text{h}}$ $\Rightarrow$ Das Flugzeug fliegt mit einer Durchschnittsgeschwindigkeit von $800\,\frac{\text{km}}{\text{h}}$.
b $t = \frac{s}{v} = \frac{6400\,\text{km}}{800\,\frac{\text{km}}{\text{h}}} = 8\,\text{h}$ $\Rightarrow$ Das Flugzeug benötigt für die Strecke nach New York acht Stunden.
c $s = v \cdot t = 800\,\frac{\text{km}}{\text{h}} \cdot 12\,\text{h} = 9\,600\,\text{km}$ $\Rightarrow$ Die Flugstrecke von München nach Tokio beträgt 9 600 km.

Seite 112

9 a Gleichung: $\frac{240}{x} = 5 \Rightarrow x = 48$
48 Schüler müssten an der Spendenaktion teilnehmen.

b Gleichung: $\frac{240}{x} = 2 \Rightarrow x = 120$
120 Schüler müssten an der Spendenaktion teilnehmen.

Verhältnisgleichungen

10 a Länge zu Breite = 2 : 1
b Himbeeren zu Naturjoghurt = 3 : 1
c Benzin zu Zweitaktöl = 50 : 1
d Treffer zu Schüsse = 9 : 10

11 Gelb zu grün = 10 : 6

12 a Gleichung: $2 : 5 = x : 15$
$\frac{2}{5} = \frac{x}{15}$
$x = 6$
$L = \{6\}$
Es sind sechs Marzipanpralinen in der Packung.

b Gleichung: $2 : 5 = x : 25$
$\frac{2}{5} = \frac{x}{25}$
$x = 10$
$L = \{10\}$
Es sind zehn Marzipanpralinen in der Packung.

13 b, d, e und f sind richtig dargestellt
a Nicht richtig dargestellt. Richtig wäre: 75 ha : 150 ha = 1 : 2
c Nicht richtig dargestellt. Richtig wäre: 250 g : 150 g = 5 : 3

14 a $x = 800$ b $x = 60$ c $x = 66$ d $y = 30$ e $y = 6$
f $y = 300$ g $z = 80$ h $z = 95$ i $z = 96$

15 a $x = 4$ b $x = 15$ c $x = 20$ d $y = 22$ e $y = 140$
f $y = 77$ g $z = 36$ h $z = 4$ i $z = 72$

16 Stuttgart – Karlsruhe: 60 km Stuttgart – Pforzheim: 36 km

17 Gleichung: $3{,}5 : 1 = x : 40 \Rightarrow x = 140$
Malte erhält 140 €, wenn der Verein Brose Bamberg deutscher Basketballmeister wird.

Kapitel 7

Seite 127

1 a Mia ist im ersten Lebensjahr 24 cm gewachsen, im zweiten 13 cm und im dritten 9 cm.
In den folgenden vier Jahren war die Zunahme der Körpergröße pro Jahr geringer.
Sie lag zwischen 6 cm und 8 cm.

b

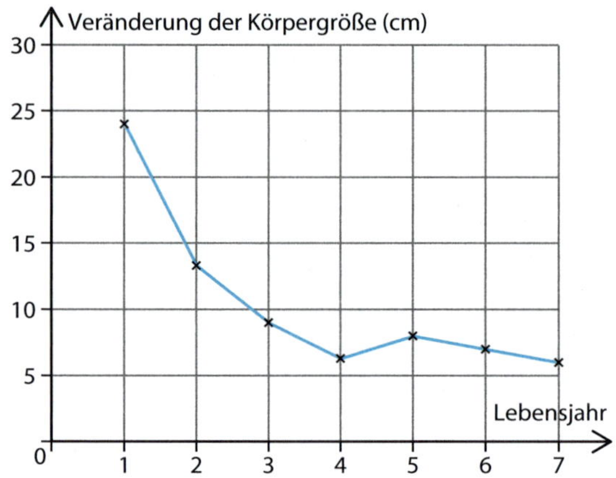

2 a $y = 2x \rightarrow$ ② **b** $y = 0{,}5x + 2 \rightarrow$ ③ **c** $y = 2x - 2 \rightarrow$ ①

3

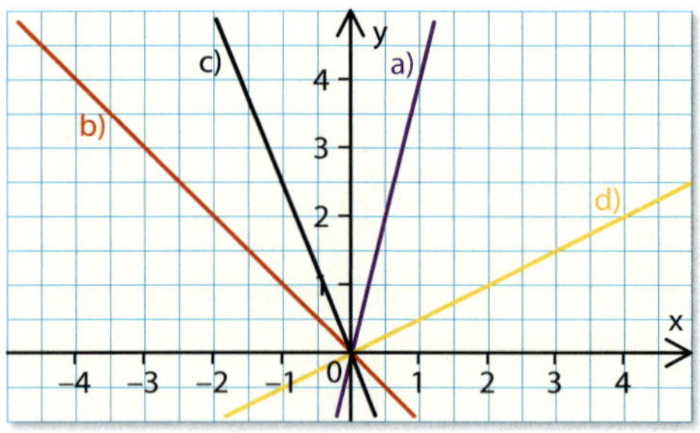

a Für die Steigung gilt $m = 4$.
Gehe vom Ursprung eine Einheit nach rechts und vier Einheiten nach oben.
Zeichne anschließend die Gerade durch die Punkte mit den Koordinaten (0|0) und (1|4).

4 a Beispiel:
Der Klingenkopf liegt auf einer Höhe von 1 010 m. Bis zur 5 km entfernten Tannenalm fällt die Strecke um 209 Höhenmeter. Direkt danach erfolgt ein kurzer Anstieg. Die nächsten vier Kilometer verläuft die Strecke relativ eben. Danach erfolgt eine zuerst steile Abfahrt zu der noch zwei Kilometer entfernten Kapelle. Diese befindet sich auf 715 Höhenmetern.

b

Strecke (km)	0	10	16	24	29	37	40
Höhe (m)	610	720	869	1 010	801	715	610

5

	f(x)	x = –2	x = –0,5	x = 0,75	x = 2
a	4x + 6	–2	4	9	14
b	2,5x + 2	–3	0,75	3,875	7
c	2x + 4	0	3	5,5	8
d	0,25x + 2	1,5	1,875	2,1875	2,5

6 a

x	−3	−2	−1	0	1	2	3
y	−19	−14	−9	−4	1	6	11

b

x	−3	−2	−1	0	1	2	3
y	1,5	2	2,5	3	3,5	4	4,5

c

x	−3	−2	−1	0	1	2	3
y	12,5	10	7,5	5	2,5	0	−2,5

d

x	−3	−2	−1	0	1	2	3
y	4,25	3,5	2,75	2	1,25	0,5	−0,25

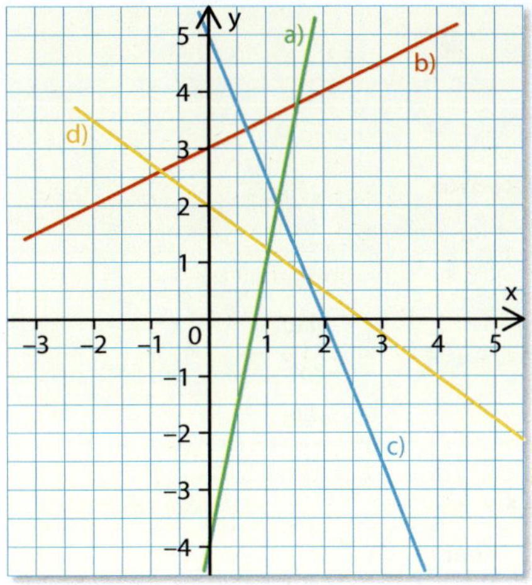

Berechnungen mit linearen Funktionen

7 ① $f(x) = 0,5x$ ② $f(x) = -2x$ ③ $f(x) = 1,5x$
④ $f(x) = -\frac{1}{4}x$ ⑤ $f(x) = \frac{1}{3}x$ ⑥ $f(x) = -4x$

8 a $m = \frac{3}{2} = 1,5$; $f(x) = 1,5x$
b $m = \frac{1}{-3} = -\frac{1}{3}$; $f(x) = -\frac{1}{3}x$
c $m = \frac{-1}{-1} = 1$; $f(x) = x$
d $m = \frac{-1,5}{3} = -\frac{1}{2}$; $f(x) = -0,5x$

Seite 128

9 a Der Punkt P(5|4) liegt auf der Geraden, der Punkt Q nicht.
b $0 = -\frac{4}{5}x_0 \Rightarrow x_0 = 0$

10 A liegt auf g_4: $1,125 = 0,75 \cdot 1,5$; B liegt auf g_1: $-0,25 = -0,5 \cdot 0,5$;
C liegt auf g_2: $-1,25 = 5 \cdot (-0,25)$; D liegt auf g_3: $-1,125 = -0,75 \cdot 1,5$

11 ① $x_0 = 0$; $m = \frac{4-0}{2-0} = 2$ ② $x_0 = 0$; $m = \frac{-2-0}{2-0} = -1$ ③ $x_0 = 0$; $m = \frac{-3-0}{1-0} = -3$
④ $x_0 = 2$ ⑤ $x_0 = 2$ ⑥ $x_0 = 3,5$

12 P(3|**−4,5**); Q(**−6**|9); R(−2,5|**3,75**); S(**−2**|3)

13 $y = 200x$; der Heizöltank ist nach 12,5 min voll.

Senkrechte Geraden

14 a $m_g = \frac{2}{5} = 0,6$; g: $y = 0,6x$; $m_h = \frac{5}{2} = 2,5$; h: $y = 2,5x$
b $m_g \cdot m_h = 1 \neq -1$; die Geraden g und h sind nicht orthogonal.

15 $g_1 \perp g_7$; $g_2 \perp g_5$; $g_3 \perp g_4$; $g_6 \perp g_8$

16 ① $f(x) = x$ ② $f(x) = 2x$ ③ $f(x) = -0,5x$ ④ $f(x) = \frac{1}{3}x$

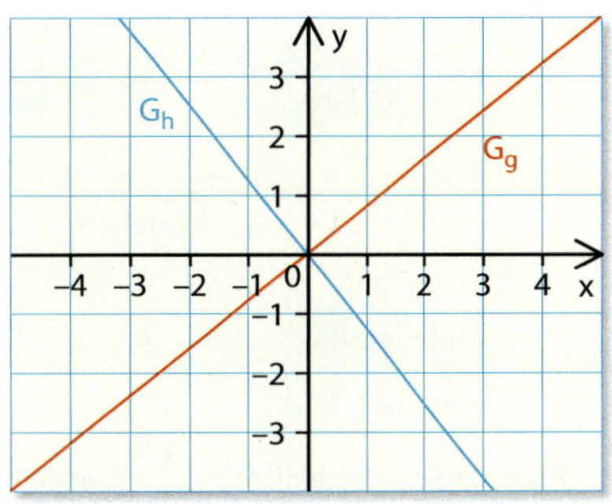

17 a Die Geraden schneiden sich im 90°-Winkel.
b $0,8 \cdot (-\frac{5}{4}) = -1 \rightarrow g \perp h$

Lösungen zu den Mach-dich-fit!-Aufgaben

Kapitel 8

Seite 141

Zufallsexperimente

1

Ereignis	Absolute Häufigkeit
blau	20
rot	25
gelb	15

2 **a**

Ereignis	Absolute Häufigkeit
Kopf	7
Zahl	3

b

Ereignis	Relative Häufigkeit
Kopf	$\frac{7}{10} = 0{,}7 = 70\,\%$
Zahl	$\frac{3}{10} = 0{,}3 = 30\,\%$

c

Ereignis	Absolute Häufigkeit	Relative Häufigkeit
Kopf	51	$\frac{51}{100} = 0{,}51 = 51\,\%$
Zahl	49	$\frac{49}{100} = 0{,}49 = 49\,\%$

3 **a** $P(\text{Mangel}) = \frac{1}{20} = 5\,\%$

b 1 000 Stück bei gleichem Fehleranteil wie in der Stichprobe

Baumdiagramme und Vierfeldertafeln

4

	Lehrer	Lehrerinnen	gesamt
jünger als 55 Jahre	19	5	24
älter als 55 Jahre	1	7	8
gesamt	20	12	32

a Ein Lehrer ist älter als 55 Jahre.
b Es gibt 12 Lehrerinnen.
c An der Schule sind 7 Lehrerinnen älter als 55 Jahre.
d Ja, es stimmt. Es sind 19 Lehrer jünger als 55 Jahre.

e

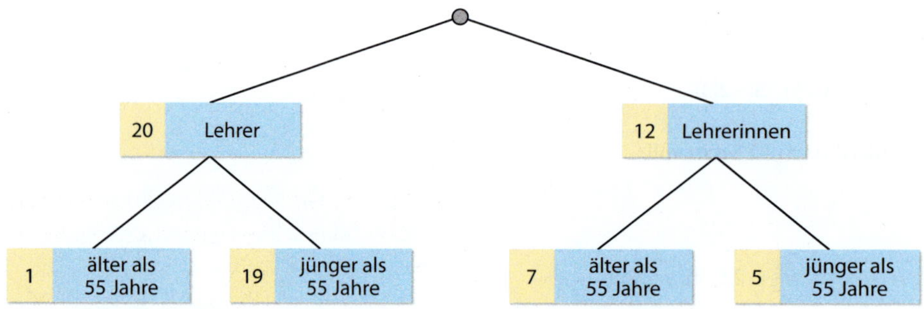

5

	Mädchen	Jungen	gesamt
Sonnenbrille	3	16	19
keine Sonnenbrille	9	4	13
gesamt	12	20	32

$P(\text{keine Sonnenbrille}) = \frac{13}{32} = 0{,}40625 = 40{,}625\,\%$

6 a

	Jungen	Mädchen	gesamt
Schwimmer	**12**	14	26
Nichtschwimmer	4	**10**	**14**
gesamt	**16**	24	**40**

b

	Jungen	Mädchen	gesamt
Schwimmer	$\frac{12}{40} = 0{,}3 = 30\,\%$	$\frac{14}{40} = 0{,}35 = 35\,\%$	$\frac{26}{40} = 0{,}65 = 65\,\%$
Nichtschwimmer	$\frac{4}{40} = 0{,}1 = 10\,\%$	$\frac{10}{40} = 0{,}25 = 25\,\%$	$\frac{14}{40} = 0{,}35 = 35\,\%$
gesamt	$\frac{16}{40} = 0{,}4 = 40\,\%$	$\frac{24}{40} = 0{,}6 = 60\,\%$	100 %

c

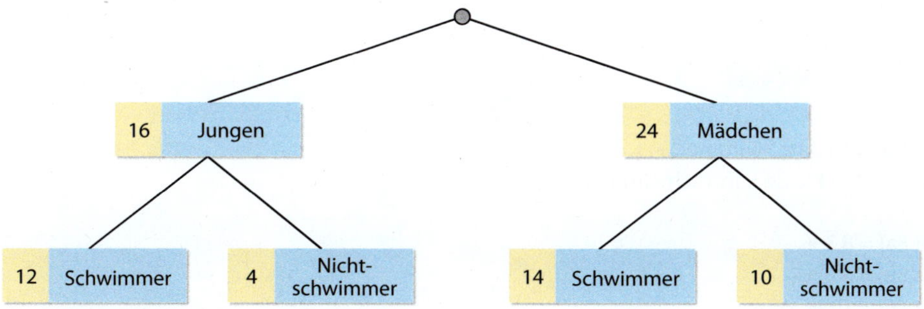

7 a 18 Frauen sind über 30 Jahre.

b Der Sportverein hat 90 Männer.

c

	Männer	Frauen	gesamt
Über 30 Jahre	55	**18**	73
Unter 30 Jahre	**35**	42	**77**
gesamt	**90**	**60**	150

d $\frac{42}{150} = 0{,}28 = 28\,\%$

Im Verein sind 28 % Frauen unter 30 Jahre.

Seite 142

Weitere Aufgaben

8 a

Ereignis	Relative Häufigkeit
nie Sport	$\frac{65}{200} = 0{,}325 = 32{,}5\,\%$
1-mal pro Woche Sport	$\frac{82}{200} = 0{,}41 = 41\,\%$
2- bis 4-mal pro Woche Sport	$\frac{38}{200} = 0{,}19 = 19\,\%$
≥ 5-mal pro Woche Sport	$\frac{15}{200} = 0{,}075 = 7{,}5\,\%$

b 169 000 Kunden treiben vermutlich nie Sport.
39 000 Kunden treiben vermutlich mindestens 5-mal pro Woche Sport.

9 a $P(\text{Mangel}) = \frac{2}{50} = 0{,}04 = 4\,\%$

b 10 000 Hüllen zeigen vermutlich einen Mangel auf.

10

	Jungen	Mädchen	gesamt
Schwimmer	7	9	16
Nichtschwimmer	5	4	9
gesamt	12	13	25

a 9 Kinder sind Nichtschwimmer.
b 9 Mädchen können schwimmen.

c

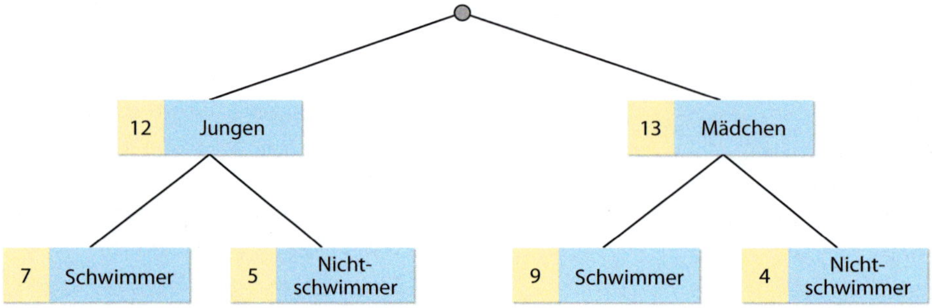

d $41{,}\overline{6}\,\%$ der Jungen sind Nichtschwimmer.
64 % der Schüler der 5ten Klasse kann schwimmen.

11 $P(\text{Vergesslichkeit 8a}) = 8{,}\overline{3}\,\%$
$P(\text{Vergesslichkeit 8b}) = 5{,}\overline{5}\,\%$
$P(\text{Vergesslichkeit 8c}) = 10\,\%$
Die Klasse 8c hat die größte Vergesslichkeitsrate.

12

Aktivität	TV	PC	Freunde treffen	Sport	Musikunterricht
Relative Häufigkeit	28 %	**12 %**	30 %	24 %	**6 %**
Absolute Häufigkeit	**56**	24	**60**	**48**	12

13

Klasse	7a	7b	8a	8b	9a	9b
Anzahl der Schüler	24	21	25	22	15	27
Anzahl der Schüsse	**48**	**42**	**50**	**44**	**30**	**54**
Treffer	8	10	12	11	8	9
Relative Häufigkeit	**$16{,}\overline{6}\,\%$**	**23,81 %**	**24 %**	**25 %**	**$26{,}\overline{6}\,\%$**	**$16{,}\overline{6}\,\%$**

Die Klasse 9a gewinnt den Wettbewerb.

14 a $P(\text{Untergewicht}) = 3{,}2\,\%$
$P(\text{Normalgewicht}) = 53\,\%$
$P(\text{Übergewicht}) = 43{,}8\,\%$

b Es gibt ungefähr 3 508 600 normalgewichtige 10- bis 18-Jährige in ganz Deutschland.

Zeichenerklärung

$=$	… gleich …
$\approx$	… ungefähr gleich …
$\neq$	… nicht gleich …
$>$	… größer als …
$<$	… kleiner als …
$\geq$	… größer oder gleich …
$\leq$	… kleiner oder gleich …
$\triangleq$	… entspricht …
$\mathbb{N}$	Menge der natürlichen Zahlen
$\mathbb{Z}$	Menge der ganzen Zahlen
$\mathbb{Q}$	Menge der rationalen Zahlen
$\mathbb{R}$	Menge der reellen Zahlen
G	Grundmenge
D	Definitionsmenge
L	Lösungsmenge
{ } oder $\emptyset$	leere Menge
$\in$	… Element von …
$\notin$	… nicht Element von …
$\setminus$	ohne
{a; b; c}	Menge mit den Elementen a, b, c
$\{x \mid x = \ldots\}$	Menge aller x, für die gilt: x = …
$\overline{AB}$	Strecke AB
$\lvert\overline{AB}\rvert$	Länge der Strecke AB
AB	Gerade AB
$g \perp h$	g senkrecht auf h
$g \parallel h$	g parallel zu h
k(M; r)	Kreis um M mit Radius r
∢	Winkel
⊾	rechter Winkel
ABC	Dreieck
ABCD	Viereck
$\Rightarrow$	… daraus folgt …
$\Leftrightarrow$	… ist äquivalent zu …
$\mapsto$	… wird zugeordnet …
∞	unendlich
$\overline{x}$	arithmetisches Mittel
P(E)	relative Häufigkeit des Ereignisses E
$P(\overline{E})$	relative Häufigkeit des Gegenereignisses $\overline{E}$
$\lvert a \rvert$	Betrag von a
a^n	Potenzschreibweise; der Faktor a wird n-mal mit sich selbst multipliziert.
P(a|b)	Komponentendarstellung eines Punktes P im Koordinatensystem mit x-Wert a und y-Wert b
$\overrightarrow{AB}$	Vektor von A nach B
$\vec{v} = \begin{pmatrix} v_x \\ v_y \end{pmatrix}$	Vektor v mit x-Komponente v_x und y-Komponente v_y
$\begin{vmatrix} a & c \\ b & d \end{vmatrix}$	Determinante der Vektoren $\begin{pmatrix} a \\ b \end{pmatrix}$ und $\begin{pmatrix} c \\ d \end{pmatrix}$
T(x)	Term
Z(x)	Zählerterm
N(x)	Nennerterm
$\frac{Z(x)}{N(x)}$	Bruchterm
$\frac{a}{b} = \frac{c}{d}$	Verhältnisgleichung
T_{max}	Maximum des Terms T
T_{min}	Minimum des Terms T
x_0	Nullstelle

Zeichenerklärung

$=$	… gleich …
$\approx$	… ungefähr gleich …
$\neq$	… nicht gleich …
$>$	… größer als …
$<$	… kleiner als …
$\geq$	… größer oder gleich …
$\leq$	… kleiner oder gleich …
$\widehat{=}$	… entspricht …
$\mathbb{N}$	Menge der natürlichen Zahlen
$\mathbb{Z}$	Menge der ganzen Zahlen
$\mathbb{Q}$	Menge der rationalen Zahlen
$\mathbb{R}$	Menge der reellen Zahlen
G	Grundmenge
D	Definitionsmenge
L	Lösungsmenge
{ } oder $\varnothing$	leere Menge
$\in$	… Element von …
$\notin$	… nicht Element von …
$\setminus$	ohne
{a; b; c}	Menge mit den Elementen a, b, c
{x|x = …}	Menge aller x, für die gilt: x = …
$\overline{AB}$	Strecke AB
$\lvert\overline{AB}\rvert$	Länge der Strecke AB
AB	Gerade AB
$g \perp h$	g senkrecht auf h
$g \parallel h$	g parallel zu h
k(M; r)	Kreis um M mit Radius r
$\sphericalangle$	Winkel
⊾	rechter Winkel
ABC	Dreieck
ABCD	Viereck
$\Rightarrow$	… daraus folgt …
$\Leftrightarrow$	… ist äquivalent zu …
$\mapsto$	… wird zugeordnet …

∞	unendlich
$\overline{x}$	arithmetisches Mittel
P(E)	relative Häufigkeit des Ereignisses E
$P(\overline{E})$	relative Häufigkeit des Gegenereignisses $\overline{E}$
$\lvert a \rvert$	Betrag von a
a^n	Potenzschreibweise; der Faktor a wird n-mal mit sich selbst multipliziert.
P(a|b)	Komponentendarstellung eines Punktes P im Koordinatensystem mit x-Wert a und y-Wert b
$\overrightarrow{AB}$	Vektor von A nach B
$\vec{v} = \begin{pmatrix} v_x \\ v_y \end{pmatrix}$	Vektor v mit x-Komponente v_x und y-Komponente v_y
$\begin{vmatrix} a & c \\ b & d \end{vmatrix}$	Determinante der Vektoren $\begin{pmatrix} a \\ b \end{pmatrix}$ und $\begin{pmatrix} c \\ d \end{pmatrix}$
T(x)	Term
Z(x)	Zählerterm
N(x)	Nennerterm
$\frac{Z(x)}{N(x)}$	Bruchterm
$\frac{a}{b} = \frac{c}{d}$	Verhältnisgleichung
T_{max}	Maximum des Terms T
T_{min}	Minimum des Terms T
x_0	Nullstelle

Stichwortverzeichnis

Illustration

Cleo-Petra Kurze, Berlin (Seiten: 34, 36, 37, 62, 69, 73, 77, 88, 89, 90, 91, 94, 96, 98, 104, 106, 109, 125, 132, 137, 141)

Grafik

Detlef Seidensticker, München;
Kapiteleingangsbilder: Elke Rohleder/floxdesign, Berlin (Seiten: 7, 17, 45, 61, 87, 115, 131)
Detlef Seidensticker, München (Seiten: 33, 103)

Abbildungen

S. 2 un. li. PEFC Deutschland e.V.
S. 46 ob. li. Shutterstock.com/vagant
S. 50 ob. li. Shutterstock Creative/Patryk Kosmider
S. 72 un. li. Shutterstock.com/CSMaster
S. 75 ob. re. stock.adobe.com/Janice Barchat
S. 76 ob. re. Imago Stock & People GmbH/ imago images/blickwinkel
S. 76 Mi. re. stock.adobe.com/seen0001
S. 76 un. re. stock.adobe.com/waraphot
S. 102 ob. li. GlowImages
S. 102 Mi. Mi. Cornelsen/Detlef Seidensticker
S. 109 ob. re. stock.adobe.com/PixieMe
S. 110 un. re. stock.adobe.com/ 2015 Daniel Buttgereit/danielbuttgereit
S. 111 Mi. re. stock.adobe.com/© Markus Mainka (www.marek-photo.de)/Markus Mainka
S. 112 ob. li. stock.adobe.com/pepperarts
S. 112 un. li. ClipDealer GmbH/kostrez
S. 119 un. re. stock.adobe.com/Laurens
S. 120 ob. li. stock.adobe.com/johnmerlin
S. 126 ob. re. stock.adobe.com/ipq7
S. 130 ob. re. Imago Sportfotodienst GmbH/ 100 pro imago sport/Schwenke
S. 132 ob. re. Shutterstock.com/unverdorben jr.
S. 132 un. Mi. Shutterstock.com/3drenderings
S. 133 Mi. li. Shutterstock.com/unverdorben jr.
S. 133 un. re. interfoto/TV-Yesterday
S. 136 Mi. re. Shutterstock.com/Michael D Brown
S. 140 Mi. re. stock.adobe.com/Schlierner
S. 141 Mi. li. Shutterstock.com/unverdorben jr.
S. 142 Mi. re. stock.adobe.com/Loocid GmbH
S. 144 ob. re. interfoto/TV-Yesterday

Textverzeichnis

S. 144 Christian Siedenbiedel: Die Tragik von Monte Carlo, zit. nach: Frankfurter Allgemeine Zeitung v. 30.06.2012